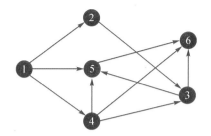

图 5 – 97　6 点结构图

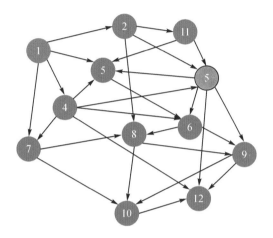

图 5 – 98　12 点结构图

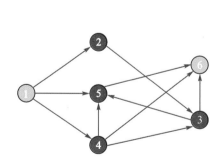

图 5 – 102　6 点图传播范围示意图

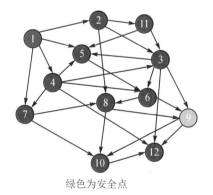

绿色为安全点

图 5 – 103　以 1 为故障点的故障传播范围

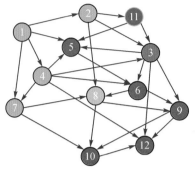

绿色为安全点，浅蓝色为故障点上游

图 5 - 104 以 3 为故障点的故障传播范围

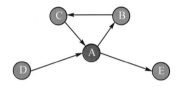

图 5 - 105 传播概率出现循环叠加

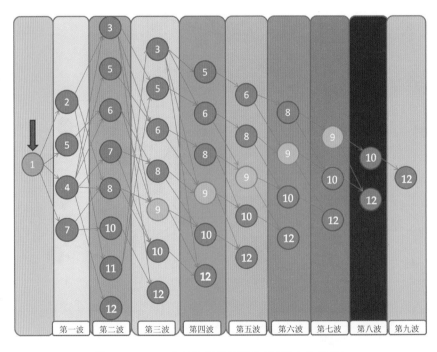

图 5 - 107 12 点结构图传播波次图(以 1 为起点)

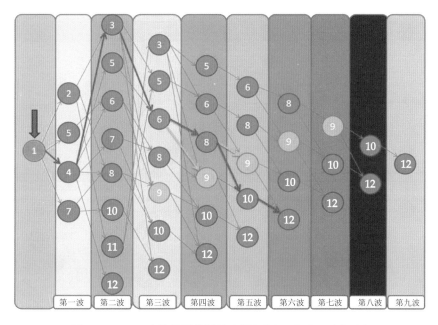

图 5 - 108　12 点结构图传播波次图(以点 1 和点 3 为起点)

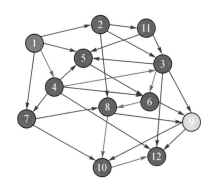

图 5 - 109　最佳路径传播示意图

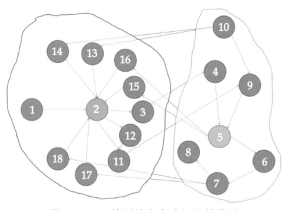

图 5 - 110　某型航空发动机拓扑模型

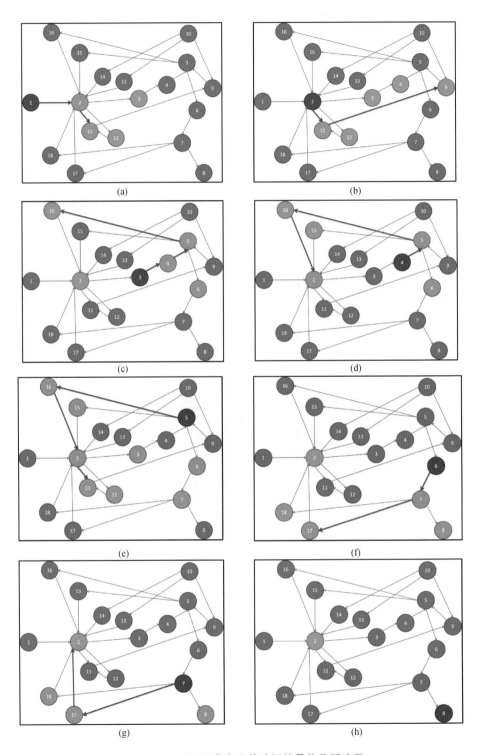

图 5 - 111　以不同节点为故障源的最佳传播路径

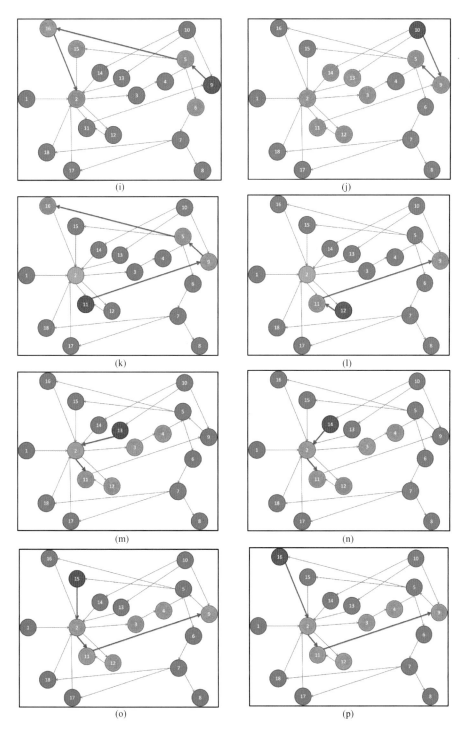

图 5 - 111 以不同节点为故障源的最佳传播路径(续)

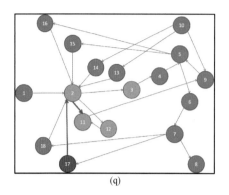
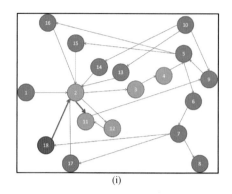

(q)   (i)

图 5 - 111　以不同节点为故障源的最佳传播路径(续)

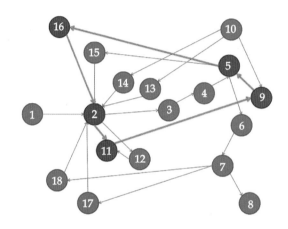

图 5 - 112　全局最可能传播路径

航空发动机新技术丛书

国家出版基金项目
NATIONAL PUBLICATION FOUNDATION

航空发动机控制系统适航安全性

Airworthiness Safety of Aero-Engine Control System

丁水汀　刘晓锋　罗晨爽　王柯欢　著

北京航空航天大学出版社

内 容 简 介

航空发动机作为独立获得型号适航证的航空产品,其发展趋势除耗油率等性能指标不断提高外,更重要的是对安全性水平的要求越来越高。控制系统是航空发动机的"中枢神经",其设计与审定是决定航空发动机整机安全性水平的重要因素。本书共6章,主要对航空发动机控制系统适航条款要求的衍变历史、咨询通告的解读、系统开发与安全性分析之间的关系、安全性分析的主要方法及典型控制系统的安全性分析实例进行分析,并介绍了基于模型的安全性分析与基于功能失效路径的硬件适航符合性方法。

本书主要面向我国航空发动机控制系统研制单位的设计人员以及民航适航审定人员,可以作为设计与审定工作的工具书,也可以作为高等院校航空发动机和适航专业的教学参考书。

图书在版编目(CIP)数据

航空发动机控制系统适航安全性 / 丁水汀等著. --
北京 : 北京航空航天大学出版社,2024.2
　ISBN 978 - 7 - 5124 - 4332 - 7

　Ⅰ. ①航… Ⅱ. ①丁… Ⅲ. ①航空发动机－控制系统
Ⅳ. ①V233.7

中国国家版本馆 CIP 数据核字(2024)第 031669 号

航空发动机控制系统适航安全性
丁水汀　刘晓锋　罗晨爽　王柯欢　著
策划编辑　龚　雪　董　瑞　责任编辑　董　瑞　蔡　喆
*
北京航空航天大学出版社出版发行
北京市海淀区学院路 37 号(邮编 100191)　http://www.buaapress.com.cn
发行部电话:(010)82317024　传真:(010)82328026
读者信箱:goodtextbook@126.com　邮购电话:(010)82316936
保定市中画美凯印刷有限公司印装　各地书店经销
*
开本:710×1 000　1/16　印张:20.5　字数:437 千字
2024 年 3 月第 1 版　2024 年 3 月第 1 次印刷
ISBN 978 - 7 - 5124 - 4332 - 7　定价:149.00 元

序 言

　　航空发动机作为飞机的动力装置为飞机提供必需的推力或功率,其工作循环是一个十分复杂的气动热力过程,飞行包线范围宽广,发动机特性变化很大,在高温、高压、高转速下长期工作,工作环境极其恶劣。航空发动机控制系统必须保证推进系统在任何工作条件下正常、安全工作,肩负着为发动机保驾护航的重要使命。目前,航空发动机控制系统已经完成从液压机械调节系统到全权限数字电子控制系统(FADEC)的转换,且现已发展到了第三代。FADEC 不仅要保证发动机具有良好的运行性能,还要通过传感器来监视发动机状态、进行健康管理,保证发动机的安全运行。FADEC 由软件、电子硬件和液压机械执行机构以及各类传感器组成,是高度复杂的安全关键系统。

　　本书作者是"航空发动机复杂系统安全性"长江学者创新团队及"航空发动机复杂系统安全性与适航"协同创新团队带头人丁水汀教授,他十几年来主持了工信部民用飞机专项科研、国防 973、军/民用型号研制等项目,对国内外航空发动机适航规章、咨询通告的技术内涵进行了深度剖析。

　　本书内容聚焦《航空发动机适航规定》中的"发动机控制系统"条款,对控制系统适航规章的来龙去脉进行追踪,对相应的其他国际通行标准进行对照梳理,进而对规章制定的目的和实质要求进行分析,剖析控制系统条款的安全意图和假设,形成符合性验证方法、工作和实施的要求,并对某典型控制系统的安全性分析实例进行分析,对基于模型的安全性分析与基于功能失效路径的硬件适航符合性方法进行介绍。

　　我很高兴向航空发动机控制系统研制单位的设计人员以及民航适航审定人员推荐本书。该书可以帮助设计人员学习、思考、运用适航安全性设计与分析的理念、方法。当然,本书也可作为高等院校航空发动机设计、适航专业和控制专业的教学参考书。希望本书的出版对我国航空发动机适航领域的技术进步起到积极的促进作用,并对工业方的适航性设计能力及局方的适航审定能力提升产生积极意义。

姚华

2023 年 12 月

![前言标志图] **前　言**

　　航空发动机被喻为飞机的"心脏",而其控制系统又被誉为航空发动机的"大脑",足见其重要性。控制系统的适航安全性不仅直接影响着航空发动机的安全性,也关系到飞行安全。随着航空发动机全权限数字电子控制系统的广泛应用,适航规章中的安全性要求也随着变化。《航空发动机适航规定》(即 33 部)中第 28 条"发动机控制系统"条款涉及面宽,包括软、硬件,与航空发动机强耦合,已经成为航空发动机开展型号合格审定、获得型号合格证极具挑战性的条款。

　　作者的前一部论著《航空发动机安全性设计导论》系统阐述了安全性与适航性的五大问题,即如何设计赋予、如何制造实现、如果验证表明、如何审定接受以及如何维护保持。在本书中,将安全性与适航性的技术本质以控制系统为例进行详细阐述。本书在总结作者多年研究成果的基础上,将航空发动机的适航安全性进一步系统化、实用化,其特点如下:

　　(1) 系统梳理了航空发动机控制系统适航条款的形成原因,并对现行规章 33.28 条款进行解读,便于读者理解规章的适航性要求。

　　(2) 详细介绍了面向审定的高度综合复杂系统的研发流程,特别分析了系统开发流程与安全性分析的交互迭代过程,便于读者理解系统开发过程中安全性分析的重要作用。

　　(3) 以某航空发动机控制系统的安全性分析为例,系统给出安全性分析中的功能危险性(FHA)、故障树分析(FTA)、故障模式及影响分析(FMEA)等分析方法的流程,为读者提供借鉴。

　　(4) 将基于模型的安全性分析方法引入航空发动机控制系统安全性分析,突破了传统静态分析工具的局限,扩充了安全性分析内容。

　　(5) 提出了功能失效路径分析法的执行步骤,并给出其在典型电子控制器结构中执行的结果。通过对故障控制器与发动机模型进行闭环仿真,可观察发动机在控制器故障情况下的响应,以此判断故障所造成的影响,并将影响结果与功能危险性分析的结果进行对比。

本书主要面向我国航空发动机控制系统研制单位的设计人员以及民航适航审定人员,可以作为设计与审定工作的工具书,也可以作为高等院校航空发动机和适航专业的教学参考书。

本书得到了国家出版基金、工业和信息化部"十四五"规划专著项目的资助,由中国民航大学校长丁水汀教授、北京航空航天大学交通科学与工程学院刘晓锋教授共同完成,罗晨爽、王柯欢、安斯奇、吴彦琛、王根常等研究生参与撰写并对书稿进行了校验。

中国航空发动机集团公司姚华研究员/总设计师仔细审阅了本书,并提出了中肯的意见和修订建议,在此深表感谢。

书中如有不妥之处,望各位读者不吝指正。

中国民航大学/北京航空航天大学

丁水汀

2023 年 11 月

目 录

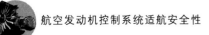

第 1 章

绪　论

1.1　适航性与安全性概述

1.1.1　适航性概念

适航性是表征民用航空器一种属性的专用技术术语。其英文是 Airworthiness，牛津字典对适航的解释是 fit to fly，意思是"适于飞行"[1]。

一般认为，"适航性"这个术语是由"适海性"演变而来的。早期大陆之间的交往主要靠海运。一方面，海运促进了国与国的交流和沟通；另一方面，随着海运的发展，人们逐渐对其安全性、舒适性提出了要求，即通常意义上所说的适海性（Seaworthiness）。随着民用航空的诞生和发展，根据公众对安全的诉求以及航空工业健康发展的需要，航空器的适航性被作为专有技术名词和安全性要求提了出来。

适航性是航空器的最低安全标准，是关乎航空器是否能赢得市场准入、保证公众安全的必要条件[2]。与从工业方视角出发，与设计赋予的航空器安全性不同，适航性强调的是从局方视角出发，是通过系统判断、强制执行的适航要求的符合程度，对设计安全性的一种确认，并以适航管理表现出来。

一般地，航空器适航有多种可接受的定义，其从不同侧面强调适航的内涵：

① 航空器能在预期的环境中安全飞行的固有品质，这种品质可以通过合适的维修维护而持续保持。本定义强调航空器适航性是设计赋予安全性的体现，并通过符合性验证来表明，通过适航审定来确认。

② 民用航空器包括其部件及子系统整体性能和操纵特性在预期运行环境和使用限制下的安全性和物理完整性的一种品质。这种品质要求航空器应始终保持经批准的型号设计要求和始终处于安全运行状态[3]。

③ 航空器或航空器部件在许用限制内，为确保飞行处于安全状态所必须达到的

必要的要求[1]。本定义强调了三个关键因素:安全状态、达到必要的要求和许用限制。其中,安全状态是指免于导致人员死亡、受伤害或疾病,设备或财产受损坏或损失,或对环境产生破坏的状况。达到必要的要求指航空器或其任何部件都是根据经研究和已测试的判据设计并制造的,使得能够飞行在前述的安全状态下。许用限制则指设计用于飞行于一定的飞行包线,超过这些条件和限制,可能会造成事故的发生。

1.1.2 安全性概念

安全性是普遍植根于人类内心的概念,涉及人类的所有活动,因此每个社会都组织起来保护自身或他人活动中的公共安全。安全性概念是 20 世纪 50 年代提出的,并在随后的几十年中得到了迅速发展。特别是近年来随着工业技术复杂程度的不断提高,投入资金的不断增加,在设备研制和使用过程中,风险也随之不断增大。

就航空器的安全性而言,其研制、试验、生产和使用以致退役处理的整个寿命过程都可能存在着导致发生事故的潜在危险,都有可能发生事故。这是安全问题的一个方面,即从航空器研制生产的纵向来研究安全问题。另一方面,航空器作为一个系统是由不同分系统和人员组成的整体,同时航空器研制涉及不同的专业学科(如力学、结构、机电、控制等),这些分系统及专业学科都有自己的安全问题,并且它们之间互相作用会产生复杂的后果而影响安全性,这就要从航空器及其有关分析和不同学科横向来研究安全问题。因此,研究航空器的安全性必须从上述两个方面,即从航空器的全寿命周期中的各阶段和系统及其分系统之间的联系中找出事故发生的客观规律和内部联系,通过科学的分析,识别潜在危险,做出定性和定量的评价;提出在设计、制造和使用中消除潜在危险或控制这些危险使之降低到可接受程度的措施,达到安全的目的。

航空器的安全性在工业方设计阶段是否得到满足,一般可以通过安全性分析技术加以判断。但早期的安全性分析,主要基于事后的调查分析,并没有将安全性要求作为对设计对象的事前约束进行输入,也没有从系统级的角度进行分析。因此,这种分析不能直接指导航空器的设计,且往往需要等到航空器在使用和运行过程中暴露出安全问题后,再进行更改,而这种没有在事故之前进行安全性分析和考虑的设计也难以预防事故的发生。正因为传统安全性分析技术显现出越来越多的局限性,而航空器系统的复杂程度和安全性要求又在日益增加,所以在传统安全性分析概念的基础上,系统安全性分析在 20 世纪 60 年代被发展起来。需要注意的是,这里的"系统安全性"是指将系统思想引入安全性设计中,是一种从系统研制初期的论证阶段开始,并贯穿工程研制、生产阶段的系统性检查、研究和分析危险的技术方法,目的在于防患于未然,尽可能在设计阶段避免未来运行中的不安全状态发生。

系统安全性分析的概念提出以后,便迅速在军民航空工业中得以体现:1962 年4 月,美国空军首先提出以系统工程的方法研究导弹系统的安全性,即"空军弹道导弹系统安全性工程"[4]。20 世纪 70 年代,美国民机机载系统向综合化和复杂化发展的过程中,提出了在设计中充分保证飞机安全性的要求,同时,FAA 首次提出定性的系统安全要求[5],其在实际运用中得到了极大的成功。由于航空工业界对设计阶段系统安全性的广泛成功应用,系统安全的思想及要求也必然随之体现到航空法规中,即世界各国适航部门以确保飞行安全为目的颁布的各类适航条例、适航指令,其明确规定需要采用试验或分析的方法来表明发动机设计的安全性。80 年代后期,美国军方又首先提出了军用航空器适航的概念,试图在军用航空器型号研制中引入民用航空器适航管理经验,以进一步提高军用航空器的安全水平。进入 21 世纪,随着军用航空器概念的逐步成熟,世界各军事大国逐步认识到军用航空器问题的严重,在不断追求更高性能的同时,更加注重安全性要求,强调军用航空器"性能设计要求"和"安全性要求"相融合。目前,FAA 在 2007 年首次给出 10^{-7} 的定量系统安全要求[6]。由此可知,无论是军用航空器还是民用航空器,系统安全性推动着航空工业安全性的发展,并成为其必须满足的要求。

1.1.3 安全性与适航性的关联

安全性与适航性从本质上而言是"一个硬币的两个表面",即安全性是从工业方视角出发,通过设计赋予的航空器特征;适航性是从审定方视角出发,通过系统判断、强制执行的适航要求的符合程度,是对设计安全性的确认[2]。两个方面的根本目的都是为了保证航空器的安全性运行,保证公众的利益。

同时,安全性与适航性又体现出相辅相成、互相促进的关联特征。一方面,适航技术是在重大安全问题牵引下发展的,同时又是建立在航空技术的综合和集成基础上的;对工业方而言,安全性设计理论和技术方法的发展和跨越,也推动了适航技术和航空器安全性水平的提高和跨越。另一方面,适航又保证了航空器最低水平的安全性,即约束了工业方在对产品设计赋予安全性时的"下限",并由审定方确认,又在发展过程中推动着航空工业技术的综合发展,即对于技术水平不高的航空器制造商,必须努力提高技术水平,赋予产品审定方认可的安全性后才能投入市场运营,从而保证航空器最低水平的安全性。

| 1.2 系统安全性技术发展历史与现状概述 |

工业生产中传统的安全技术工作已有 150 多年的历史。其间,预防事故的理论与实践也有不小的进展。但现代大型复杂工程系统是多学科发展的成果,单项的安全防护或单一学科的安全研究难以解决整个系统的安全问题。特别是在航空器系统发展中多次严重的灾难性事故的经验与教训,促使人们认识到安全工作必须走系统分析研究的道路,从而推动系统安全性技术得到了应有的发展[7]。

1.2.1 系统安全性技术发展阶段

任何系统的安全性是设计、制造出来的,应贯穿系统的方案论证、工程研制、设计定型和生产定型,并把安全性分析贯穿于系统的整个寿命周期之中。以航空器为例,系统安全性技术大致经历了事故记录与调查、事故预防、系统安全性工程、综合预防等阶段[8]。

① 事故记录与调查阶段。此阶段为 20 世纪 20 年代初期至 20 世纪 40 年代前期。早期航空器虽然事故频发,但由于飞行速度低,造成的灾难性事故并不多。20 世纪 20 年代初期,美英等国开始记录飞行事故,统计航空器的飞行事故率。在 20 世纪 30 年代后,美英等国成立安全机构,进一步加强重大飞行事故的记录和调查。

② 事故预防阶段。此阶段为 20 世纪 40 年代中期至 20 世纪 60 年代中期。飞行安全机构的建立及飞行安全大纲的实施,使飞行事故率继续下降。第二次世界大战结束后,美英等国空军都把工作重点从事故记录和调查转向事故预防。一方面不断完善事故调查、报告和分析研究方法;另一方面利用事故调查和分析得到的信息,找出引发事故的各种重复的和共同的原因,采取纠正措施以防止类似事故的发生,并强调须在航空器和其系统的设计和制造中考虑安全性问题。

③ 实施系统安全性阶段。此阶段为 20 世纪 60 年代后期至 20 世纪 80 年代中期。早在 20 世纪 60 年代初期,美国空军在"民兵"洲际导弹的研制中首先引入了系统安全原理,并颁发了军用规范《空军弹道导弹系统安全性工程》,该规范进而成为"民兵"导弹研制的系统安全性大纲。1969 年 7 月,美国国防部在空军发布的军用规范《系统及相关子系统和设备安全工程的通用要求》(MIL - S - 38130)的基础上,制定了军用标准《系统及其有关的分系统、设备的系统安全性大纲要求》(MIL - STD - 882),该标准规定了系统安全管理、设计、分析和评价的基本要求,以此作为国防部范围内武器系统研制必须遵循的文件。

随后,美国空军的 F - 15、F - 16 战斗机、B - 1 战略轰炸机等的研制都开展系统安全性工作,包括制定系统安全性大纲,确定安全性设计要求,进行系统安全性分析,开展安全性设计与验证,进行系统安全性培训等。随着系统安全性的全面贯彻和实施,美国国防部分别于 1977 年和 1984 年颁发《系统安全性大纲要求》(MIL - STD - 882A),把系统安全工作项目划分为系统安全管理和系统安全工程两大类。

④ 综合预防阶段。此阶段为 20 世纪 80 年代中期至 21 世纪。系统安全性大纲的全面实施,使航空航天飞行器的安全性水平有了显著提高,灾难性事故率不断下降。然而,20 世纪 80 年代中期以来的 10 多年中,航空航天飞行器的灾难性事故仍有发生。为了进一步提高航空航天飞行器的安全性,20 世纪 80 年代中期以来,除了进一步加强安全性分析、设计和验证工作外,还综合运用人为因素分析、软件安全性、

风险管理和定量风险评估等各种先进技术来预防事故发生。从航空器的故障与操作人员的人为因素、设备的硬件与软件、安全性设计与风险管理、定性分析与定量风险评估等各个方面对飞行事故进行综合预防。

可见,经过 100 余年的发展,航空航天飞行器安全性理论与技术得到很大的发展,形成了一批相对成熟的技术规范、标准、大纲等纲领性文件,并建立了一些与安全性设计、分析、管理相关的职能机构。

1.2.2　国外系统安全性技术研究现状

20 世纪 70 年代以来,由于航空器事故不断增加,FAA 颁布的运输类飞机的适航标准 FAR-25 的有关条款不断被修订,航空器安全性设计工作的要求不断提高。20 世纪 90 年代以后,进一步改进了民用航空器的设计工作,设计中考虑了人为因素,研制了更人性化和现代化的驾驶舱,大大减少了因驾驶员负荷过重所引起的灾难。

民用航空器的设计与使用必须确保在规定的使用范围内具有飞行及成员安全的特性,即具有规定的适航性。为此,民用航空工业发达的国家都制定了专门的适航条例来保证民用航空的安全。其中,FAR-25.1309 和 EASA-CS-25.1309 及其他有关文件规定了民用航空器及系统安全性指标和评定的一般要求。国外航空工业发达国家非常重视安全性设计和分析工作,经过几十年多个型号的研制,制定了如 SAE-ARP-4754、SAE-ARP-4761 等行业指导性文件,形成了一套完整的安全性管理、设计、分析、试验和评估方法,建立了相应的文件体系和工作指南,这些文件体系和工作指南能够有效指导在航空器研制阶段开展安全性设计和分析,同时研究人员也开发了相应的计算机辅助分析软件。

近年来,英美等国的航空器研制普遍借用民用适航规章中审查的经验,引入了军机适航审查的概念,同时对航空器适航审查工作确定了顶层要求。美国国防部于 2002 年 10 月颁布了《军机适航性审查准则》(MIL-HDBK-516),于 2004 年 2 月、2005 年 9 月颁布了 MIL-HDBK-516A、MIL-HDBK-516B,其适用范围从原版只涉及空军扩大到 A 版、B 版,涉及空军、海军、陆军;2008 年 2 月 29 日又对 B 版进行了修订。在 516B 中除规定了各系统各专业的安全性方面的总体定性要求外,还专门设置了"系统安全性"章节,规定了军机系统安全性的总体要求,强调在提出型号安全性要求时应依据 MIL-STD-882D 中的规定进行。在该标准中对于安全性规定了相应的定性要求、定量要求以及各种工作项目要求,并明确了如 SAE-ARP-4754、SAE-ARP-4761 等民航标准、技术规范作为系统安全性分析、评估验证的指南。

1.2.3　国内系统安全性技术研究现状

我国航空工业多年来走过了"测仿、仿造、研制"的道路,核心问题是航空器的有无问题。20 世纪 90 年代我国颁布了国家军用标准《系统安全性通用大纲》(GJB 900)[9]和国家军用标准《系统安全工程手册》(GJB/Z 99—97)[10],要求在航空产品的全寿命周期内都应识别、分析和控制危险,强调在航空产品设计阶段应把可接受的安全性纳入产品设计指标中,以保证产品在以后的试验、制造、使用、保障和退役处置中都是安全的。但由于 GJB 900 是参考 MIL - STD - 882B 标准制定的,存在一些不足,如缺乏一种切实可行的、使系统安全性能从定性到定量进行的方法。GJB 900 对技术方法的研究不够全面,缺乏有效解决产品安全性问题的相关支撑标准和成熟的工程化理论方法。

目前,我国民航全面引入先进的适航理念,安全性工作纳入适航管理,采用法规和规章的形式明确安全性要求的通用项目和条款,现在已经在 MA - 60、ARJ - 21、C919、WZ - 16 等国产航空产品上成功实践。

1.3　适航性与安全性的五大问题

适航性是通过"设计赋予、制造实现、验证表明、审定接受、维护保持"的航空发动机固有属性[2]。

航空发动机设计是制造、验证、审定、维护共同的上游工作,因此"设计赋予"是五大问题的核心。因为仅通过有限次的试验无法验证并表明航空发动机的系统安全性,所以安全性与适航的设计赋予逻辑不是事后处理的逻辑,而是以事前预防为主、事后处理为辅的逻辑。因此,安全性与适航的设计赋予问题是航空发动机正向研制的核心问题。

航空发动机制造实现是"设计赋予"的关键,决定发动机产品对设计的符合程度,是获得满足安全性和适航要求的发动机产品的必要环节。设计过程的关键之一就是如何定义"工艺、材料可实现",即在制造偏差范围内,工艺、材料可实现。"制造实现"可通过保证关键参数的制造精度来实现零部件在整机环境下的预定功能;同时可通过有限度地放开非关键参数的制造精度要求来降低零部件的制造和维护成本。

"验证表明"是确保设计与制造满足安全性与适航要求的手段,是基于结构化方法的,是对发动机各个设计、制造环节的确认过程,在确认的同时向研制方和局方表明航空发动机的安全性和适航水平。

"审定接受"是局方对发动机安全性水平进行的第三方确认的活动,审定的对象是研制方的最终成品;根据审定的需要,可能追溯到设计、制造、验证的全过程。

"维护保持"是在发动机使用过程中,持续保持发动机安全性水平的手段,是运行方、研制方共同面临的问题,在五大问题中占据最长的时间比例。维护计划来源于设计,完善于运行。设计阶段是制订维护保持计划的关键环节。随着运营经验的累积,不断地迭代优化,最终实现成本与安全的平衡。

1.4 航空发动机控制系统发展综述

航空发动机控制系统从 20 世纪 40 年代简单的液压机械燃油控制系统,经历初始阶段、成长阶段、电子阶段和综合阶段 4 个阶段,现已发展为能够用于所有燃气涡轮发动机的全权限数字电子控制(Full Authority Digital Electronic Control,FADEC)系统[11]。

随着航空发动机技术的进步,航空发动机性能不断提高,其结构和系统变得越来越复杂,对安全性、可靠性等的要求也越来越高,使得发动机控制系统的重要性越来越突出[12]。过去单输入/单输出的液压机械式调节器只用于燃油流量调节发动机转速一个参数,现代多变量的 FADEC 系统是多输入/多输出控制器[13]。

20 世纪 70 年代初,模拟和数字电子控制设备的发展提供了高水平的监视或调节功能。这些先进的监视控制设备主要计算发动机工作包线内的转速或温度设定点。例如,普·惠公司 F100 发动机使用的数字电子控制系统和 GE 公司的 F101 发动机使用的模拟电子加力风扇温度控制设备。值得一提的是,1972 年,世界第一台全权限数字电子控制设备(Electronic Control Unit,ECU)开始在加雷特公司的 TFE731 发动机上投入使用,此 ECU 是一个单通道模拟电子控制器。当发生失效或驾驶员操作失误时,该电子控制器可转换到一个备份的液压机械控制装置(Hydromechanical Unit,HMU)工作。

1.4.1 国外航空发动机控制系统的发展历程

航空发动机 FADEC 系统从 20 世纪 70 年代开始,至今已发展到第三代。

(1)第一代 FADEC 系统(20 世纪 80 年代)。美国空军研究实验室(Air Force Research Laboratory,AFRL)、美国海军研究实验室(Naval Research Laboratory,NRL)、美国航空航天局(National Aeronautics and Space Administration,NASA)、普·惠公司、通用电气公司、波音公司等开展数字电子发动机控制(Digital Electronic Engine Control,DEEC)、FADEC 等几十项研究计划,从先进的控制理论、容错控制、余度技术、可靠性研究、综合控制一直到电子硬件、软件编程、执行机构等方面进行了广泛的研究。

这一代 FADEC 系统的技术特征是:

① 带有可选择的余度元件的全权限数字电子控制系统,并配有简单的液压备份控制。

②　传感器采用多余度结构设计,为发动机提供了高度的可靠性,即使传感器有故障时也能安全连续运行。

③　具有记录发动机运行数据的能力。

④　由于增加了诊断能力(故障检测和故障隔离),从而使维修性得到进一步改善。

(2) 第二代 FADEC 系统(20 世纪 90 年代初期)。 与第一代 FADEC 系统相比,控制系统已具有更多固有的测试功能,并具备改善发动机性能和诊断的嵌入式发动机数学模型,以及运行和寿命示踪方法,可同时按每个可控变量进行评估。

第二代 FADEC 系统的技术特征是:

①　重量更轻,尺寸更小。

②　在一些低成本、高工作能力的控制器中融入先进的算法和控制能力。

③　更多的输入/输出量,更强的故障监视能力,更好的机内子检测(Build‐in‐Test,BIT)技术,更强的计算能力。

④　具备鲁棒控制的特征。

(3) 第三代 FADEC 系统(20 世纪 90 年代中后期)。 以普·惠公司生产的 F119 发动机为代表的第三代 FADEC 系统采用双-双余度的配置结构。该种配置结构中 2 个 FADEC 系统同时受控,同时配置了机上自适应发动机模型,采用卡尔曼 (Kalman)滤波器估计发动机的稳态参数,实现机上自适应优化发动机性能,具有部件寿命跟踪能力。

第三代 FADEC 系统的技术特征是:

①　增加推力矢量喷管,达到 16～22 个,控制功能增加约 1 倍。

②　可靠性和安全性大大提高,任务中断率低于 50×10^{-6} h,平均非计划拆卸间隔时间大于 800 h。

③　采用改进的诊断和健康管理系统,控制系统和发动机的维修性明显改善,工作费用明显降低。

1.4.2　国内航空发动机控制系统的发展历程

30 多年来,国内航空发动机 FADEC 系统技术的发展也经历了与国外类似的过程。我国航空发动机 FADEC 系统的研究起步于 20 世纪 80 年代。刚开始从液压机械式控制技术转向开发电子控制技术时,国内航空发动机控制的业内人士已经认识到模拟式电子控制技术的缺点,跳过了模拟式电子控制技术阶段,直接开展数字电子控制技术的研究,至今已经成功研制出数字式双通道 FADEC,并已得到实际应用,实现了跨越式发展。

1987 年国内以某型涡喷发动机为验证对象开展研制工作,并于 1988 年完成原理样机的方案论证和方案设计。1991 年完成了原理样机的半物理模拟试验和地面台试车验证,验证了控制系统的基本功能和性能。同年,开始工程样机的研制,完成其方案设计。1995 年底,完成数字电子控制系统工程样机的部件研制和系统集成,并完成半物理模拟试验。1996 年初在发动机地面台架上完成 23 h 的试车。初步试验中出现了发动机超温、超转及稳定性差等现象,暴露了系统存在的问题。随即针对存在的问题开展技术攻关,在半物理模拟试验台上完成 14 种故障模式及组合模式的故障模拟试验,19 个高空点的功能和性能模拟试验研究,模型拉偏试验研究,控制系统的稳定性、可靠性有较大幅度的提高。1998 年完成 25 h 高空台试验。在空中包括空中起动边界点、非加力和加力稳定工作边界点在内的 19 个试验点进行数字电子控制系统的各项功能和性能试验,结果均满足设计要求。同年,针对可靠性、安全性及与飞机系统的兼容性等开展试飞样机的研制,并加强了系统环境试验考核。2002 年,试飞样机在发动机试车台上完成 53 h 的试车考核。台架试车表明数字电子控制系统的功能、性能及可靠性均达到试飞要求的状态。2002 年 8 月该样机完成首飞。同年 11 月 8 日完成全部试飞任务。通过试飞,验证了数字电子控制系统的功能和性能可以满足飞机和发动机的要求,与飞机系统之间能相互兼容;能适应飞机环境并具有较高的可靠性。与液压机械式控制系统相比,数字电子控制系统改善了发动机的操纵性,增加了发动机的功能,提高了发动机的性能。

2002 年 FADEC 控制技术试飞验证后,我国各型在研发动机开始大量使用该技术。2010 年某型发动机 FADEC 系统经过 7 000 多小时的地面试验和 1 000 多小时的飞行验证,完成设计定型并投入批量使用,成为我国第一个设计定型的 FADEC 系统,具有第二代 FADEC 系统的技术特征。目前第三代的 FADEC 系统也正在研制中。

1.4.3　FADEC 的未来发展趋势

随着飞机对航空发动机提出的更多要求,航空发动机可调节的部位越来越多,发动机输入/输出参数的数量不断增加,要求控制器有更强的计算能力、逻辑功能和更高的控制精度。同时,高强度的飞行任务要求和高性能的发动机必将导致控制系统工作环境的进一步恶化。要实现高安全性、高可靠性且稳定运行的控制系统正变得越来越难。因此,未来航空发动机控制系统的发展面临巨大的挑战和更高的要求。

未来的航空发动机控制系统将向主动控制、智能控制、分布式控制和减轻控制系统重量的方向发展,将发展机载实时发动机模型,采用先进的控制逻辑和设计方法,且发动机状态监视系统将与发动机控制系统更好地融合。

① 主动控制。可使航空发动机达到更高的推重比,提高高涵道比和部件效率,减小耗油率,同时还提供部件状态诊断/监视信息,避免出现危险性的发动机影响。包括:(a)主动稳定控制。通过预先探测压气机即将发生的喘振与失速等气动稳定性问题时,采取诸如放气、改变燃油流量和导叶角度等措施来抑制压气机气动不稳定性现象的产生和发展。(b)主动间隙控制。通过改变机匣的变形,达到控制发动机转子叶片叶尖间隙的目的。这样可以改善发动机的性能,同时减少叶尖和机匣的碰撞

和摩擦。(c)主动燃烧控制。通过快速改变燃油流量实现对燃烧的调节,从而改善发动机的性能,提高燃烧的效率,降低耗油率;同时可以降低污染排放,扩大工作包线,并减少燃烧室的体积。

② 智能控制。智能控制是将人工智能的方法引进发动机控制系统,模拟人的智能活动控制信息传递过程的控制律,其核心是控制策略,采用灵活机动的方式来使控制向期望目标逼近,包括:(a)智能自修复控制技术。可通过在线故障诊断使具有多发动机结构的飞机推力输出始终保持一致,从而可以消除多发由于制造公差或试用期退化造成的性能差异对飞机的消极影响。此种控制技术采用发动机不可测退化或推力等性能参数的实时估计,基于机载模型的模型基控制方案。(b)延寿控制技术。在满足系统动静态性能指标的前提下,充分考虑发动机的寿命、安全性等效能指标。如在发动机慢车到全加力过渡态的过程中,在快速提高发动机推力的同时,保证涡轮前温度上升平缓,通过略微降低过渡过程中峰值温度,可增加重要零部件的寿命。

③ 分布式控制。控制系统复杂性的增加导致现在常规采用的集中式 FADEC 的重量、外形尺寸大大增加,同时,也使得 FADEC 中的软件庞大且复杂,软件可靠性下降[14, 15]。此外,在传统的集中式 FADEC 结构中,传感器、执行机构等相距较远,都用双绞线或三绞线连接到控制器,因此导线、接头的重量占有很大比例。这将在研制、维护等方面给高性能航空发动机的控制系统带来更高的成本。未来的控制系统可采用分布式控制结构,由 FADEC 和多个智能传感器、智能执行机构组成一个局域网。中央处理器和智能传感器、智能执行机构之间通过数据总线进行通信。这样可大大降低控制系统体积,减轻重量,提高发动机的推重比。

1.5 航空发动机控制系统安全性概述

在航空发动机控制系统运行时,由于工作状态和环境条件的影响,各种随机因素使得系统功能出现各种各样的故障,这些故障将影响到系统的性能,甚至影响到系统的正常工作。一般由发动机控制系统失效造成的故障有推力控制丧失(Loss of Thrust Control,LOTC)、反推力意外打开或无法关闭、超温、超转等,这些故障可能造成重大或危害性影响。为了保证航空发动机运行的安全性,我国民用航空规章 CCAR 33 部《航空发动机适航标准》中的 33.28 条控制系统中的(e)款内容对控制系统提出了安全性要求,也对控制系统的安全性评估提出了相应要求。此外,控制系统的安全性要求大部分来源于 33.75 条发动机安全性分析产生的安全性需求。

为了满足 33.28(e)款提出的安全性要求,需要对发动机控制系统开展全面的系统安全性评估。其中,功能危险分析(Functional Hazard Analysis,FHA)是对功能进行系统而全面的检查,以确定这些功能的失效状态并按其严重性进行分类的过程,

FHA 是安全性评估的第一步,起着至关重要的作用[16]。

针对发动机的安全性分析问题一直是国内外学者的研究热点。特别是关于发动机控制系统的安全性分析,许多学者已开展了大量的工作,形成了较为成熟的研究方法,也总结出诸多规律性的结论。SAE 颁布的 ARP 5107C 中,提出了一种应用马尔科夫分析的安全评估方法[17]。该安全分析方法通过对发动机控制系统 LOTC 率的分析,以进一步评估发动机控制系统的安全水平。陆中等人在其基础上,提出了蒙特卡洛仿真方法,分析了典型发动机电子控制系统的功能与结构,建立了系统安全性分析模型,结果表明比单故障马尔可夫模型具有更高的精度。

| 参考文献 |

[1] 张曙光,柯鹏,潘强,等. 适航性:航空器合格审定引论[M]. 北京:北京航空航天大学出版社,2011.

[2] 丁水汀,李果,邱天,等. 航空发动机安全性设计导论[M]. 北京:科学出版社,2019.

[3] 中国民用航空总局航空器适航司. 中国民用航空器适航管理[M]. 北京:中国民航出版社,1994.

[4] 颜兆林. 系统安全性分析技术研究[D]. 长沙:国防科技大学,2001.

[5] ADMINISTRATION F A. Airworthiness Standards:Aircraft Engines:33. 75 Safety Analysis. e-CFR 14 Part 33[Z]. Washington D C,1974.

[6] ADMINISTRATION F A. Airworthiness Standards:Aircraft Engines:33. 75 Safety Analysis. e-CFR 14 Part 33[Z]. Washington D C,2007.

[7] 周经伦,龚时雨,颜兆林. 系统安全性分析[M]. 长沙:中南大学出版社,2003.

[8] 何宇廷. 飞行器安全性工程[M]. 北京:国防工业出版社,2014.

[9] 国防科学技术工业委员会. 系统安全性通用大纲[S]. 北京,1991.

[10] 国防科学技术工业委员会. 系统安全工程手册[S]. 北京,1998.

[11] 姚华. 航空发动机全权限数字电子控制系统[Z]. 北京:航空工业出版社,2014.

[12] 孙健国,李秋红,杨刚,等. 航空燃气涡轮发动机控制[M]. 上海:上海交通大学出版社,2014.

[13] JAW L C,MATTINGLY J D. Aircraft Engine Controls:Design,System Analysis and Health Monitoring[M]. Alexander Bell Drive,Reston:AIAA,2009.

[14] BOURNE D,DIXON R,HORNE A. Distributed Control Systems for Aero Gas Turbine Engines:a Wicked Problem for Systems Engineering[C]//Pro-

ceedings of the 7th Annual Conference on Systems Engineering Research. Berlin：Springer，2009：20-23.

[15] SEITZ T，MACMANN O，KHOURY F，et al. Development of Distributed Control Systems for Aircraft Turbofan Engines[C]//Proceedings of the 52nd AIAA/SAE/ASEE Joint Propulsion Conference. Reston，VA：AIAA，2016：4805.

[16] 修忠信. 民用飞机系统安全性设计与评估技术概论[Z]. 上海；上海交通大学出版社. 2013

[17] SAE. 5107C Guidelines for Time-Limited-Dispatch（TLD）Analysis for Electronic Engine Control Systems[S]. Washington D C：SAE International，2018.

第 2 章
控制系统适航条款分析

| 2.1 控制系统条款要求衍变历史 |

航空发动机控制系统的适航工作依靠丰富的历史经验积累,确保符合其适航要求的航空器的安全性。但是通过适航审定的航空器在使用过程中,也会出现危险。因此适航条款会根据技术发展和重大的航空事故做出相应的变更和调整。例如,美国联邦航空管理局(Federal Aviation Administration,FAA)最早在 1993 年 8 月 16 日生效的第 15 号修正案[1]中增加了关于航空发动机电气和电子控制系统(以下简称控制系统)的条款内容,即联邦航空条例(Federal Aviation Regulations,FAR)33.28 条;并在 2008 年 10 月 20 日生效的第 26 号修正案[2]中修订了此条的内容,由第 15 号修正案的 5 款内容修订为 13 款内容,内容覆盖到控制系统功能、安全性、环境、与飞机的接口以及软硬件等方面的内容。又如,我国(民用航空总局)最早在 1988 年 2 月 9 日实施的《航空发动机适航标准》(CCAR – 33)中并无控制系统相应条款。2002 年 3 月 20 日修订的《航空发动机适航标准》(CCAR – 33 – R1)中增加了第 33.28 条(发动机电气和电子控制系统)的内容;而自 2016 年 3 月 17 日实施的《航空发动机适航规定》(CCAR – 33 – R2)对控制系统条款增加到 13 款的内容[3]。由此可见,研究航空发动机控制系统适航条款的修订背景以及适航条款的内涵对指导航空发动机控制系统适航工作的开展是十分必要的。

2.1.1 条款制定的背景

航空发动机控制系统适航条款提出的背景是电子、电气控制系统已经应用于航空发动机中,但能够提供作为审定基础的规章仍未明确。当时同行的做法是依靠对于联邦航空规章的整体解释、咨询通告信息和航空器委员会的说明材料来对具体的型号给出具体的审定基础(Certification on a Case-by-case Basis)。因此,非常有必要在 33 部中增加相应条款,以此作为航空往复式活塞和涡轮发动机统一的审定基础。例如,当时安装于 B757 上的 PW2037 发动机的 FADEC 系统,由于在当时非常先进,没有专门的条款,从而只能按照 FAR 25.901 的"安装"条款、FAR 33.75 的"安全性分析"以及 FAR 33.91"发动机部件试验"条款的要求审定[4]。但是,这些条款中并没有清晰的关于发动机控制的要求。

航空发动机控制系统适航性要求始于 1977 年 FAA 发布了关于航空规章总结项,并邀请提交建议的通知。该通知对新技术提出更新需求,以及需要明确并删减一些冗余的试验和设计要求。FAA 在 1978 年 1 月 16—19 日举行的航空发动机监管审查会议上,对向航空行业和公众征求的建议进行了总结。作为航空发动机规章总结项目的一部分,"发动机功率控制系统"被建议增加到规章中。总结会围绕功率供应、系统冗余、环境特点以及系统外部的输入损失等内容进行提议和讨论,随后决定将适用于电气和电子输入的功率或控制系统的专用标准放在 33.67 条下。因此,增补内容包括在 33.67 条中[3]。

2.1.2　FAA 拟议规则制定通知(Notices of Proposed Rulemaking,NPRM)

1. NPRM 80-21

基于 1978 年 1 月的总结项目和会议信息,FAA 于 1980 年提出了 NPRM 80-21"航空发动机规章总结项目,航空发动机和相关的动力装置安装建议"。

此 NPRM 提出的背景是在 1974 年 10 月 31 日生效的第 33-6 号修正案后,飞机和发动机的发展表明,以前由飞机制造商提供的许多部件现在已经由发动机制造商作为发动机的组成部件提供。该类部件包括燃油滤清器和过滤器、油箱、滤油器和过滤器、发动机控制装置、管路、配件和部件等。从监管的角度来看,在许多情况下,如果发动机制造商已经遵守了特定要求,则希望免除飞机制造商的特定要求。由于许多类似的标准目前适用于飞机和发动机的制造商,因此审查旨在修订此类法规,以允许发动机或飞机制造商遵守,但不要求两者都遵守。其中在飞机与发动机适航规章中交叉引用了的 FAR 23/25/27/29 1143 条和 FAR 33.67 条(发动机控制条款)将进行修订,以消除重复要求。

在此 NPRM 中,把"每个发动机燃油控制系统必须在发动机预期运行的所有条件下正常工作。每个需要电气或电子输入以保证发动机正常运行的燃油控制系统必须设计为具有至少相当于该发动机类型的类似液压机械控制所提供的整体可靠性水平。如果综合可靠性水平不相等时,则必须提供辅助燃油控制系统,以便对发动机进行安全的控制,以继续飞行;同时提供自动监控每个电子控制系统运行状态的手段,以确保冗余;此外,主电源直接由发动机上的独立电源提供。当主电源发生故障时,必须有自动切换到独立的辅助电源的装置;和在暴露于电气系统瞬变和可能的雷击之后提供安全操作。"等内容作为新的 33.67 条的 d 款(33.67(d))内容。新的

33.67(d)增加了一段用来要求电气或电子系统所需的安全级别至少等同于发动机型号对应的等效液压机械系统的安全性水平。基于33.67(d)的公众评论很广泛,并且提出很多合理化建议。因此,会上建议撤回33.67(d),并考虑一个新的NPRM。

2. NPRM 85-6

此NPRM提出的背景是在当时最先进的发动机控制系统仅针对涡轮发动机设计开发的,但是这些控制系统有可能用于未来的航空往复式活塞中。然而,当时还未有明确的适航规章为这些发动机控制系统提供审定基础。近年来,FAA依靠对FAR的一般解释、咨询通告信息和某些航空委员会文件来允许根据具体情况进行此类发动机申请的审定。因此,显然需要对FAR 33部进行补充,为涡轮动力和往复式发动机的电气和电子控制系统建立和标准化审定基础。

首先,电子控制装置的范围从具有完整液压机械控制备份的系统扩展到没有机械备份的复杂、全权限数字系统。机械和模拟电子控制系统的操作可以通过测试来验证,且测量的输出是已知输入的连续函数,并且使用专用硬件来执行各项功能。然而,基于数字计算机技术的控制系统是不连续的,并且使用的是共享的硬件资源,无法完全测试。尽管不连续性可以变小,但是否存在大于预期的不连续性以及导致不连续性发生的环境问题需要重视。

其次,未发现的软件错误可能会导致严重的不连续性,这个问题也需要解决。由于装配到飞机上的每台发动机可能同时受到这种不连续性的影响,因而造成的功率损失可能比单个发动机的故障更大。要通过测试识别这些不连续性,需要对每个单独输入的组合进行测试。然而,这样做是不切实际的,因此,用于系统软件设计的方法也必须成为审定的一部分。

发动机运行完整性必须与飞机功率或数据输入的依赖隔离开,这是一项一致的审定要求。对于电子控制装置,这一要求应继续适用。因此,如果使用飞机动力或数据,其中任何一个的损失都不得导致发动机运行发生重大变化。

如果电气或电子部件在所需的功率或推力范围内发生故障,则必须提供持续的安全操作规范。

此外,闪电是一种潜在危险。在过去,它主要与燃料有关,而不与燃油系统的控制有关。然而,随着电子控制装置的出现和飞机复合材料使用的增加,闪电可能会影响发动机的运行。因此,必须指定控制系统可以承受的最大闪电瞬变水平以进行审定。

基于以上的原因,1985年2月14日,FAA发布了NPRM 85-6,并得到如下提案:

提案1:要求依赖电气或电子装置进行操作的控制系统必须具有主控制系统和辅助系统(如果提供)的权限级别,以功率或推力输出的百分比指定。这本质上要求制造商说明系统设计的控制参数,以便可以对软件设计方法进行评估,并确定对专用电源的需求。该提案不要求制造商执行当前审定实践之外的任何额外测试或活动。

提案 2：要求电气或电子控制系统的设计和构造必须确保飞机供电或数据的任何故障都不会导致功率或推力的过度变化或妨碍发动机的持续安全运行。该提案为发动机制造商提供了满足这一要求的替代方案。例如，如果能够证明并记录上述条件，制造商可以通过提供独立电源（例如发电机）或通过辅助电源（例如电池）来满足要求。鉴于目前最先进的技术，通过后一种替代方案建立审定要求可能很困难。无论如何，FAA 在现有 FAR 中已将这一审定问题严格解释为需要发动机隔离。

提案 3：要求电气或电子控制系统的设计和构造应确保电气或电子部件的任何可能故障或故障都不会妨碍发动机的持续安全运行。过去，所有制造商都选择设计和构造液压机械或电子控制备份系统来实现这一目标，并且 FAA 已经批准了这些方法。因此，这一提案规范了当前的做法。

提案 4：要求电气或电子控制系统具有环境限制，包括指定的闪电引起的瞬变。与当前的审定实践一样，飞机承受闪电瞬变并继续运行的要求仍然存在。

提案 5：要求电气或电子控制系统设计和实现所有相关软件，以防止出现可能导致功率或推力过度损失或不安全状况的错误，并具有用于设计和实现指定软件的方法。软件组件通常设计为关键安全级别。如果制造商能够证明不会导致不安全的情况，则该提议的规则将提供灵活性，允许某些软件组件的设计低于临界水平。

来自国内外行业、公众、组织以及外国适航当局的专家学者利用信件的方式对此 NPRM 做出了回应。这些信件中的评论根据适用的 NPRM 段落进行分组，并围绕：① 权限的程度-全部和部分；② 软件设计；③ 备份和替代控制系统；④ 电源-独立和飞机提供；⑤ 环境限制-防闪电；⑥ 飞机提供的数据和机组人员警报等内容进行了讨论。

该 NPRM 发布后，得到行业、公众、组织以及外国适航当局的诸多建议。最终建议在 FAR 33 部增设 28 条（发动机电气与电子控制系统）的 5 款内容。

3. NPRM 07－03

此 NPRM 制定的背景是美国和欧洲的飞机发动机适航规章在包括发动机控制在内的多个领域存在差异。这些差异的协调有利于行业和监管机构，而且一套发动机控制系统适航法规的制定成本也较低。

FAA 与联合航空局（JAA）（EASA 之前的欧洲规章制定机构）合作，成立了一个国际发动机审定研究小组，将 FAR－33 部与 JAR－E（欧洲对发动机的要求）进行比较。随后，航空规定制定咨询委员会通过其发动机协调工作组（Engine Harmonization Working Group，EHWG）考虑协调 FAR－33 部和 JAR－E 的发动机控制要求。

为了响应 EHWG 的建议，JAA 于 2001 年 4 月 20 日发布了拟议修正案通知（Notice of Proposed Amendment，NPA）NPA－E－33 Rev 0。JAA 的拟议修正案包含与 FAA 拟议的 FAR－33 部变更几乎相同的规章和咨询通告。该 NPA 的一些评论者反对在确定所需的故障保护程度时应考虑飞机供电的可靠性。鉴于这些意见，JAA 在 NPA - E - 33 Rev 1 中更改了这些规定。FAA 和 JAA 随后一致认为，飞机供电的可靠性和质量应成为考虑批准发动机设计的一个因素。该 NPRM 反映了 FAA 和 JAA 之间的协议。后来，EASA 采用该协议作为 CS - E（发动机适航审定规范）CS - E 50(h)款内容。

在此 NPRM 中建议将标题从"电气和电子发动机控制系统"更改为"发动机控制系统"。FAR - 33.28 仅适用于电气和电子发动机控制系统，而 CS - E 50 和相关要求适用于所有类型的发动机控制系统，包括机械液压和往复式发动机控制系统。新标题反映了对该部分的拟议修订，为了与 EASA 规范保持一致，将更改拟议规则的范围，以包括该条规章中规定的所有类型的发动机控制系统和设备。

该 NPRM 发布后，得到行业、公众、组织以及外国适航当局的诸多建议。最终建议 FAR 33.28 条（发动机控制系统）从 33 - 15 修正案后的 5 款内容增加为 13 款内容。

2.1.3　FAA 修正案(Amendment, AMDT)

1. AMDT 33 - 15

AMDT33 - 15 于 1993 年 5 月 18 日颁布，1993 年 8 月 16 日生效。电子技术的进步导致了更全面、更自动化的发动机控制系统的发展。对这些更复杂系统的需求是由航空业对经济性和高性能的发动机的需求产生的。这些发动机要求比早期的发动机控制系统更准确地控制一些发动机参数，并且需要实现以前不直接控制的一些发动机功能。对更复杂控制的需求使得控制系统的设计从主要基于机械液压控制转变为主要基于电子技术的设计。大多数新发动机的审定项目都使用电子发动机控制(Electronic Engine Control, EEC)系统，这也使得发动机取证活动的这一部分工作变得更加繁杂。

然而，由于当时没有明确的适航规章条款作为对这些发动机控制系统适航取证的审定基础，FAA 依靠 FAR、咨询通告(Advisory Circular, AC)信息的一般解释以及工程专业协会文件，根据具体情况为这些系统制定审定基础，因此，需要修订 FAR 33 部中的相关条款，以建立和标准化由电气和电子控制系统控制的涡轮和往复式发动机的审定基础。

来自行业、公众、组织以及适航当局的 16 位专家学者对 NPRM 提出的 FAR 33.28 条款的内容进行了评述。其中：

三位专家建议将新条款(33.28 条)的标题和介绍性文本中使用的术语"电子"更改为"电气和(或和/或)电子"，以便对这些系统的说明更加明确。FAA 表示同意，并将标题"电子发动机控制系统"变为"电气和电子发动机控制系统"。

一位专家建议扩大该条款的适用范围以包括"发动机电子计算机"，因为 EEC 执行的功能现在不限于发动机控制功能。FAA 认为,除了基本的发动机控制功能外,EEC 系统还执行与发动机相关的功能,并且所有这些功能通常都由计算机控制。然而,电子发动机控制装置这个术语已成为 FAA 和业界普遍接受的通用分类,适用于控制发动机功能的控制装置,因此,该建议未被纳入。

一位专家表示,该条款的适用范围将史无前例地将飞机相关的安全概念纳入FAR 33 部中。专家的结论是,这可能会导致需要对每种飞机应用的发动机进行重新审定。FAA 认为,随着电子控制技术的进步,发动机和飞机控制系统的集成将进一步紧密。该条款的必要性在某种程度上是这种集成度增加的结果,该条款的主要目的之一是确保集成产生安全的发动机/飞机产品。应该指出的是,EEC 出现之前的发动机/飞机集成导致了许多应用,其中发动机机械液压控制装置使得原始审定规章内容发生了变化。虽然这些变化有时需要不同的发动机型号名称,但通常不需要完整的重新审定计划。

一位专家认为,该条款第一句中的短语"依赖"意味着该条款仅适用于 FADEC类型的系统。该专家认为,这句话可以解释为不适用于可以通过机械液压控制装置继续适用而无需电气或电子手段的系统。尽管控制系统可以在没有电子部分的情况下继续以备用(机械液压)模式运行,但这些系统的正常操作模式是电气和电子控制部分起作用。规章的措辞被修改为在"操作"一词之前插入"正常"一词以澄清这一点。

围绕以上的评论,FAA 对 FAR 33.28 条(电子和电气发动机控制系统)进行了修订:

每个依赖电子和电气装置正常运行的发动机控制系统必须:

(a) 具有控制系统描述、正常运行和故障情况下控制的可用功率或信任的百分比,以及其他受控功能的控制范围,须在 33.5 条要求的说明手册中指定;

(b) 其设计和构造应确保飞机提供的电力或数据的任何故障都不会导致功率或推力发生不可接受的变化,或妨碍发动机的持续安全运行;

(c) 其设计和构造应确保控制系统的电子或电气部件的单一故障或故障可能的组合不会导致不安全状况;

(d) 具有使用说明书中规定的环境限制,包括由闪电引起的瞬变;和

(e) 设计和实施所有相关的软件,须确保防止出现可能导致不可接受的功率或推力损失或其他不安全情况的错误,并确保用于设计和实施软件的方法得到局方批准。

通过此修正案的颁布,针对发动机控制系统(33.28 电子与电气发动机控制系统)的适航条款正式以独立条款的方式出现在发动机适航规定中。

2. AMDT 33-26

AMDT 33-26 于 2008 年 8 月 19 日颁布,2008 年 10 月 20 日生效。由于发动机控制技术的巨大进步,以及 FAA 对于航空发动机控制系统的深入研究,发动机控

制系统的安全性水平在航空发动机取证过程中成为重要的考核对象,因此 FAA 制定了更为完善的与发动机控制系统相关的条款。此外,FAA 在制定新的条款时,充分考虑了 CS‑E 50 中的相关条款,以简化适航批准的产品进出口。

本次修正案将原条款名称"电气和电子控制系统"更改为"发动机控制系统",内容上有很大变化,可以认为 FAA 改写了 FAR 33.28,将原先的 33‑15 修正案时的 5 款内容增设为 13 款内容。其中包括飞机发动机制造商和轻型商用喷气式飞机制造商,行业、公众、组织以及外国适航当局的专家学者都支持拟议的规章,同时建议小的变化[3]。FAA 收到下列一般领域的建议意见:

① 安装发动机控制转换的说明;

② 发动机控制系统故障;

③ 超转保护;

④ 系统的安全性评估(SSA)的发动机和飞机之间的接口;

⑤ 可编程逻辑器件;

⑥ 仪器连接。

对以下几个方面进行了讨论分析:

① 发动机额定功率和操作限制;

② 发动机控制系统;

③ 发动机控制系统验证;

④ 控制转换;

⑤ 发动机控制系统故障;

⑥ 系统安全评估;

⑦ 保护系统;

⑧ 飞机提供的数据;

⑨ 飞机提供电力;

⑩ 可编程逻辑器件;

⑪ 仪表连接;

⑫ 发动机过热测试。

关于发动机控制系统要求的最终规章与 2007 年 4 月 11 日发布的 NPRM 07‑03 相比没有重大变化,只是对几个部分进行了细微修改,以确保陈述的清晰度并更好地与 EASA CS‑E 章条款保持一致。该规则协调了 FAA 和 EASA 对 33 部内容的规定,如 33.5、33.7、33.27、33.28、33.29、33.53 和 33.91 条款。

2.1.4　FAA 咨询通告(Advisory Circular,AC)

1. AC 33.28‑1(2001 年 6 月 29 日发布)

FAR 33.28 条作为 33‑15 号修正案添加到 FAR 33 部"航空器发动机适航标

准"中,并于 1993 年 8 月 16 日生效,但当时并未发布随附的咨询通告。

最初,EEC 技术主要应用于大型运输机的发动机。FAR 33.28 的审定实践和实施都是面向这些应用的。当 EEC 技术的使用仅限于一小部分制造商时,规章本身提供的信息和指导就足够了。但是,随着 EEC 控制的广泛使用,在最近的几个发动机审定计划中,对 AC 的需求变得越来越明显。

此外,FAA 接受使用 EEC 替代机械液压式控制装置的基本标准是,新技术必须具有与被替代技术相当的完整性和可靠性水平。由于用于建立典型机械液压式控制系统的等效可靠性标准的数据是基于 FAR 25 部的审定经验,因此其他行业代表提出了一个有效的论点,即机械液压控制系统的等效标准应基于所使用的机械液压控制系统的数据在其各自的 FAR 23、27 和 29 部的审定中。

发动机制造商在发动机审定计划中的目标之一是证明经过审定的发动机将"可安装"在特定的飞机或飞机类型中。如果在发动机审定时飞机应用未知,发动机制造商应针对预期的飞机应用做出合理的安装和操作假设。为了促进实现这一目标,发动机制造商应向发动机审定办公室(ECO)和飞机审定办公室(ACO)提供描述 EEC 系统及其运行的文件。使用本文件以及其他文件和测试结果,ACO 将确定 EEC 系统是否有合理保证符合适用的飞机审定法规(如 FAR 23/25/27/29 901、903、1309 条)。

当新系统独特且与之前通过审定的系统不同时,须向 ACO 提供 EEC 文档是尤为重要的。ECO 还将在这方面与相应的 FAA 发动机控制专家进行协调。如果这些审查表明发动机可能无法安装在预期的飞机类型中,ECO 将通知申请人和相应的 ACO 任何潜在的审定问题。当获得更完整的测试和分析数据时,适当的 ACO 将在飞机审定时确定是否符合这些飞机的规章。如果飞机未确定则可以与适用的标准工作人员一起进行审查。任何安装限制或操作问题都将在发动机安装或操作手册以及发动机型号审定数据表(TCDS)中注明。申请人还应注意,ACO 可能需要进行飞行测试,以全面评估所有操作模式下的发动机性能和可操作性特征。

2. AC 33.28 - 2(2003 年 8 月 13 日发布)

EEC 技术最初应用于为大型运输机应用设计的涡轮发动机。因此,FAA 提供的证明遵守 FAR - 33.28 条的信息和指南都是面向这些应用的。然而,EEC 系统在往复式活塞发动机中的使用也越来越多,因此需要专门针对往复式发动机的指导。

EEC 技术在往复式发动机控制系统中的应用引入了系统安全考虑因素:

(1) 由于使用飞机提供的电力或数据,发动机对飞机系统的依赖性更大;

(2) 飞机上不止一台发动机常见的重大故障风险,可能由于以下原因而发生:

(a) 电磁干扰(闪电、内部或外部辐射影响)防护不足;

(b) 飞机电源完整性不够;

(c) 飞机提供的数据不够完整;

(d) 推进系统控制软件设计中隐藏的设计缺陷或差异;或者

(e) 系统/软件规范中的遗漏或错误。

需要指出的是,AC 33.28 - 1、AC 33.28 - 2 是针对 33 - 15 号修正案之后的航空发动机控制规章 FAR 33.28 条的 5 款内容的符合规章的咨询通告。

3. AC 33.28 - 3(2014 年 5 月 23 日发布)

本 AC 提供指导并描述可接受的方法,用于证明符合 33 - 26 号修正案之后的航空发动机控制规章 FAR 33 - 28 条 13 款内容的规章要求。

| 2.2　咨询通告 AC 33.28 - 3 解读 |

1. 通　用

(1) 目　的

FAR 33.28 条规范了发动机控制系统(Engine Control System,ECS)的总体设计和功能。它不会替代或取代其他监管单个 ECS 组件的规章。如交流发电机、传感器和执行机构这样的组件也受 33 部其他条款的约束,例如 FAR 33.67 条和 FAR 33.35 条,还有针对独立组件测试的 33.91 条和 33.53 条。

(2) 适用性

本文件中提供的指南针对的是发动机制造商、改装商或者是 FAA 委任的工程代表。这份指南还应协助发动机安装人员理解发动机和飞机审定之间的不同,以及发动机制造商对发动机与飞机界面的假设。

这份指南的本质既不是强制性的也不是法规,它描述了可以接受的但并非唯一的手段。FAA 将会考虑申请人可能提出的其他表明是否符合的方法。诸如"应该""可能""必须"之类的术语仅适用于在使用本文档时符合的特定方法的适用性确认。尽管这些准则不是强制性的,但也是源自 FAA 的大量工程经验以及确定遵守相关法规行业的经验。

配备有电子发动机控制系统(EECS)的发动机的申请人可能还需要额外的指导,尤其是对于这些发动机与飞机或螺旋桨或两者都有的审定接口。该 AC 主要讨论了与发动机、螺旋桨和飞机审定流程有关的任务,并且在有限的范围内指示如何在产品制造商之间分配这些任务。该文档适用于集成到 EECS 中的哪些影响是符合 FAR 的。

(3) 概　述

本 AC 聚焦于与飞机发动机控制系统有关的电气和电子问题,提供了符合 FAR 33.28 条的指南,并特别考虑了与飞机和螺旋桨的接口。

1) 本 AC 提供了使用电气和电子技术进行发动机控制、保护、限制和监视功能,以及在适用时整合飞机或螺旋桨特定功能的预防措施的指导。在后一种情况下,本AC 适用于集成到 EECS 中的功能,但仅在这些功能的影响符合 FAR 33 部的范围内时。发动机安装手册中记录了添加到 EECS 的功能,这些功能对于遵循 33 部不是必需的,但是对于安装符合性是必需的。

2)本 AC 主要针对 EECS 的推力和功率功能,因为推力和功率是发动机的主要功能。本 AC 中还介绍了可以集成到系统中以控制发动机运行的其他功能,例如引气阀控制。本 AC 中概述的原则适用于整个 ECS。

3)最后,引入电子发动机控制技术需要增加发动机和飞机的控制与控制指示器的集成,并增加影响多个发动机的故障风险。申请人应采取专用设计预防措施,以最大限度地减少以下任何方面的不利影响:

(a)对电磁干扰(闪电,内部或外部辐射效应)的防护不足,

(b)飞机电源供给完整性不足,

(c)飞机提供的数据完整性不足,

(d)推进系统设计中的隐式设计缺陷或差异(通常是要求不完整或不准确的结果),或者

(e)系统软件或电子硬件规范中的遗漏或错误。

2. 33.28(a)适用性

(1)规章原文

(a)适用性。这些要求适用于属于发动机类型设计,控制,限制或监视发动机运行的任何系统或设备,并且对于发动机的持续适航性是必需的。

(2)指 导

1)FAR 33.28 适用于所有类型的发动机控制系统,包括以下任何 ECS 类型:

(a)机械液压式控制器(33.35 条和 33.37 条涵盖的往复式发动机的系统除外),

(b)具有有限权限电子监控器的机械液压式控制器,

(c)带机械液压式控制器备份的单通道全权限电子发动机控制,

(d)无备份双通道全权限发动机电子控制,

(e)三通道全权限发动机电子控制(或 2 个通道加一个表决器),或

(f)任何其他 ECS 的组合。

2)ECS 包括为了控制发动机和在其规定限制内运行的确保安全所需的所有设备。ECS 包含许多组件,其中有电子控制单元,可变几何执行机构,电缆,导线,传感器,超转、超扭和超温保护系统,燃油计量装置。一些发动机监控系统在物理上或功能上与 ECS 集成在一起,这些系统被认为是 ECS 的一部分,如果它们:

(a)影响发动机安全的执行功能;

(b)用于持续运行的情况;

(c)用于返回服务的决策。

例如,用于发动机关键部件的低周疲劳计数器以及一些趋势监视器和提供维护信息的设备是 ECS 的一部分。

一些部件(例如节气门位置传感器)可能安装在飞机上,但并不是发动机类型设计的一部分,它们专用于 ECS 并由其供电。这些要素是 ECS 的整体组成部分。

3)排除的元素:ECS 中应排除了某些部件。例如,即使通常是发动机安装并与燃油计量单元集成在一起的燃油泵,不是 ECS 的一部分。它们是燃油输送系统的一部分。但是,需求-控制泵(Demand - control Pump)是或也可以是系统的燃油控制或限制元件,并被认为是 ECS 的一部分。ECS 不包括任何纯机械的发动机超转设计功能,例如转子干扰或通过转子轴向运动的燃油切断方法。例如,通过叶片脱落进行的超转保护是纯机械保护,因此叶片脱落不是 ECS 的一部分。

3. 33.28(b)(1)验证:功能方面

(1) 规章原文

(b)验证——(1)功能方面:申请人必须通过测试,分析或以上两者方式结合来证明发动机控制系统以下列方式执行预期功能:

(i)在声明的飞行包线中改变大气条件时,能够保持相关控制参数的选定值,并使发动机保持在批准的运行极限内;

(ii)在所有可能的系统输入和允许的发动机功率或推力要求下,视情考虑§§33.51、33.65 和 33.73 的可操作性要求,除非可以证明在预期的非派遣特定控制模式下不需要应用;

(iii)允许在声明的发动机工况范围内以足够的灵敏度调节发动机功率或推力;

(iv)不会产生不可接受的动力或推力振荡。

(2) 指 导

1)只有当其软件与控制系统成功集成时,EECS 才能执行其预期功能。因此,申请人应进行测试以证明 EEC 系统软件与 ECS 的成功集成。申请人应在完整的发动机或 ECS 硬件在环或半物理仿真试验台上进行此测试。

2)申请人可以使用 ARP 4754A《民用飞机和系统指南/或开发》作为建立开发保证流程的可接受方法。SAE ARP 4754A 讨论了飞机和系统的开发,同时考虑了飞机的整体运行环境和功能。这包括验证要求以及验证设计实施以进行审定和过程保证。请参阅 AC20 - 174 以进一步了解 ARP 的适用性。

3)33.28(b)(1)(ii)条中对不可派遣模式的具体排除是为了创造维持发动机运行的机会(即使受到限制),以支持"返航(get home)"构型。

4)当根据 33.28(b)(1)(iii)评估足够的灵敏度时,申请人应考虑功率或推力设置的两个附加方面。首先,功率或推力设置区域应该没有任何反转。其次,在功率或推力设置实现中,除范围末端之外的平坦或"无响应"区域是不期望的,固定功率设置(例如最大爬升或巡航功率)的位置也应排除在外。申请人还应证明,增加驾驶舱内的动力杆设置会导致发动机推力或功率输出增加这一关系。申请人应表明其具有连续(无间断)的正关系(无反转,例如增加向前的油门运动会导致推力或功率减小),除非表明,在特殊应用中通过偏离此关系可以提高安全性之外。根据 33 部批准的任何偏差也必须在飞机安装(23/25/27/29 部)级别获得批准,因此需要与发动机安装人员密切协调,以确保批准的任何偏差的可接受性。

5) 对于具有动力涡轮速度调节模式的 ECS,33.28(b)(1)(ⅲ)指的是管理发动机功率以将动力涡轮速度维持在指定限制内的能力。

4. 33.28(b)(2)验证:环境限制

(1) 规章原文

(2)环境限制。申请人在遵守§§33.53 或 33.91 时,必须表明发动机控制系统的功能不会受到声明的环境条件的不利影响,包括电磁干扰(EMI)、高强度辐射场(HIRF)和闪电。系统合格的限制必须记录在发动机安装说明中。

(2) 指　导

环境条件包括温度、振动、湿度、EMI、HIRF 和闪电。环境条件要求参见第§§33.53 条和第 33.91 条。尽管我们没有指定测试限制,但申请人声明的条件应代表发动机安装人员和操作人员会遇到的环境。

1) 环境测试程序和测试限制。AC 21-16G 和 SAE ARP 5757 提供了有关证明符合 33.53 条、33.91 条和 33.28 条的进一步指导。本 AC 建议将 SAE ARP 5757 与 RTCA/DO-160G 结合进行测试,但当测试等于或比 RTCA/DO160G 中定义的测试更严格时,可以使用 MIL-STD-810。由于 RTCA/DO-160 很可能在本 AC 的生命周期内进行修订并超出修订版 G,因此鼓励申请人在使用 RTCA/DO-160 的最新修订版之前与审定办公室进行协调。然而,与 RTCA/DO-160G 不同的是,建议至少执行 10 次温度循环来进行温度变化测试。还建议申请人认识到安装人员将使用 AC 20-136B 和 AC20-158 来分别证明飞机上安装的发动机的闪电和HIRF 符合性。

2) 射频(RF)发射测试程序和测试限值。MIL-STD-461 或 RTCA/DO-160G 第 21 节中的程序和限制是可接受的。

3) HIRF 和闪电测试。飞机 HIRF 符合性规定参见 23.1308、25.1317、27.1317和 29.1317 等条款。AC 20-158 中提供了 FAA 有关 HIRF 符合性的指导。飞机闪电符合性规定参见第 23.1306、25.1316、27.1316 和 29.1316 等条款。AC 20-136B中提供了 FAA 有关系统闪电符合性的指南。

(a) 测试级别。发动机和飞机申请人应选择 ECS 的 HIRF 和闪电测试级别。申请人应选择这些测试级别,以便 EECS 在安装后满足飞机审定要求。如果申请人想要声明 HIRF 和闪电测试的任何结果,并且如果申请人希望在 TCDS 或 IOI 上显示此声明,则申请人必须已成功完成 ECS HIRF 和闪电测试。如果尚未确定特定飞机发动机安装的 HIRF 和闪电测试水平,发动机申请人应使用本 AC 4 - 2d(1)(c)中定义的 DO - 160 第 20 条和 22 条类别和波形集。初始环境测试后实施的硬件或软件设计变更应评估其对电磁兼容性(EMC)、HIRF 和闪电的影响。

☆ 发动机和飞机制造商通常通过闪电瞬态和 HIRF 衰减特性测试来确定 HIRF 和闪电测试水平。这些测试通常在安装了发动机的飞机上进行。如果在发动机审定时不知道特定飞机上安装的发动机的 HIRF 和闪电测试水平,则发动机申请人可以使用第 4 - 2d(1)(c)至 4 - 2d(1)(e 段中的测试水平)以下。飞机申请人应确认发动机测试水平以及闪电瞬态特性和 HIRF 衰减测试与飞机审定前安装的发动机的兼容性。如果用于发动机审定的这些假设测试水平不足以满足特定飞机安装的要求,则发动机申请人可能需要进行额外的 ECS HIRF 和闪电测试或分析。

☆ 发动机安装或操作说明应指定任何电线屏蔽、连接器或端子以及任何电气连接,以实现发动机安装时所需的 HIRF 和防闪保护。申请人应使用发动机安装或操作说明书中指定的相同屏蔽和电气连接配置进行 HIRF 和闪电测试。

☆ HIRF 最低水平。表 2 - 1 列出了 EECS 的最低系统实验室 HIRF 射频敏感性测试标准。

表 2 - 1　RTCA DO - 160G

发动机类型	RTCA/DO - 160G 目录		
	传导敏感度	辐射 CW&SW 调制	辐射脉冲调制
固定翼飞机的涡轮发动机	W 类(150 mA)	W 类(100 V/m)	D 类(高达 750 V/m)
旋翼飞机(所有发动机类型)	W 类(150 mA)	W 类(100 V/m)	F 类(高达 1 500 V/m)
适用于螺旋桨的往复式发动机	W 类(150 mA)	W 类(100 V/m)	D 类(高达 750 V/m)
打算在 23 部飞机上使用的机载涡轮风扇发动机	W 类(150 mA)	100 ~ 400 MHz:G 类(100 V/m) 400 MHz~18 GHz:F 类(高达 150 V/m)	F 类(高达 1 500 V/m)

① 使用这些 HIRF 测试水平和下面(e)段中的设计要求,用于螺旋桨驱动 FAR 23 部飞机的带有 EECS 的往复式发动机应该是可以接受的,无须进一步进行飞机 HIRF 测试。

② 使用这些 HIRF 测试水平和下面(e)段中的设计要求,打算安装在 23 部飞机机身上的带有 EECS 的涡扇发动机应该可以接受,无须进一步进行飞机 HIRF 测试。

☆ 闪电级别。申请人应使用 RTCA/DO - 160G 第 22 节第 3 级中针对电缆束注入测试和引脚注入测试指定的系统实验室闪电测试最低级别来测试 EECS。屏蔽线束的波形集(包括单脉冲、多脉冲和多突发波形)应为 RTCA/DO - 160G 第 22 节中的类别 A3J3L3。申请人在引脚注入测试期间不应使用串联阻抗(RTCA/ DO - 160G 第 22.5.1.h),除非远程负载阻抗位于作为发动机一部分的组件中,或者远程负载阻抗在发动机安装说明中指定。

☆ 适用于带有 EECS 并用于螺旋桨的往复式发动机或用于 23 部飞机的安装在机身上的涡轮风扇发动机的备用闪电级别。当闪电附着在螺旋桨或发动机入口时，用于这些类型的发动机装置的电子发动机控制系统通常会受到非常高的闪电瞬变的影响。使用下面的闪电设计和测试要求，用于小型螺旋桨驱动飞机的带有 EECS 的往复式发动机或用于 23 部飞机的机身安装涡轮风扇发动机，应可接受用于飞机安装，无须进一步进行飞机闪电测试。对于非屏蔽线束，往复式发动机最低系统闪电测试级别应为 RTCA/DO160G、第 22 节和 A3H3L3 类别。闪电通常会击中螺旋桨，这导致所有闪电电流直接传导至发动机，并且大部分电流传导至 ECS 接线。涡扇发动机的雷击会导致电流在发动机罩和整流罩上传导，因此通常只有一小部分闪电流在 ECS 接线上传导。机身安装涡扇发动机最低系统闪电测试等级应为 RTCA/DO－160G 第 22 节和非屏蔽线束类别 B3H3L3。这些波形集包括 RTCA/DO－160G 第 22 节中的单冲程、多冲程和多突发波形。发动机申请人应确保 ECS 的设计、测试、安装及操作说明均符合 33.28 条和 33.5 条所规定的下列要求：

> 闪电测试设置。使用 RTCA/DO－160G 第 22.3 节中的测试设置。在断开所有 EECS 线束屏蔽层的情况下执行电缆束注入测试。这将确保瞬变直接注入电线。在引脚注入测试期间不要使用串联阻抗（RTCA/DO－160G 第 22.5.1.h），除非远程负载阻抗位于作为审定发动机一部分包含的组件中，或者在发动机中指定了远程负载阻抗安装说明。

> 线束屏蔽。在 EECS 组件之间以及从 EECS 组件到飞机的所有线束上安装编织屏蔽层。屏蔽层应覆盖电源线和信号线及其回路，并具有低电阻和高光学覆盖率。过度编织屏蔽层可以包围整个线束，或者可以在一束内的多组电线上使用多个过度编织屏蔽层。对于安装在机身上的涡轮风扇发动机，请在每个线束上安装额外的编织屏蔽层，其中线束从飞机机身外部布线至发动机。每个屏蔽层必须端接至每个连接器。屏蔽端子必须非常短，最好使用屏蔽端子长度为零的后壳。连接器外壳和后壳必须为发动机部件、EECS 和飞机防火墙或结构提供非常低的阻力。将连接器电气连接到飞机防火墙，或结构所需的功能（例如表面处理）必须在发动机安装或操作说明中指定。

> 发动机连接跳线。在发动机和发动机安装框架之间至少包括三个电气连接跳线。连接跳线必须是扁平编织线或扁平实心导体，导电横截面至少为 16 mm²，长度小于 30 cm。在发动机安装手册中指定最大连接跳线长度和最小导电横截面。在发动机安装或操作说明中定义发动机、发动机安装框架和机身之间的最大允许阻力。提供从发动机到机身的低电阻导电路径。

> 电子发动机控制系统电气连接。在发动机安装或操作说明中指定 EECS 组件与其安装表面之间允许的最大电气连接电阻。例如，指定组件与其所连接的机身或防火墙之间的最大允许电阻。此外，在发动机安装或操作说明中包括此电气连接所需的任何特殊功能，例如表面处理和/或连接跳线。

➤ 电源和信号回线。不应使用发动机或发动机安装框架进行电源返回或低功率信号回线。

（b）测试程序。用于闪电和 HIRF 测试的 EECS 应包括传感器、执行器以及发动机和发动机–飞机接口线束。使用 RTCA/DO－160G/EUROCAE ED－14G 第 20 节和 22 节中提供的 HIRF 和闪电测试程序。但是，RTCA/DO－160G/EUROCAE ED－14G 第 20 节和第 22 节中定义的测试程序面向设备测试。因此，调整这些测试程序来开发系统级 HIRF 测试，申请人将使用该测试来证明符合 33.53 条和 33.91 条的要求。

☆ 在 SAE ARP 5583A 中可以找到有关系统级 HIRF 测试的其他指南。

☆ SAE ARP 5415A 和 ARP 5416A 提供有关系统级闪电测试的指南。

（c）开环和闭环测试。对闭环或开环控制下运行的 ECS 进行 HIRF 和雷击测试。闭环回路设置通常用于驱动执行机构来闭环内部作动回路。申请人可以使用简化的发动机模拟来闭合外部发动机回路。申请人应按照申请人测试计划中的选择和详细说明，在 ECS 控制的最敏感工作点上进行 HIRF 和闪电测试。提到"最敏感的操作点"与进度敏感度有关。我们建议设定点不是控制时间表位于时间表平坦部分的位置。在选定的条件下运行时，系统应暴露在 HIRF 和闪电环境中。HIRF 和闪电环境可能有不同的最敏感工作点。

（d）测试考虑。

☆ 如果特殊的 ECS 测试软件嵌入到 EMC、HIRF 或闪电测试的目标中，申请人必须确保该软件是按照为至少 DO－178A 中的 2 级、DO－178A 中的 C 级的软件级别定义的指南开发和实施的。在某些情况下，申请人修改应用程序代码以包含所需的测试代码功能。

☆ 测试必须能够监控输出驱动信号和输入信号。

☆ 申请人必须复制开环测试期间在输入或输出上观察到的所有异常情况，以使测试能够显示符合通过/失败标准。申请人必须在发动机模拟上执行此重复操作，以确定所产生的功率或推力扰动是否符合 33.53 条和 33.91 条的测试通过/失败标准。

（e）通过/失败标准。为了符合 33.53 条和 33.91 条的要求，HIRF 和闪电测试不得对 ECS 的功能造成不利影响。以下为不良影响：

☆ 对于涡轮发动机：变化大于最敏感工作点的 3% 或起飞功率或推力的 1%（以较大者为准），持续时间超过 2 s。

☆ 对于往复式发动机：工作点功率变化大于 10%，持续时间超过 2 s。

☆ 转换到备用通道、备用系统或备用模式。

☆ 部件损坏。某些保护组件（例如瞬态抑制二极管）可能会遇到测试后自动测试计划（ATP）未检测到的故障，因此必须使用特定的测试程序进行检查。

☆ 向机组人员发出虚假通知，可能导致机组人员采取不必要或不适当的行动。

☆ 保护系统的错误操作，例如超转或反推电路。

（f）发动机申请人应确保 ECS 设计和发动机安装或操作说明符合 33.28 条和 33.5 条的要求，规定以下保护功能：

☆ 发动机和 EECS 安装在飞机上，飞机的发动机罩和防火墙采用导电材料。导电材料可以是铝、铜、钢或碳纤维复合材料，并且可以包括并入非导电复合材料中的薄金属箔或网。EECS 应安装在导电罩下方或安装在使用具有类似导电材料的结构件上。

☆ 将 EECS 连接到飞机系统的线束所需的线屏蔽和连接器在发动机安装或操作说明中指定。HIRF 测试期间应使用所需的电线屏蔽和连接器。

☆ 发动机安装或操作说明中规定了发动机和 EECS 的电气连接要求。

4）维护措施

（a）33.4 条要求申请人准备持续适航说明（Instructions for Continued Airworthiness，ICA）。持续适航说明通常包括维护计划。申请人应为 ECS 形式设计中的任何保护系统提供维护计划，并要求满足 EMC、HIRF 和闪电合格水平。该计划用于确保发动机型号合格证持有人提供的已安装系统部件的持续适航性。AC33.4 – 3 提供与 ICA、飞机发动机 HIRF 和防闪电相关的信息。

（b）考虑在 ICA 中对所需的结构屏蔽、电线屏蔽、连接器和设备保护组件进行定期检查或测试。当零件暴露时，还要考虑进行检查或测试。申请人还应证明其计划中采取的维护措施对于维持发动机的持续适航性是有效的。

5）限时派遣（Time – Limited Dispatch，TLD）环境测试。TLD 是一项可选要求。如果申请人对 TLD 进行 EMC、HIRF 和闪电测试，建议该测试与审定时与其他测试一起进行。备忘录 PS – ANE100 – 2001 – 1993 – 33.28TLD – R1 中有针对与环境符合性相关的 TLD 要求。

5. 33.28(c)控制转换

（1）规章原文

（c）控制转换。（1）申请人必须表明，当故障或失败导致从一种控制模式更改为另一种，从一个通道转换为另一种，或者从主系统转换为备用系统，发生这样的改变以至于：

（ⅰ）发动机没有超出其任何运行限制；

（ⅱ）发动机不会喘振、熄火或经历不可接受的推力、功率变化、振荡或其他不可接受的特性；

（ⅲ）如果要求飞行机组人员行动、反应或者意识到控制模式的转换，则必须有方式警示机组，该方式必须在发动机安装说明手册中描述，并且要在发动机使用手册中描述机组的操作；

（2）推力或功率变化的大小以及相关的转换时间必须在发动机安装说明和发动机使用说明中加以标识和描述。

（2）指　导

1）概　述

（a）在证明符合 33.28(c)(1) 条时，申请人应执行所有必要的测试和分析，以确保所有控制模式（包括由于控制故障容错策略而发生的控制模式）均按要求实施。

（b）申请人应证明所有声明的可派遣控制模式都能够在发动机安装说明书中声明的环境条件下执行其预期功能，包括但不限于 EMI、HIRF 和闪电。

（c）必须根据 33.28(d)、(e)、(f) 和 33.75 条的要求审查是否需要为所有控制模式（包括任何替代模式）提供超转保护等保护功能。

（d）上述内容适用于在任何可调度配置下运行的 ECS。

（e）申请人必须证明发动机安装和操作说明书中明确规定了对备用模式操作的任何限制。

（f）申请人应在发动机安装和操作说明书中提供 ECS 在主用模式和备用模式下运行的描述。

（g）申请人应使用分析或测试，或两者结合的方式，以证明更改为备用模式并在备用模式下运行不会对发动机耐久性或持久性产生不可接受的影响。这不应被解释为需要运行多次 33.87 条要求的耐久性测试。简短的测试与分析相结合可能足以表明符合性。

（h）申请人应主要通过 33.53 条和 33.91 条的发动机系统和部件测试来证明控制系统在所有模式下的耐用性和可靠性。在备用模式下和模式之间的转换期间执行发动机审定测试的某些部分可用作第 33.28(b)(1) 条要求的系统验证的一部分。

（i）发动机试验注意事项。

☆ 33 部 D、F 分部中定义的发动机审定测试通常仅使用 ECS 的主用模式、备用模式进行。如果申请人请求批准在 TLD 下以备用模式进行派遣，则申请人必须证明发动机可以在建议作为可派遣配置的任何备用模式下满足定义的测试成功标准。如果构型是可派遣的，那么应该表明该模式可以在所有可预见的环境条件下运行。该演示可以使用分析或测试，并应包括诸如雨中、冰雹或鸟类摄入时的可操作性等功能。

☆ 在某些不可派遣的控制模式下，某些功能，例如在雨中、冰雹或鸟类摄入中的可操作性，可能会丧失。不可派遣的模式不需要发动机测试演示，只要发动机安装和操作说明反映了这种功能的损失即可。

（j）可用性。申请人应通过测试或监控证明任何备用模式在需要时都可用。申请人应在 ICA 中记录确保其可用性所需的最低检查或测试频率。

2）机组人员训练模式

作为 33.28(e) 款中系统安全评估的一部分，申请人应评估机组人员培训模式。这些模式通常是安装的，并且可能是特定于运营商的，需要根据具体情况进行协商。例如，机组训练模式的一种常见应用是在双发旋翼机上模拟"故障修复"模式。申请人必须在发动机安装和操作说明书中酌情描述培训模式。此外,申请人必须在 ECS 及其机组人员界面的设计中采取预防措施,以防止无意中进入任何培训模式。申请人必须评估机组人员培训模式,包括上锁系统。

3) 非派遣构型和模式

(a) 对于不可派遣但申请人希望在系统 LOTC/LOPC(Loss of Thrust/Power Control)分析中获得信用的控制构型,特定的操作限制可能是可接受的。这意味着,当故障被允许系统继续安全运行的备份方法包容时,将不作为系统的 LOTC/LOPC 事件。如果申请人能够表明在预期的安装没有任何飞行控制系统输入会导致喘振、失速、熄火或在功率恢复或发动机的可控性问题上有不可控的延迟,那么在非派遣构型中符合 33.28(b)(1)并不意味着严格符合 33.65 条和 33.89 条的运行能力要求。例如,在双发旋翼航空器中,基本的备用系统可能就足够了,因为在备用系统中操作时可能不需要频繁且快速地改变功率设置。在此示例中,不太可能由这个基本的备份系统控制的发动机将被允许派遣。

(b) 除了这些可操作性方面的考虑,申请人在评估能力降级的备用模式可接受性时应考虑下列因素:

☆ 备用模式的已安装操作特性以及与主用模式的区别。

☆ 如果知道飞机的安装情况,则备用模式操作对飞行员工作负载的可能影响。

☆ 从主用模式转换到备用模式的频率(即主用模式的可靠性)。每 20 000 个发动机飞行小时少于 1 次的转换频率是可以接受的。

4) 控制转换

(a) 33.28(c)要求,由于故障调节而发生的任何控制转换必须以可接受的方式进行。

(b) 一般来说,ECS 应自动转换到备用模式。然而,需要飞行员动作来启用备用模式的系统也是可以接受的。例如,主系统中的故障可能会导致"故障—锁定"的燃油流量,飞行员需要采取一些动作才能使备用系统参与到发动机功率的调节中。当需要飞行员采取动作时,申请人应确保对飞行员执行手动切换的任何依赖都不会造成不可接受的运行特性、不可接受的机组人员工作负担或需要特殊技能。

(c) 申请人必须审查与转换到备用模式相关的功率或推力的瞬时变化是否符合 33.28(c)的要求。如果可用,请考虑安装程序的输入。

(d) 申请人在审查控制模式转换时至少应考虑以下事项:

☆ 转换到任何备用模式的发生频率以及备用模式的能力。申请人应使用来自耐久性或可靠性测试的数据、类似设备的使用经验或其他适当的数据来支持计算的传输频率。

☆ 功率、推力、旋翼或螺旋桨速度瞬变的大小可能会影响飞机的动力学。因此,应仔细评估这些瞬变,以确保安装的可接受性。申请人应与预期的安装者协调这些特征。

☆ 通过模拟或其他方式可证明 ECS 在过渡过程控制发动机。在某些情况下，特别是涉及旋翼机的情况下，申请人可能无法通过分析或模拟来证明 ECS 可以在模式转换期间控制发动机。因此，申请人应提出一个飞行测试计划，以证明 ECS 在飞行控制模式转换期间可以可接受地控制发动机。

☆ 进行分析，以识别导致自动或飞行员启动的控制模式转换的故障。

☆ 对于涡轮螺旋桨发动机或涡轮轴发动机，控制模式转换不应导致转子或螺旋桨过度超转或欠速。这些速度转换可能会导致紧急停机、发电机断电或触发警告装置。

☆ 在发动机安装说明中应包括与过渡相关的功率或推力变化的声明。如果更改可以忽略不计，请声明。

（e）时间延迟。申请人应在发动机安装和操作说明中包含与控制模式、通道或系统转换相关的任何可观察到的时间延迟的描述，或者在重建飞行员调节发动机推力或功率能力时的描述。在飞机审定期间可能需要评估这些延迟的可接受性。

（f）通知机组人员。

☆ 如果为了遵守 33.28(c)(1)(ⅲ)条而必须进行通告，则向飞行机组人员通告的类型必须与过渡的性质相适应。例如，当转换是自动的并且发动机操作中唯一可观察到的变化是不同的推力控制计划时，返回到备用控制模式的通知形式将与需要飞行员及时采取行动来维持控制的情况是有很大不同的。

☆ 驾驶舱通告的意图和目的必须酌情在发动机安装和操作说明中明确说明。

6. 33.28(d)：发动机控制系统失效

(1) 规章原文

（d）发动机控制系统失效。申请人必须将发动机控制系统设计和构造成：

（1）失去推力（或功率）控制（LOTC/LOPC）事件的发生率与预期应用的安全目标一致；

（2）在全勤构型中，经中国民用航空局确定，对于 LOTC/LOPC 事件相关的电子和电气的失效，系统能容忍"单点故障"；

（3）发动机控制系统部件的单点失效不会导致危害性发动机后果；

（4）与预期装机相关的可预见失效或故障，会导致着火、过热或失效等造成发动机控制系统部件损伤的局部事件，该失效或故障不应导致发动机控制系统失效或故障，从而引起危害性发动机后果。

(2) 指 导

1）目标。33.28(d)规定了与各种装置的操作要求一致的 ECS 完整性要求。EECS 的引入应至少为发动机提供与配备机械液压式控制和保护系统以及磁电机系统的发动机同等水平的安全性和可靠性（请参阅 SAE ARP 5107B 和 FAA 关于 TLD 的政策备忘录）。

2) LOTC/LOPC 事件标准。在过去的 30 年中，行业实践产生了以下公认的定义 LOTC/LOPC 事件的标准。如果申请人定义了 LOTC/LOPC 事件，则可以提出另一组标准。

（a）对于不用于旋翼飞机的涡轮发动机，则认为当 ECS 发生 LOTC/LOPC 事件时：

☆ 失去了在慢车和最大额定功率或推力 90% 之间调节推力或功率的能力；

☆ 遭受导致推力或功率振荡大于本 AC 第 6－2c 条规定水平的故障；

☆ 失去了以符合 33.65 条和 33.89 条中规定的可操作性规定的方式控制发动机的能力。

（b）对于用于直升机的涡轮发动机，当 ECS 发生以下事件时，将发生 LOTC/LOPC 事件：

☆ 在飞行条件下以及（如果适用）旋翼机运行条件下，失去了在慢车和最大额定功率 90% 之间调节功率的能力，或者

☆ 遭受导致功率振荡大于本 AC 第 6－2c 段中给出的故障，或

☆ 失去了以符合 33.65 条和 33.89 条规定的可操作性规定的方式控制发动机的能力。然而，无法满足替代模式下的可操作性规定可能不需要包含为 LOPC 事件。

➤ 通常将要求单发旋翼飞机满足备用模式下的可操作性规定。如果控制系统向备用模式的转换发生的频率超过可接受的 LOPC 概率，或者正常的机组人员活动要求动力快速变化以安全地飞行，则必须有备用模式下的发动机可操作性。

➤ LOPC 定义通常包括在备用模式下满足可操作性法规的能力。对于多发旋翼飞机，如果一个发动机控制转换到可能不具有强大的可操作性的替代模式，则可以接受。该发动机可以保持在合理的固定功率状态，以便具有正常运行控制的发动机可以根据需要更改功率以完成飞机操纵并安全地降落飞机。

（c）对于用于 23 部 I 类、II 类和 III 类的往复式发动机，当 ECS 发生 LOPC 事件时：

☆ 在所有工作条件下都失去了在慢车和最大额定功率的 85% 之间进行功率调节的能力。

☆ 遭受故障导致功率振荡大于本 AC 中第 6－2c 段中给出的水平。

☆ 失去了以允许符合 33.51 中的可操作性规定。

（d）对于集成在 EECS 中的螺旋桨控制功能的发动机，申请人应单独或与其他故障组合考虑以下故障作为 LOPC 事件：

☆ 无法指挥俯仰变化；

☆ 非指令性的俯仰变化；

☆ 螺旋桨扭矩或速度波动无法控制。

3）非指令的推力或功率振荡。任何非指令推力或功率振荡的幅度不应影响飞机的可控性。例如,在振动仅影响一台发动机的情况下,小于起飞功率或推力或两者峰峰值的 10% 的推力或功率振动是可接受的,除非安装者定义了或多或少的限制性要求。无论这里讨论的级别如何,如果机组人员由于控制系统引起的不可接受的推力或功率振荡而必须关闭发动机时,将此类事件视为运行中 LOTC/LOPC 事件。

4）可接受的 LOTC/LOPC 概率。申请人可以提出除以下以外的 LOTC/LOPC 概率。申请人应就发动机和控制系统相对于预期安装的关键性证实此类建议。目的是显示 LOTC/LOPC 速率与可比安装中的现有系统的等效性。请参阅 SAE ARP 5107B 和 FAA 政策备忘录 PS - ANE100 - 2001 - 1993 - 33.28TLD - R1 了解更多信息。

（a）对于涡轮发动机,EECS 在每 100 000 发动机飞行小时不应引起 1 次以上的 LOTC/LOPC 事件。

（b）对于适用于 23 部 Ⅰ 类、Ⅱ 类和 Ⅲ 类的往复式发动机。对于飞机,LOPC 率为每百万发动机飞行小时 45 次（或每 22 222 发动机飞行小时 1 次）,代表了最复杂的 EECS 可接受水平的上限。由于这些发动机的 EECS 中使用的是多控制功能,因此这些功能是作为独立的系统来实现的。这些系统元件或子系统可以是燃油控制、点火控制或其他。对于只有一个控制功能（例如燃油控制）的系统,建议申请人使用的最大系统 LOPC 率为每百万发动机飞行小时（Per Million Engine Flight Hours,PMEFH）15 个 LOPC 事件。对于包含多控制功能的系统,建议申请人对每个控制变量使用 15 个事件 PMEFH 的 LOPC 率,但最多只能使用 45 个事件 PMEFH。因此,如果存在两个控制功能,例如燃料控制和点火控制,则适当的比率是 30 个事件 PMEFH。如果三个或更多,则 LOPC 率为 45 个事件 PMEFH。

5）LOTC/LOPC 分析。

（a）由于 LOTC/LOPC 分析是 33.28(e) 所需系统安全评估的一部分,因此申请人必须执行并提交 ECS 的 LOTC/LOPC 分析。ECS LOTC/LOPC 分析可以采用系统可靠性分析的形式（请参阅 SAE ARP 5107B）。建议进行数值分析,例如马尔可夫模型分析、故障树分析或等效的分析方法。

（b）LOTC/LOPC 分析应涉及系统中可能导致 LOTC/LOPC 事件的所有组件,这包括 ECS 的所有电气（包括接线）、机械、液压机械和气动元件。

（c）发动机燃油泵通常被视为燃油输送系统的一部分,因此不包括在 LOTC/LOPC 分析中。

（d）LOTC/LOPC 分析应包括那些可能不属于发动机类型设计一部分但可能导致 LOTC/LOPC 事件的传感器或元件。例如,油门或动力杆传感器,通常由安装人员提供。LOTC/LOPC 分析应包括飞机提供的数据丢失、损坏或故障的影响。发动机安装说明应包括这些非发动机类型设计部件的假定可靠性和接口要求。在飞机系统安全分析中,建议安装人员确保不会重复计算非发动机部件的故障率。

（e）LOTC/LOPC 分析还应考虑所有故障，包括检测到的和未检测到的故障。申请人应在发动机说明书中纳入发现和修复已涵盖和未涵盖的故障所需的任何定期维护行动，以满足 LOTC/LOPC 率，用以实现持续适航。

（f）有关如何执行 33.28（e）条要求的系统安全评估的更多指导，请参阅本 AC 第 7 部分。

6）可靠性评估计划（RAP）。建议申请人准备并准备好向我们展示 RAP（有关框架，请参阅 SAE ARP 5890A）。RAP 记录了申请人用于评估系统和设备可靠性的受控、可重复流程。它还有助于评估系统和设备在设计和运行寿命期间的可靠性。RAP 的结果是许多安全评估和分析任务的重要输入。RAP 的结果可用做以下内容的一部分：

（a）可靠性计划规划和监控；

（b）安全性评估与分析；

（c）审定分析；

（d）设备设计决定；

（e）系统架构选择；

（f）持续性适航评估。

7）商业或工业级电子零件。

（a）电子零件的等级和处理是 EEC 可靠性的重要组成部分。为商业或工业级组件的应用提供指导的行业文档的两个示例是：

☆ IEC/TS 62239 - 1，航空电子设备的过程管理：电子元件管理计划。

☆ IEC/TR 62240 - 1，航空电子设备的过程管理：在制造商规定的温度范围之外使用半导体器件。

（b）申请人应准备并准备展示其电子元器件管理计划（ECMP）。

（c）当申请人指定作为发动机形式设计的一部分的商业或工业级电子元件（并非按照军用标准制造）时，建议在适用时考虑类似于以下的数据：

☆ 设计中指定的每个商业和工业级电气元件的可靠性数据。

☆ 申请人对供应商提供的商业和工业级零件的采购、质量保证和过程控制计划。这些计划应确保零件能够保持经批准的发动机类型设计中规定的可靠性水平。

☆ 从不同供应商获得的类似部件的独特数据库，因为商业和工业级部件可能并非全部按照相同的公认行业标准制造。

（d）商业或工业级零件的温度范围通常比军事级零件的温度范围窄。

☆ 如果申请人声明的 ECS 温度环境将导致详细部件超出商业或工业级电子元件的规定能力，申请人应通过测试和分析确保指定部件的建议范围是合适的适用于预期的 ECS 环境。申请人还应证明系统安全评估（SSA）和 LOTC/LOPC 分析中这些组件使用的故障率已针对扩展温度环境进行了适当调整。

☆ 有时，商业或工业部件的使用环境超出了其规定的额定值，并且 EECS 的设计需要提供冷却措施。如果安装人员需要采取措施提供冷却,申请人应在发动机安装说明中注明这些规定。这一规定可确保冷却不受影响。EECS 设计中包含的冷却装置可能有故障模式。如果故障模式可能导致超过温度限制,那么申请人应在其SSA 和 LOTC/LOPC 分析中考虑这些故障的概率。

(e) 当任何电气或电子元件发生变化时,申请人应审查其 SSA 和 LOTC/LOPC分析,了解任何元件可靠性变化的影响。可能需要进行组件、子组件或组件级测试来评估引入商业或工业零件的变更。然而,根据 21.101(b)(1),此类变更不会被归类为"重大"变更。

8) 单点故障包容。

(a) 以下指南阐明了"单容错"的含义:

☆ 申请人可以通过测试和分析证明其符合 33.28(d)(2)和(3)的单一故障规定。根据 33.28(d),ECS 组件的单一故障或故障,在其完全运行状态和所有声明的可派遣配置下,不得导致危害性的发动机影响(请参阅 33.75(g)(2)了解定义"危害性的发动机影响")。此外,33.28(d)要求在其完整配置中,控制系统必须基本上能够容忍与 LOTC/LOPC 事件有关的电气/电子组件故障。

☆ 实现真正的单一容错可能需要三次设计方法或 100% 故障检测的方法。目前,系统已设计成具有双冗余通道,或具有提供所谓"基本单点容错"系统的备份系统。尽管这些系统可能存在一些导致 LOTC/LOPC 事件的单一故障,但表现出了出色的运行安全性和可靠性,并被证明是可以接受的。因此,诸如此类的配置可能被发现是符合规章要求的。

(b) 双通道或备用系统配置涵盖了绝大多数潜在的电气和电子故障。然而,由于某些电气或电子故障的检测或调节可能不切实际,因此省略一些覆盖范围可能是可以接受的。可以以可靠的方式使用单个、简单的电气或电子部件或电路。在这些情况下,可能不需要冗余。在这些情况下,某些单一电气或电子组件、元件或电路的故障可能会导致 LOTC/LOPC 事件。这些被称为"本质上单一容错"的系统是可以接受的。

(c) 导致高推力故障且没有油门响应的单一故障对于某些飞机操作条件可能是灾难性的。需要注意的是,发动机审定申请人应注意,在这种情况下,需要对发动机控制进行修改或采用一个独立的飞机系统进行飞机认证。

9) 局部事件。

(a) 根据 33.28(d)(4)条,导致局部事件的可预见故障或故障,例如可能导致控制系统电气线束或连接器或控制单元损坏的发动机或安装相关故障,不得导致危害性的发动机事件。建议申请人分析局部事件,以确保不会发生危险的发动机事件。这些事件包括:

☆ 过热情况,例如由热空气管道破裂导致的情况;

☆ 火情;

☆ 维护和可预见的维护错误,例如将电线束用作手柄;

☆ 流体泄露;

☆ 可能导致控制系统电气线束、连接器或控制单元损坏的机械故障。

(b)这些局部事件通常仅限于一台发动机。局部事件通常不被视为共模事件,并且共模影响(例如 HIRF、闪电和降雨)也不被视为局部事件。系统中单一共模故障的示例包括多发动机应用中的单源电池以及多发动机双通道系统中相同软件的使用。在这些和类似情况下,申请人应采取额外的设计、测试或维护预防措施以确保安全。

(c)虽然仅限于一台发动机,但影响 ECS 的局部事件不应对飞机产生危险。局部事件,特别是火灾和过热,取决于安装情况,也可以作为飞机审定的一部分予以解决。强烈建议与安装人员协调。

(d)失效之间独立性的无效假设以及未能识别共因失效模式是安全分析中得出无效结论的主要原因。在评估局部事件时,应重点关注识别并确保维持关键的功能或物理隔离。申请人应确保不存在违反故障之间独立性假设的共因事件。例如,其故障可能导致超转的燃油控制组件不会受到可能导致超转保护失效的相同事件的影响。

(e)无论本地事件如何,EECS 的行为都不得在任何声明的可派遣模式下对发动机造成危险影响。

(f)当基于存在提供必要保护的另一功能的假设来证明不存在危险的发动机影响时,申请人应证明另一功能不会因同一事件(包括电线、管道或管道的破坏)而变得无效。

(g)当系统部件的温度高于发动机申请人在发动机安装说明书中声明的最大安全设计工作温度时,即存在过热情况。当系统的组件或单元暴露在过热或过热条件下或冷却时,ECS 不得造成危害性的发动机影响。申请人可以使用特定的设计特征或分析方法来展示对危害性发动机影响的预防。如果无法做到这一点,就可能会要求进行测试。有关此类测试的示例,请参阅 SAE ARP 5757。

(h)ECS,包括系统的电气、电子和机械部件,必须符合 33.17 条的消防规定。本规则适用于安装在指定火区内的 ECS 元件。请参阅 SAE ARP 5757 和 AC 33.17 - 1 了解更多指南。

(i)如果 ECS 组件的位置可能成为易燃液体或蒸气的点火源,申请人应进行防爆演示,以验证该组件不会成为爆炸的点火源。有关此类演示,请参阅 SAE ARP 5757。

(j)申请人在遵守 33.28(d)(4)条时应考虑所有可预见的当地事件。然而,在发动机审定时很难解决预期飞机安装中所有可能的局部事件。因此,申请人应使用合理的工程判断来识别合理可预见的局部事件。可以通过考虑 ECS 上局部事件的最终结果来表明是否符合此规定。详细记录的局部事件及其分析将有助于发动机安装审定。

（k）以下指南适用于 ECS 接线。

☆ 测试或分析可能受局部事件影响的与 EECS 连接的每条电线或电线组合。评估应包括开路、接地短路和电源短路（如果适用）。结果应表明故障会导致特定的响应，并且不会导致危害性的发动机影响。发动机运行时断开的任何 EEC 系统组件连接器不得对发动机造成危害性影响。也不应危及飞机的持续安全飞行和着陆。

☆ 申请人应测试或分析发动机控制单元飞机接口接线是否对飞机电源短路。这些"热"应该会产生特定且无危险的发动机影响。如果涉及飞机接口接线，发动机安装说明应告知安装人员接口接线短路的潜在影响。安装人员应确保不存在无法检测和无法解决的接线故障。此外，这些接线故障不得导致危害性的发动机影响。

☆ 在可行的情况下，接线故障不应影响多个通道。发动机申请人应在 LOTC/LOPC 分析中包括有关通道分离的假设。

☆ 如果导体的物理分离不切实际，发动机申请人和安装人员应进行协调，以确保将一台发动机上的通道之间发生共模故障的可能性降至最低，并消除 ECS 之间发生共模故障的可能性。

☆ 申请人应测试并分析流体泄漏对 EECS 部件的影响。冲击不得导致危险的发动机效应，并且流体不得冲击电路或印刷电路板，也不得导致潜在的故障情况。

（f）如果发动机的安装可能需要遵守第 25 部《运输类飞机适航标准》中的相关内容时，请参阅其 H 分部中关于电气线路互联系统（EWIS）的内容。

7. 33.28(e)系统安全评估

(1) 规章原文

（e）安全性评估。当符合本条和 33.75 条要求时，申请人必须完成发动机控制系统的系统安全评估。该项评估必须确定可能导致推力或功率改变、错误数据传输，或影响发动机工作特性从而产生喘振或失速的故障或失效，以及这些错误或失效预期的发生频率。

(2) 指 导

1）系统安全性评估：ECS 评估认可 ARP 4761 中提出的安全评估方法。

（a）33.28(e)要求的 SSA（System Safety Assessment）必须评估所有工作模式。

（b）33.28(d)中描述的 LOTC/LOPC 分析是 SSA 的子集。LOTC/LOPC 分析和 SSA 可以分开或组合分析。为了清楚起见，讨论的其余部分仅提及 SSA，但它同样适用于 LOTC/LOPC 分析或组合 SSA/LOTC/LOPC 分析。

（c）SSA 必须考虑所有检测到的和未检测到的故障及其对 ECS 和发动机运行的影响。SSA 还必须包括飞机信号中的故障或故障，包括电气开路、短路、数据验证、信号输入错误以及安装人员定义的任何其他故障。这些故障应包括多引擎飞机装置中可能影响多个发动机的故障。这些类型的故障在 33.28(h)下得到解决。

（d）ECS SSA 应确定适用的假设和安装要求。它还应规定与 ECS 操作相关的任何限制。这些假设、要求和限制应酌情在发动机安装和操作说明书中说明。

（e）必要时，持续适航说明中的适航限制部分应包括与 ECS 工作有关的限制。例如，LOTC/LOPC 分析可以将故障分类为可能需要在批准的时间范围内进行维修的各种类别。

（f）SSA 必须酌情解决 33.75 条中确定的所有故障影响。

（g）申请人必须提供摘要，列出由 ECS 引起的故障或失败及其影响，例如：

☆ 影响推力或功率的故障导致 LOTC/LOPC 事件。

☆ 导致发动机无法满足运行规定的故障。如果根据本 AC 第 6 章的标准，这些故障不被视为 LOTC/LOPC 事件，则记录这些事件的预期发生频率。

☆ 例如，传输错误参数；推力或功率设置的虚假高指示可能导致推力或功率变化大于起飞功率或推力或两者的 3%（对于往复式发动机安装为 10%），或者排气温度或涡轮温度过高，或低油压可能导致发动机停机。这些水平通常被认为是不可接受的，然而，申请人可以针对特定发动机提出不同的水平。

☆ 影响 ECS 中包括的飞机功能的故障，例如螺旋桨控制、推力反向器控制、冷却空气控制或燃油再循环控制。

☆ 导致发动机严重影响和发动机危害性影响的故障。此外，往复式发动机申请人必须解决导致破坏性事件的故障。

（h）SSA 还应考虑 ECS 使用的所有信号，特别是第 33.28（j）条中所述的任何跨引擎控制信号和气压信号。

（i）SSA 应包括 ECS 中实现的涉及航空器级功能的功能。飞机申请人需要定义飞机级功能的关键性。

2）标准：SSA 应该表明或提供以下内容：

（a）符合 33.75 条的要求。

（b）对于导致 LOTC/LOPC 事件的故障，本 AC 第 6 章第 6 - 2.d 段提供了有关遵守预期安装商定的 LOTC/LOPC 率的指导。

（c）对于影响发动机可操作性但不一定导致 LOTC/LOPC 事件的故障，仅应记录可能导致可操作性限制的故障的发生率。任何飞机驾驶舱指示被认为有必要通知飞行机组此类故障，将在飞机审定时确定。

（d）申请人必须确定 ECS 传输未指示或未识别为失败或错误的错误参数的后果。如果后果可能导致失去提供电源的能力，则该故障应包含在 LOTC/LOPC 分析中。发动机操作指令应包括减轻检测到的错误参数传输的后果所需的任何信息。例如，发动机操作指令可以指示如果燃油流量和温度显示正常，则在飞行中可以忽略零油压的显示。在这种情况下，未能传输油压或传输零油压信号不应导致发动机停机或 LOTC/LOPC 事件。

（e）由于故障情况（例如 ECS 传输错误参数），机组人员在使用过程中曾发生过停机。如果发动机操作指令提供了减轻这种故障情况的信息，则导致该故障情况的控制系统故障或失灵将不必包含在 LOTC/LOPC 分析中。在 ECS 传输错误参数的情况下，多种功能的丧失应包含在 LOTC/LOPC 分析中。例如，如果零油压和零油量（或高油温）的显示会导致机组启动停机，则申请人应将这些故障纳入系统 LOTC/LOPC 分析中。

3）影响推力或动力的故障或错误。

（a）在多发飞机中，导致推力或功率变化小于起飞功率或推力约 10％ 的故障可能无法被机组人员察觉。该级别基于试点评估，已使用多年。飞行员表示，当不对称推力或功率差异大于 10％ 时，机组人员会注意到发动机运行差异。如果安装者授权，大于起飞功率或推力 10％ 的推力变化是可以接受的。

（b）发动机申请者和安装者应就其他装置的发动机的可检测差异水平达成一致。这很重要，因为安装会显著影响飞行员检测发动机之间运行差异的能力。如果飞行员无法检测到这种差异并采取适当的行动，结果可能会对飞机造成危险。

（c）当在起飞包线内运行时，导致推力或功率变化小于 3％（对于往复式发动机装置为 10％）的 ECS 中未发现的故障通常被认为是可以接受的。然而，这并不会减少申请人确保完整系统能够提供声明的最小额定推力或功率的义务。在这方面，可能导致小推力变化的故障本质上应该是随机的，并且在例行检查、大修或动力检查期间是可检测和纠正的。

（d）SSA 文件应包括导致推力或功率变化大于起飞功率或推力 3％ 但小于定义为 LOTC/LOPC 事件的变化的未发现故障的发生频率。不存在与此类发动机审定故障相关的具体规定。然而，这些类型的故障的发生率应该相当低。我们建议每个发动机飞行小时进行 10^{-5} 个事件或更少。飞机审定分析中可能需要记录这些故障。

（e）从一个 ECS 发送到另一个 ECS 的信号，例如用于 ATCS、APR 或同步定相的信号，在第 33.28(h) 条下进行了处理。这些跨发动机信号应受到接收 ECS 的权限限制，以便未检测到的故障不会导致使用这些信号的发动机的推力或功率发生不可接受的变化。使用跨发动机信号的发动机上的最大推力或功率损失通常应限制在当前操作条件的 3％ 绝对差异内。ATTCS 或 APR 在激活时可以命令其余发动机的推力或功率增加 10％ 或更多。这些推力和功率损失不必被视为 LOTC/LOPC 事件。此外，在旋翼机安装中，从一个发动机控制发送到另一个发动机控制的信号（例如负载分配和 OEI）失效时，可能会对发动机功率产生更大的影响。然而，有关这些故障模式的数据应位于 SSA 中。

（f）当在起飞包线内运行时，ECS 中检测到的故障导致推力或功率变化高达 10％（往复式发动机为 15％），如果这些故障发生的总频率是可以接受的，故障类型相对较少。如果安装人员授权，大于起飞功率或推力 10％（往复式发动机为 15％）的推力变化是可以接受的。此类故障的预测发生频率应包含在 SSA 文档中。在飞机审定期间，将审查此类故障的允许发生频率的要求以及驾驶舱指示这些情况的任何需要。每个发动机飞行小时发生的总频率少于 10^{-5} 次事件通常是可以接受的,因为在多个发动机上发生这种情况将是一个概率很小的事件。

（g）应适应 ECS 之间交换的信号中检测到的故障,以免使用跨发动机信号导致发动机上的推力或功率变化大于 3%。

8. 33.28(f)保护系统

(1) 规章原文

(f)保护系统。(1) 发动机控制设备、系统和发动机仪表的设计和功能,以及发动机使用和维护说明,必须合理保证,影响涡轮、压气机、风扇、涡轮增压器转子结构完整性的发动机使用限制在工作中不会被超出。

(2) 当提供电子式超转保护系统时,设计必须包括系统的检测方法,以确定保护功能的可用性,并且至少每个发动机起动/停车循环检测一次。该方法必须能以最少的循环数完成系统的全面测试。如果这种测试不是完全自动的,则必须在发动机使用说明手册中包含手动测试的规定。

(3) 如果超转保护是液压机械式或机械式的,必须通过试验或其他可接受的方法验证,超转保护功能在检查和维修周期内可用。

(2) 指　导

1) 转子超转保护

(a) 在最新设计的发动机中,申请人通常利用 33.28(f)中提到的发动机控制装置、系统和仪器来提供超转保护或电路或两者都有。尽管它们可能是独立的设备,但超转保护和电路通常是 EECS 的一部分。

(b) 转子超转保护通常通过提供独立的超转保护系统来实现,该系统需要两个独立的故障或失灵(如下所述)才能导致不受控制的超转。与 ECS 提供的发动机相反,超转保护的示例包括叶片脱落、转子干扰或通过转子轴向运动的燃油切断方法。发动机提供的超转保护方法由 33.27 条规定。

(c) 如果转子超转保护仅由 ECS 保护功能提供,则以下指南适用。

☆ 在所有可派遣配置中,组合发动机控制和超转保护系统应至少从不受控制的超转事件中消除两个独立故障。因此,超转而导致的潜在转子爆裂应该仅是由于阻止超转保护系统正常运行的独立故障与导致超转的控制系统故障相结合而可能发生的。

☆ SSA 应表明,由于任何原因以及超转保护系统失效而导致发动机每个飞行小时失控超转情况的概率小于每亿小时 1 次(故障率为 10^{-8} 每个发动机飞行小时)。SSA 应考虑与保护系统相关的所有故障情况。不要忽视以下情况:

➢ 当燃油计量阀和燃油截止阀(SOV)有共同故障模式时。

➢ 当建议使用计量阀作为截止阀时,这些单阀系统在安装时存在问题。

☆ 超转保护系统的故障率应低于发动机每个飞行小时 10^{-4} 次故障,以确保受保护功能的完整性。

☆ 在每次后续飞行之前对超转保护系统进行自检,以确保其功能可接受。在发动机关闭和/或启动时验证超转保护系统的功能也是可以接受的,以表明符合该法规的每个启停循环一次的要求。有些发动机在着陆之前通常不会关闭。如果在两次飞行之间发动机没有关闭,则不需要进行超转保护系统测试,但应在 SSA 中说明。

☆ 因为一些超转保护系统提供多个保护路径,所以始终存在所有路径在任何给定时间都起作用的不确定性。当多个路径可以触发超转保护系统时,申请人应对每个发动机启动/停止循环执行不同路径的测试。这样做将在最少的发动机循环次数内实现对超转系统(包括机电部件)的完整测试。我们建议,验证超转保护系统所需的循环数量和验证一个失效率为 10^{-4} 的系统需要的循环数一致。失效率可以认为是在完成所需循环数经过的这么长时间内,系统每小时失效的概率。如果系统满足 10^{-4} 的故障率,则通常会被认为是符合的。

☆ 如果申请人选择使用机械或机械液压式系统实施超转保护,则不要求在每个启动/停止循环时对系统进行测试。然而,该规定确实要求超转保护系统的机械部件(不包括机电部件)在检查和维护期间能够无故障运行。因此,建议在使用机械或机械液压式系统的情况下,申请人提供合理的维护间隔/检查计划,以确保机械元件仍然执行其预期功能并防止破坏性超转。

2) 其他保护功能

(a) ECS 可以执行其他保护功能,其中只有一些可能是发动机功能(其他保护功能可能是飞机或螺旋桨功能)。ECS 提供的其他保护功能的完整性应与与这些功能相关的安全分析一致。如果这些功能不是发动机功能,则它们可能不是发动机审定的一部分。

(b) 随着 ECS 越来越多地集成到飞机和螺旋桨系统中,在 ECS 内实现以前由飞机或螺旋桨系统提供的保护功能。例子包括:

☆ 如果使用反向推力器,则将发动机的空转推力减小;

☆ 发动机发生故障时为螺旋桨提供自动顺桨功能。

(c) 这些其他保护功能的可靠性和可用性应与涉及这些其他保护功能的条件的顶级危险评估一致。该评估通常在飞机审定期间完成。例如,如果自动顺桨功能丧失的发动机故障在飞机层面是灾难性的,并且自动顺桨已纳入 ECS,针对安装于 23 部或 25 部的飞机发动机,申请人应证明,自动顺桨功能丧失的故障不能由单个控制系统故障引起。此外,飞机法规可能要求控制系统故障或发动机和控制系统故障的组合,导致发动机推力或功率显著损失以及相关的自动羽化功能损失,具有极不可能的事件发生率(每个发动机飞行小时 10^{-9} 个事件)。

(d) 虽然这些其他保护功能可以作为飞机级 SSA 的一部分进行评估,但建议申请人在发动机审定过程中对其进行评估,并将其作为发动机审定的一部分提出。如果在发动机审定期间能够进行涉及这些功能的飞机级危险评估,那么发动机和飞机审定团队之间的协调将会更加顺利。如果不进行这种协调,那么虽然发动机可能获得审定许可,但它可能无法安装在飞机上。

(e) ECS 安全评估应包括系统中所有功能的所有故障模式,包括为支持飞机审定而添加的功能。因此,有关这些故障模式的信息将得到正确处理并传递给安装人员以包含在飞机级 SSA 中。还需要记录有关这些故障模式发生频率的信息。

9. 33.28(g)软件

(1) 规章原文

软件。申请人必须设计、实施和验证所有相关软件,通过使用 FAA 批准的方法来最小化错误的存在,并与所执行功能的关键性保持一致。

(2) 指 导

1)目的。

(a)申请人应设计其软件以防止逻辑错误,从而导致对功率或推力或其他不安全情况产生不可接受的影响。由于包含数字逻辑的系统的性质和复杂性,申请人应使用结构化开发方法来开发软件,该方法与包含数字逻辑的系统的故障或故障相关的危险相称。

(b)申请人可能无法确定其软件设计没有错误。然而,如果申请人使用适合所执行功能的关键性的软件设计以及经批准的开发方法,则该软件满足最小化错误的要求。在某些安装中,多个 ECS 常见的数字逻辑错误的可能性可能会决定适合软件设计的软件级别。然而,当软件按照 A 级(DO-178B 或 C)指定进行设计时,则不需要通道间的不同设计。

2)认可的方法。FAA 关于软件方法的主要指南可在 AC 20-115C 中找到。此外,FAA 还必须遵守 FAA 命令 8110.49。可接受的软件开发方法符合 RTCA/DO-178C/EUROCAE ED-12C(以下简称 DO-178B)的指南。申请人还可以提出用于开发软件的替代方法。然而,任何此类替代方法均须经管理员批准。有关替代方法请参考 AC 20-171。

3)使用补充。DO-331、DO-332 和 DO-333 是针对某些软件开发技术的补充,补充添加、删除或修改 DO-178C 中的目标、活动和生命周期数据。当使用所讨论的技术时,应该应用特定补充中的指南。软件方面审定计划(PSAC)应确定适用哪些补充,并描述打算如何使用每个适用的补充。不能将补充材料用作独立文档。将补充材料与 DO-178C 结合使用时,请参阅 AC 20-115C 第 8 段。

4)软件级别

(a)审定所需的软件级别取决于其所执行功能的重要性。例如,导致推力或功率显著增加或振荡的故障可能比发动机停机更严重。因此,在选择给定的软件级别时,请考虑这些故障。

☆ 涡轮发动机通常需要 A 级(DO-178C)中规定的软件设计、实施和验证。

☆ 对于往复式发动机 EECS,按照 C 级规定实施的软件是最低可接受的要求。

☆申请人可以选择评估 EECS 功能的故障条件关键性,以确定 B 级或 C 级软件是否足够。在 EECS 开发计划期间,申请人必须与飞机设计师和认可的飞机 ACO 协调此评估。

(b)申请人可以保护非关键软件或将非关键软件与关键软件分开,并且将非关键软件设计和实现到较低水平。申请人必须证明分区方法的充分性以及防止两级软件之间损坏所需的保护和隔离功能。该演示应考虑受保护/分区的较低软件级别是否适合任何预期的安装。

5)沿用软件/继承软件。使用 DO-178、DO-178A 或 DO-178B 开发的软件称为旧版软件。修改和重新使用经 DO-178、DO-178A 或 DO-178B 批准的软件时,请参阅 AC20-115C 第 9 段。

6)板载或现场可加载软件和零件编号标记。

(a)当现场可加载软件(FLS)在 EECS 中使用,并且申请人希望对 FLS 使用电子零件标记时,FLS 必须满足第 45.15(c)节的零件标记要求。所需的信息(例如硬件零件号的信息)必须可以在地面任何地理位置的飞机上进行验证。当实施 EEC 软件和相关电子零件标记的机载或现场加载时,请使用以下指南,并参阅 FAA 指令 8110.49 第 5 章"现场可加载软件(FTS)的批准"了解更多信息。虽然 FAA 指令是针对审定工程师的,但建议申请人提供九版软件的大部分材料。

(b)对于软件变更,通过批准的设计变更和发布的服务公告或其他适当的文档记录要加载的软件。

(c)对于具有硬件和软件独立部件号的 EECS 单元,软件部件号不需要在单元上显示,只要它们嵌入在加载的软件中即可,并且可以通过电子方式进行验证。当新软件加载到设备中时,需要通过电子方式进行验证,并且在设备恢复使用之前必须验证正确的软件部件号。

(d)对于只有一个部件号的 EECS 单元,一个部件号代表软件和硬件构建的组合。加载新软件时,申请人应更改或更新铭牌上的单元部件号。作为此过程的一部分,应在将设备返回服务之前验证软件版本或版本号。

(e)对于机载或现场装载的 EECS,除非在发动机发证时获得批准,否则不能使用配置控制系统和电子部件标记。绘图系统必须提供一个兼容性表,其中列出了管理员批准的硬件部件号和软件版本的组合。顶层兼容性表必须处于配置控制之下,申请人必须针对影响硬件和软件组合的每次更改更新该表。适用的服务公告必须定义新软件版本所兼容的硬件配置。

(f)装载系统必须符合 DO-178C 第 2.5.5 节的指南。如果申请人建议使用多个来源(例如磁盘、CD 或大容量存储)进行加载,则所有来源都必须遵守这些准则。

(g)服务公告必须要求验证安装到飞机上后已加载正确的软件版本。

7)软件变更类别。用于更改软件的过程和方法不得影响该软件的设计保证等级。

（a）在 21.93 条中确定了主要与次要型号设计变更的确定。ECS 中软件的更改可能会影响可靠性、运行特性或影响产品适航性的其他特性。因此，对软件的更改通常被归类为重大更改。

（b）EEC 软件的失效影响通常被认为至少是主要影响，因为一个错误可能会导致飞机上所有发动机的推力或功率全部损失。

（c）请参阅 FAA 命令 8110.49，特别是第 11 章"用于将软件变更分类为主要或次要的软件变更影响分析的监督"以获取更多信息。

8）除型号证（Type Certificate，TC）持有人以外的其他软件更改。

（a）由原始 TC 持有人以外的其他人进行软件更改通常是不可行的。申请人必须向审定机构提出批准程序，以确定可行性。

（b）两种可行且可以由原始技术支持者以外的人实施的软件更改是：

➤ 对可选软件的更改，或者

➤ 对用户可修改软件（User－modified Software，UMS）的更改。

☆ 可选软件更改是通过预先审定的逻辑实现的，该逻辑使用不会导致控制故障的选择方法。

☆ 用户可修改软件是指由航空器运营人未经审定当局、航空器申请人、发动机制造商或设备供应商审查而进行修改的软件。对于 ECS 来说，UMS 一般不适用。不过，如果需要获得 UMS 的批准，将会根据具体情况进行审核。

➤ DO－178C 第 2.5.2 段包含 UMS 的必要指南。如果系统已通过软件用户修改条款的审定，则该指南允许非 TC 持有者在 TC 持有者定义的约束范围内修改软件。有关更多信息，请参阅 FAA 命令 8110.49，特别是第 7 章"包含用户可修改软件（UMS）的机载系统和设备的批准"。

➤ 为了证明 EECS 具有由非 TC 持有者进行软件修改的规定，TC 持有者必须：提供必要的信息以批准软件变更的设计和实施，并且证明已采取了必要的预防措施为防止用户修改（无论是否正确实施）而影响发动机适航性而采取的措施。

➤ 当软件以 TC 持有者不允许的"用户可修改"方式进行更改时，非 TC 持有者申请人必须遵守第 33 部分的所有适用要求，特别是第 33.28 节，以及第 21 部分 E 子部分的要求。请参阅 FAA 命令 8110.49，特别是第 7 章"包含用户可修改软件（UMS）的机载系统和设备的批准"，了解更多信息。

10. 33.28(h)飞机提供的数据

(1) 规章原文

（h）飞机提供的数据。单点失效引起的飞机提供的数据（而不是来自飞机的推力或功率指令信号），或发动机之间共享的数据丢失、中断或损坏，必须：

（1）不得导致任何发动机的危害性发动机后果；

（2）被检测和调节。调节规律不得导致推力或功率，或者发动机操作和起动特性不可接受的改变。申请人必须评估并在发动机安装说明手册中说明这些失效在整个飞行包线内对发动机功率或推力、工作性能和起动特性的影响。

（2）指 导

1）目的。EECS 应该是自恰的，并与其他飞机系统隔离，或者提供冗余，使其能够适应飞机数据系统故障。在飞机提供的数据丢失、中断或损坏的情况下，发动机必须继续以安全和可接受的方式运行，不会对推力或功率产生不可接受的影响，不会对发动机产生危险影响，也不会丧失遵守操作规范的能力。单点失效要求适用于发动机控制和飞机空中数据系统的所有可派遣的配置。

2）背景。

（a）带有 EECS 的往复式发动机不被视为"传统往复式发动机"。对于传统的往复式发动机，磁电机点火和机械燃油系统可以适应导致飞机提供的数据或发动机之间共享的数据丢失、中断或损坏的单一故障。因此，对于传统的往复式发动机不需要进一步的指导。

（b）对于具有 EECS 的往复式发动机，任何 LOPC 事件都是不可接受的功率变化。因此，根据 33.28(h)(2) 的要求，申请人应证明飞机提供的数据故障不会导致 LOPC。

（c）飞机提供的数据故障导致的发动机影响不如 LOPC 严重，例如轻微的功率损失，通常被认为是可接受的功率变化。如果飞行机组能够观察到事件的影响，发动机安装和操作说明须标识这些类型的事件及其对发动机运行的影响。这些数据还可用于飞机审定期间所需的动力装置安装安全分析，以评估这些故障对飞机运行的影响。

（d）以前的监管实践保留了发动机与飞机的独立性，因此，即使采用非常可靠的架构，例如三重空气数据计算机（Air Data Computer，ADC）系统，ECS 也提供了独立控制，如果所有 ADC 信号丢失，机组人员也可以使用该控制安全驾驶飞机。目前随着航空业发动机与飞机一体化程度的提高，以及飞机提供的数据的可靠性和实时性的提高，新的要求是 ECS 针对飞机提供的数据的单点失效提供故障调节是可能的。

3）设计评估。

（a）作为符合性审定计划的一部分，申请人应提供基于部件、系统或发动机测试的分析，表明充分评估了飞机数据故障对整个飞机飞行包线内发动机性能和可操作性的影响。该故障分析应解决所有允许的发动机控制和飞机派遣配置，其中该派遣配置中的飞机数据故障将影响 ECS 响应。"飞机数据故障"包括阻止数据传输或导致传输错误数据的飞机系统故障事件。该分析应包括：

☆ 评估发动机控制对飞机数据输入的响应，包括评估错误和损坏的飞机提供的数据对 EECS 的影响。

☆ 对影响安装在多发飞机上的 EEC 系统中多于一台发动机运行的共模故障的

可能性进行评估。安装和/或操作说明应标识发动机之间以及飞机与发动机之间可能产生共模故障的数据传输和交换。分析应解决的潜在共模故障示例包括：

> 从飞机传输到多个发动机及其相关 EEC 系统的单个错误数据源(例如,空气数据源或自动油门系统),
> 控制系统运行故障通过发动机之间的数据链路传播(例如维护记录、公共总线、串扰或自动动力储备系统),以及
> 当发动机控制所使用的飞机数据丢失或中断是由于另一台发动机故障造成时,则该数据丢失或中断。

☆ 对覆盖飞机提供的数据故障的 EECS 故障调节逻辑进行评估。申请人应对故障适应控制模式进行测试或分析,以确定发动机运行特性符合 33 部的所有可运行性要求。申请人可以采取预防措施来解决飞机系统架构或 EECS 本身中的常见影响。

(b) 当特定飞机空气数据故障模式未知时,发动机申请人应假设数据丢失和错误数据的典型故障模式。发动机申请人应假设错误数据正在传输至 EECS,并为安装人员确定该数据对发动机运行的影响。

(c) 申请人可以使用任意数量的工具和技术来评估和塑造 ECS 及其与航空器数据系统的接口的设计。一个例子是使用故障适应图和马尔可夫模型,其中申请人为飞机提供的数据定义故障适应架构。

(d) 如果 ECS 完全依赖飞机空中数据来完成其任何关键控制功能,那么飞机空中数据系统就成为 ECS 的一个组成部分。为了保持对 33.28 条的符合性,申请人必须通过安装或操作说明或两者要求:

☆ 航空器空中数据系统不受航空器发电完全丧失的影响(例如,航空器空中数据系统由电池供电)。

☆ 当多个不正确但有效的信号传输至 EECS(例如,每个 ADC 的专用传感器和气动线路)时,不存在共模故障。

(e) ECS 的 LOTC/LOPC 分析还应分析所有允许的 ECS 和航空数据系统派遣构型中航空数据系统故障的影响。

(f) ECS 的元件,例如节气门位置传感器可以安装在飞机上,不是作为发动机类型设计的一部分,而是专用于 ECS 并由其提供动力。这些元素是 EECS 的组成部分,不被视为飞机数据。申请人应将节气门位置传感系统和推力指令系统的故障纳入其发动机 LOTC/LOPC 分析中。

(g) 当航空器提供的数据可能影响 ECS 运行时,申请人应在 SSA 或其他适当文件中说明错误和损坏的航空器提供的数据对 EECS 的影响(如适用)。

4) 包容。即使具有冗余的、多路径的飞机大气数据系统,ECS 也应具有适当的包容功能。这些功能应能够在所有飞机环境(如速度、高度、温度数据)信息完全丧失的情况下,仍能保持推力或功率调节能力。下面是可能的包容方法的示例:

（a）实现独立于飞机提供的数据的替代模式。

（b）飞机提供的传感器数据的双源的，本地发动机传感器提供数据作为备用来源。该本地发动机传感器可用于帮助选择正确的飞机提供的数据。此选择中使用的本地发动机传感器通常称为投票器。

5）发动机的影响。申请人应确保其 ECS 系统能够确保发动机在整个发动机工作范围内提供声明的最小额定推力或功率。飞机提供的数据故障的影响必须记录在 SSA 中，AC7。

6）确认。

（a）申请人应通过测试、分析或其组合来证明，当飞机空气数据系统无法运行时，其 ECS 故障适应逻辑能够继续成功地管理发动机性能。

（b）申请人还应证明，对于涉及飞机数据的所有可调度控制模式，EECS 中的下一个单一故障不会导致危害性的发动机影响。

（c）当备用模式拟为可派遣模式时，申请人应证明 ECS 在该备用模式下运行时可继续成功地满足发动机和飞机审定基础，并且飞机航空数据系统无法运行。这里的目标是确保当飞机空中数据随后丢失时，可派遣的备用模式不会导致危害性的发动机影响。安装说明应包括此备用模式下的操作特征，即使它是不可派遣的模式。

7）安装要求。由于飞机系统和 ECS 之间的集成水平不断提高，发动机申请者应证明其安装说明在发动机集成过程中提供了数据接口某些方面的指导。"某些方面"包括确保发动机在安装时继续满足其审定基础。这意味着发动机申请人应在发动机安装说明中声明安装人员负责确保：

（a）EECS 数据路径中的软件与 EECS 使用飞机数据的方式处于一致的水平，如 EECS 的 SSA 中所描述和分析的那样，并且，

（b）发动机响应的影响包含在飞机的 SSA 中，因为数据路径可能包括其他飞机设备，例如飞机推力管理计算机或其他航空电子设备，以及

（c）飞机 SSA 中解决了飞机提供的错误或损坏数据对 EECS 的影响，并且

（d）涉及向 EECS 提供信息的传感器和设备在暴露于 EMI、HIRF 和闪电时仍能正常运行，并且

（e）飞机提供的数据的可靠性水平不比 EEC 的 SSA 和 LOTC/LOPC 分析所使用的数据差，并且

（f）ECS 设计评估期间做出的有关航空器系统可靠性或配置的任何假设都是适当的，因此 SSA 中记录的错误航空器数据的评估结果也是适当的。

8）推力和动力指令信号。

（a）飞机发送的推力和功率指令信号是唯一的，不受 33.28（h）条规定的约束。

（b）一些飞机推力或功率命令系统被配置为移动发动机推力或功率杆或传输电子信号以命令推力或功率变化。当如此配置时，ECS 仅响应命令并适当地改变发动机推力或功率。在这些情况下，除了输入范围或数据有效性检查之外，ECS 不应尝

试区分正确或错误的油门或动力杆命令。对于 EEC 系统设计中不包括油门或动力杆命令系统的 EEC 系统,在 33.28(h)(2)条要求的评估中不包括从飞机发送的推力和功率命令信号。

(c) 对于 EEC 系统,其中动力杆指令包含在根据 33 部进行审定的 EEC 系统设计中,我们建议在分析中包含推力和动力指令信号。

(d) 在移动和非移动油门(或动力杆)配置中,安装人员应确保对涉及产生发动机推力或功率命令的飞机系统进行适当的功能危险分析。安装人员还应确保系统符合适当的飞机功能危险评估安全相关法规。这应该在飞机审定中显示。然而,节气门位置传感系统和推力命令系统中的故障必须包含在发动机的 LOTC/LOPC 分析中,如在 LOTC/LOPC 分析系统描述中所定义。

11. 33.28(i)飞机提供的电源

(1) 规章原文

(i)飞机提供的电力。(1)申请人必须设计发动机控制系统,以确保从飞机向发动机控制系统供应的电力的丢失、故障或中断不会导致以下任何情况;

(ⅰ) 有害的发动机影响;

(ⅱ) 不可接受的错误数据的传输。

(2) 当需要使用发动机专用电源来满足本节(i)(1)的规定时,其容量应提供足够的余量,以说明在设计了发动机控制系统并希望能够自动恢复发动机运行的情况下,考虑了低于怠速的发动机运行。

(3) 申请人必须在发动机安装说明中确定并声明从飞机提供给发动机控制系统以启动和操作发动机的任何电力的需求及其特性,包括瞬态和稳态电压限值。

(4) 在本节(i)(3)声明的电源电压限制范围之外的低压瞬变必须满足本节(i)(1)的要求。当飞机提供的功率恢复到声明的极限内时,发动机控制系统必须能够恢复正常运行。

(2) 指　导

1) 为 EECS 提供电力的最常见方式是安装在发动机上的交流发电机。EECS 专用发动机安装交流发电机不会受到飞机电力系统中常见的中断和电力瞬变的影响。此外,该配置通常是单点容错,包括共因/模式电容错。然而,其他选项确实存在,并将在下面讨论。

(a) 电池。电池通常不是可接受的飞机供电电源,特别是对于涡轮发动机飞机,因为它们无法满足 EECS 的可靠性需求。然而,对于往复式发动机,ECS 专用电池可能是可以接受的。如果申请人建议使用电池作为 EECS 专用电源,则申请人应在发动机安装说明中明确电池的健康状况、状态和维护要求。

(b) 独立的电力系统。这种类型的系统是发动机设计的一个组成部分。包含参考可能仅适用于 ECS 的关键功能。它在功能上和物理上都与飞机电源系统隔离。

这是承认除了交流发电机之外还有可以使用的装置。然而,基于发动机驱动的交流发电机的系统确实适合这种类型的系统。

☆ 独立系统被视为 EECS 的一部分,申请人应将独立系统的预测故障事件率纳入 EECSSSA。

☆ 独立系统可能不需要备用电源。然而,如果飞机电源是备用电源,则申请人应在发动机安装说明书中提供详细的电气系统接口要求。

☆ 申请人还应在其合规计划中表明,飞机动力系统的异常不会导致 EECS 表现异常。申请人不必在 EECSSSA 中包含该备用电源系统的预测故障事件率,因为通常不允许基于飞机备用电源实现系统的可靠性。

(c)飞机电源总线。如果电源同时向飞机主电源总线和 EECS 供电,则出于评估 EECS 电源的目的,该电源可能是“独立的”,但需要进一步调查。通过查看哪些内容专用于 EECS、哪些内容不专用来做出决定。例如,如果 EECS 从飞机主电源总线获取电力,则电力是飞机总线提供的电力,并且 EECS 没有独立的发动机电源。然而,如果具有双绕组的交流发电机上的一个绕组仅向 EECS 提供电力,则专用绕组是独立的发动机电源,即使另一个绕组向主电源总线提供电力。此时,EECS 电源将是“独立的”,即使交流发电机同时供电。

2)设计架构分析。

(a)专用飞机电源

☆ 申请人应确保任何发动机专用电源的设计能够提供足够的电力,以允许 ECS 在任何预期的发动机恢复事件期间继续运行。例如,当自动点火是 ECS 的预期功能时,ECS 应具有足够的电量,以便在意外关闭后自动重新点火期间继续运行。当发动机风车重新启动时,ECS 并不总是需要独立于飞机电源。例如,点火系统通常由飞机电气系统供电。

☆ 申请人还应确保 ECS 设计考虑到飞机功率可用性的任何预期变化,例如由于温度变化、制造公差或慢车变化而引起的变化。

(b)飞机提供的电源故障。申请人应通过分析或台架测试证明,在声明的发动机工作范围内的任何点飞机供电发生故障或中断期间和之后,EECS 仍能正常运行。申请人对 ECS 设计架构的分析应确定发动机专用电源和飞机供电电源的所有要求。分析还应包括权力来源以及失去这些来源的影响。如果发动机依赖飞机提供的动力来实现任何操作功能,则分析还应定义飞机提供的动力要求。

3)飞机提供电源系统。申请人应考虑单总线故障率。

(a)单总线故障。如果多个飞机总线中的一个总线是独立的并分别为 EECS 供电,则不会将其视为飞机动力损失。因此,备用电源可以是备用总线,例如基本总线,其独立于用作主电源的总线,并且仅服务于持续安全操作所需的电力负载。

(b)安装说明。发动机安装说明可能会参考带有该信息的详细接线图。如果是这样,则接线图本身不需要作为发动机安装和/或操作说明的一部分发布。

（c）故障事件发生率。如果需要满足声明的 LOTC/LOPC 故障率，申请人应在安装说明中包括飞机电力系统的最大允许故障事件率，并回顾包括飞机电源在内的总 EECS 故障事件率，且必须符合完整系统和降级系统的 EECS SSA 标准。包含故障率数据可确保 ECS 在安装后仍满足允许的故障率。

（d）飞机作为主电源。如果飞机供电的电源（例如飞机总线和电池系统）作为主电源，则 EECS 应具有隔离的备用电源。该备用电源可以集成到发动机 EECS 中或由飞机提供。

☆ EECS 电源和飞机电源隔离。经发动机审定的飞机发电机或电池系统应在物理和功能上与主要 EECS 电源系统分开，以避免任何相互作用和潜在的共因或共模故障。

☆ 备用电源监控。申请人应提供 ICA 和系统监控规定。系统监控将确保备用系统能够为 EECS 提供持续安全飞行的动力。例如，电池系统应纳入充电水平监控规定 ICA 应包括维护程序，以确保充电水平足以为 EECS 供电。

☆ 备用电源。例如备用总线、基本总线或电池系统。建议在引擎安装或操作说明或两者中指定以下内容，以确保安装程序不会违反 EECS SSA 中的任何假设：

➤ 要求备用系统在物理和功能上与主 EECS 电源系统分开；

➤ 飞机系统满足整体 EECS 目标所需的接口和可靠性要求；

➤ 系统充电水平或功率要求以及运行状况监视要求，用以确保电源或充电水平可用；

➤ 对于电池系统，要求将备用电池系统与发动机启动电池系统隔离开；

➤ 对于电池系统，要求电池容量必须使发动机运转保持超过主要飞行显示器所需时间的要求。

4）飞机提供的动力可靠性。

（a）功率可靠性值。申请人应在发动机安装说明中包括他们在系统分析中使用的所有飞机提供的动力可靠性值。这是为了确保安装程序不会违反 EECS SSA 中的任何假设。

（b）包括飞机电源影响。申请人应在 EECS SSA 中包括所有事件，其中在任何体系结构中使用飞机提供的电源，并且飞机电源的故障或失效都可能导致 LOTC/LOPC 或危险的发动机后果。

（c）备用电源的可信度。通常飞机提供的动力被提供以适应发动机专用动力源的损失。但是，对于使用飞机提供的电源作为发动机控制备用系统的唯一电源或作为备用电源的情况，我们将审查 LOTC/LOPC 配额以及对 SSA 的任何影响。如果发动机控制装置可以在飞机动力总成传输的情况下运行，那么使用飞机动力作为备用电源是可以接受的。

（d）无专用电源。在某些系统架构中，遵守法规可能不需要发动机专用电源。两个示例是混合的电子和液压机械系统，以及可以支持关键的电传操纵飞行控制系统的 EEC 系统。

   ☆ 混合的电子和液压机械系统。

   ➢ 这些系统由一个主电子单通道和一个独立于电力的全功能液压机械备用系统组成。功能齐全的液压机械控制系统符合第 33 部分的所有规定,并且不依赖飞机的动力。在这种体系结构中,通过将控制权转移到液压机械系统来解决飞机提供的动力的损失或中断。

   ➢ 从电子控制系统到液压机械控制系统的切换在 33.28(c)中说明。对于这些系统,申请人应证明从电子供电模式到机械控制模式的转换无须飞机提供电源,也不会发生 LOTC/LOPC。

5) 飞机提供的电能质量。

(a) 要求:当需要使用飞机电源来运行 ECS 时,发动机安装说明必须包含 ECS 的电源质量要求。这适用于上面列出的任何配置,也适用于使用飞机提供的电源的任何新的或新颖的构型。这些质量要求应包括设备的稳态、瞬态欠压和过压限制。RTCA/DO - 160/EUROCAE ED - 14 提供了有关设置电源输入标准的更多信息。如果使用的话,申请人应确定所指定设备类别所引用的电能质量标准的任何例外情况。

(b) 低压瞬变。我们认识到,以飞机提供的电源运行时,ECS 的电气或电子组件可能会在某些低压飞机供电条件下(超出维持正常运行所需的条件)停止工作。当 ECS 使用飞机提供的电源运行时,如果低压飞机的供电条件低于维持正常运行所需的条件,则 ECS 的电气或电子组件可能无法正常运行。但是,在这些瞬变过程中,EECS 的运行不得遵守规定,否则会导致危险的发动机作用。此外,控制系统声明的能力之外的低压瞬变不应:

   ☆ 造成永久性 ECS 功能丧失;

   ☆ 导致系统操作不当;

   ☆ 使发动机超过任何运行极限;

   ☆ 导致传输不可接受的错误数据。

6) 电源恢复。

(a) 从电压瞬变恢复功率通常不适用于由 ECS 专用 PMA/PMG 系统供电的系统。但是,飞机提供的电源确实有可能具有低压瞬变现象。这些瞬态的影响已表明会影响使用飞机电源作为备用电源的 ECS,即使它们由 PMA/PMG 供电也是如此。申请人应证明 ECS 对飞机电源低压瞬变的反应。如果系统可以在飞机电源下运行,还应该测试以下情况:

   ☆ 从低压恢复:当飞机电源从低压状态恢复时,ECS 必须恢复正常运行。申请人应在发动机安装或操作说明中包括与此恢复相关的时间间隔。

   ☆ 飞机低电源状态:这些状况可能导致发动机停机或无法自动恢复的发动机状况。在这些情况下,发动机应该能够重新启动。此外,申请人应在操作说明中包括任何特殊的机组人员程序,以便在这种情况下执行发动机重启。

☆ 低压瞬变效应。这些瞬变可能与电气负载的施加有关,电气负载可能导致电压中断或电压水平下降到低于正常控制功能所需的水平。因此,申请人应在发动机安装或操作说明中考虑任何飞机电气总线切换瞬变或功率瞬变的影响。

(b) 所有发动机熄火重新启动。在某些飞机运行期间,例如低发动机转速和飞行中的发动机重新启动,通常使用飞机电源来运行 ECS。但是,在操作上,电池电量可能必须足够。如果要求电池电量满足低发动机转速或"所有发动机熄火"的重启要求,则发动机申请人应定义电池电量要求并通过测试进行验证。之后,这些功率需求将在发动机安装说明中提供给安装人员,并确保在任何飞行中的发动机重启期间,EECS 通常具有足够的功率。

7) 对发动机的影响。

(a) 改变控制方式。当飞机动力损失导致发动机控制模式改变时,控制模式转换必须满足 33.28(c)的要求。

(b) 可接受的飞机电源损耗。对于某些完全依赖飞机提供电力的发动机控制功能,电力损失或许仍然可以接受。基于评估发动机工作特性变化的可接受性,类似设计的经验和设计适应性的评估需要被考虑在内。

☆ 发动机运行特性。如果发动机仍然能够遵守所有规则并且不会以飞行员无法预料的方式运行,则以下这些是可以接受的。

☆ 类似的设计。示例包括点火系统和一些通常由飞机提供动力的性能增强系统(请参阅下面的(c))。

☆ 包容。这是指功能的丧失是否由自动控制功能来弥补,这些功能会导致明显的运行变化。

(c) 飞机供电功能。传统上依赖飞机动力的发动机控制功能的示例包括

☆ 发动机启动和点火;

☆ 反推装置展开;

☆ 防冰(发动机探头发热);

☆ 切断燃料;

☆ 超转保护系统;

☆ 非关键功能,主要是性能增强功能,如果不起作用,则不会影响发动机的安全运行。

8) 确认。申请人应通过发动机测试、系统验证测试、工作台测试或其组合来证明飞机提供的电力损耗的影响。

9) 新的和新颖的设计概念。发电组件和相关系统中的技术进步可能允许新颖的设计概念满足 33.28(i)的要求。例如,两用交流发电机或必需电池的使用直到最近才被认为是成功的概念。因此,如果申请人有新的或新颖的设计概念,建议应尽早联系负责的审定办公室以制订适当的符合性计划。

12. 33.28(j)空气压力信号

(1) 规章原文

(j)气压信号。申请人必须考虑信号线的阻塞或泄漏对发动机控制系统的影响,作为本节(e)段的系统安全评估的一部分,并且必须采取适当的设计预防措施。

(2) 指 导

33.28(j)条涵盖了可能导致管路堵塞并对发动机运行产生不利影响的异物(例如沙子、灰尘、水或昆虫)的进入。用于测量涡轮发动机压气机静压的线路可能会遇到两种主要故障模式:信号线要么被冰冻的水堵塞(导致断电或无法检测发动机静压的变化),要么无法打开或发生泄漏,从而导致断电,每一个都需要单独讨论。

1) 信号线可能会被冰冻的水堵塞。建议申请人采取预防措施,例如:

(a) 使用受保护的开口;

(b) 使用过滤器;

(c) 排水;

(d) 管道采用有效几何形状,以有助于排水;

(e) 采用适当的管道内径以帮助排水;

(f) 采用适当的排泄孔和排泄孔尺寸;

(g) 加热管路以防止冷凝水冻结;

(h) 采用耐腐蚀材料。

2) 信号线也可能无法打开或形成泄漏。在这种情况下,注意事项包括:

(a) 加强对管线的支撑,以防止由于维护过程中的振动或操作损坏而引起松动或断裂;

(b) 采用特殊设计预防措施,以防止配件松动;

(c) 管道尺寸适当,以提高耐用性。

3) 在解决系统故障模式时,申请人应考虑在以上 1)和 2)中的两种压力管线故障模式的独立和组合。

13. 33.28(k)30 秒一台发动机不工作(OEI)额定功率控制和自动可用性

(1) 规章原文

(k) 在 30 秒的 OEI 等级下发动机功率的自动可用性和控制。具有 30 秒 OEI 额定值的旋翼飞机发动机必须包含在其运行限制范围内自动可用性和自动控制 30 秒 OEI 功率的装置或装置规定。

(2) 指 导

在飞行期间使用 30 秒的 OEI 评级可能会造成飞行员的高工作负荷。因此,评级应由 ECS 自动应用和控制,而不是终止它。在终止之前,软件应自动防止发动机超出发动机 TCDS 中指定的并与该额定值相关的限制。由于 30 秒 OEI 额定值可能会使用发动机设计中的几乎所有可用余量,因此超过额定值限制可能会导致发动机故障。

1) 所需的 30 秒 OEI 功率自动控制应消除监测发动机参数的需要,例如输出轴扭矩或功率、输出轴速度、气体发生器速度和气路温度。这将使飞行员能够集中精力驾驶飞机。这种在操作限制内的自动控制装置在正常和异常操作期间必须有效。

2) 选择后,33.28(k)要求的方法必须自动将发动机控制到其 30 秒 OEI 额定功率。申请人应在其安装说明中提供有关确保发动机限制器设置不会阻止发动机达到 30 秒 OEI 功率的方法的信息。这些限制器设置可包括发动机速度、测量的气体温度和燃料流量。特别注意冷浸发动机的起飞条件。

14. 33.28(l)发动机停车方法

(1) 规章原文

(l)发动机停机装置。必须提供迅速关闭发动机的手段。

(2) 指 导

通常通过发动机控制的燃油计量系统中的燃油截止阀来满足这一要求。飞行员通常通过开关或操纵杆激活阀门。然而,在某些应用中,阀门不是发动机控制的一部分。在这些情况下,申请人应在安装手册中指出安装人员必须提供用于快速关闭发动机的先导启动装置。发动机制造商和安装商应协调采用双方都能接受的方法。需要解决的问题包括阀门位置和响应时间的可接受性、其与 ECS 的兼容性以及飞行员快速选择此功能的能力。此外,阀门可能还有可靠性、环境、防火或其他要求。

15. 33.28(m)可编程逻辑装置

(1) 规章原文

(m)可编程逻辑装置。使用数字逻辑或其他复合设计技术开发可编程逻辑装置时,必须确保编码器逻辑已经考虑到,安装可编程逻辑装置的系统失效或故障的风险。申请人必须证实这些设备是采用 FAA 已批准的方法来设计开发的、且与设计履行的功能的关键性相一致。

(2) 指 导

以前,可编程逻辑装置(Programmable Logic Device,PLD)是复杂到需要额外审查的设备系列中最受关注的一类设备。此外,FAA 尚未认可 RTCA/DO-254 作为证明合规性的方法。于是,FAA 发布了 AC 20152,RTCA/DO-254《机载电子硬件设计保证指南》,并限制了 DO-254 的应用范围。AC 20-152 仍然是"当前指南"。然而,AC 33.28-1A 补充并强化了 AC 20-152 中的指导,并提供了针对发动机控制的指导。申请人应注意,AC 20-152 涵盖更广泛的 AEH 范围是在安装级别进行验证的。

1）目的。申请人应设计其逻辑，以尽量减少逻辑错误，否则会对功率或推力或其他不安全条件产生不可接受的影响。由于包含数字逻辑的系统的性质和复杂性，申请人应使用结构化开发方法来开发 PLD。申请人的方法必须与包含数字逻辑的系统故障或故障相关的危险相当。申请人可能无法确定他们的 PLD 设计没有错误。然而，如果申请人使用适合所执行功能的关键性的硬件设计保证级别和批准的开发方法，则逻辑满足最小化错误的要求。

2）批准的方法。FAA 关于 PLD 的主要指南可在 AC 20-152 中找到，其他信息可在 FAA 命令 8110.105 CHG 1《简单和复杂电子硬件批准指南》中找到。符合文件 AC 20-152 指南的 PLD 开发方法通常是可以接受的。然而，申请人也可以提出用于开发 PLD 的替代方法。

3）硬件设计保证等级。

（a）确定适当的硬件设计保证级别取决于故障模式和这些故障的后果。例如，导致推力或功率显著增加或振荡的故障可能比发动机停机更严重。因此，申请人在选择给定的硬件设计保证级别时应考虑这些类型故障的可能性。

（b）在多发动机安装中，多个 ECS 共同存在的数字逻辑错误的可能性可能决定硬件设计保证级别的严格性。但是，当按照 A 级（DO-254）的规定设计 PLD 时，FAA 并不需要采用不同的设计。

（c）其他飞机上控制功能的关键程度可能不同，因此可以接受不同级别的硬件设计保证等级。例如，在单发动机飞机上使用往复式发动机的情况下，已发现可接受 C 级（DO-254）硬件设计保证。

（d）如果在后续安装中的关键级别更高，则申请人应满足更高的硬件设计保证等级的所有要求。

16. 其他注意事项

(1) 系统集成

1）讨论了两种形式的系统集成。首先，将飞机或螺旋桨功能集成到 EECS 硬件和软件中，然后将发动机功能集成到飞机系统中。系统集成的一种版本涉及将飞机或螺旋桨功能（即传统上不被认为是发动机控制功能的功能）集成到 EECS 硬件和软件中。其他版本涉及执行功能的飞机系统在传统上被视为 ECS 一部分的功能。这些分别在下文第 2)(a) 和 2)(b) 款中处理。

2）鼓励具有高度集成系统的申请人制订 EEC 系统集成审定计划（System Integration Certification Plan, SICP）。SICP 应该确定集成所特有的任务。应该在 SICP 中明确定义发动机、螺旋桨和飞机制造商各自的审定任务。申请人还应在与相关的发动机、螺旋桨和飞机审定机构密切协调的过程中制订计划。SICP 可能会向安装人员提供有价值的信息，并且应提供给安装人员以供其使用。它可以解决以下几种类型的集成：

（a）将飞机或螺旋桨功能集成到 ECS 或 EECS 中。

☆ 集成到 ECS 中的飞机或螺旋桨功能的示例包括反推力控制系统,螺旋桨调速器,ATTCS 和 APR 系统。当将飞机或螺旋桨功能集成到 ECS 中时,安装人员需要将与集成相关的 EECS 故障案例包括在飞机级 SSA 中。尽管可以通过发动机审定来审查包含在 ECS 中的飞机功能,但是涉及这些功能的安全分析的可接受性将在飞机审定时确定。

☆ EECS 可能配置为包含飞机系统的部分或全部功能。反推控制系统是仅在 EECS 中包含部分功能的示例。在那些控制系统中,飞机被配置有单独的开关和逻辑（即独立于 EECS）作为反推控制系统的一部分。反推控制系统元素和逻辑的这种分离为限制 EECS 提供的功能的关键性提供了一种架构手段。

☆ 将 ECS 配置为包含飞机系统的所有功能的一个示例:ECS 旨在完全控制涡轮螺旋桨飞机的螺旋桨速度。在这里,发动机申请人可能需要配置 ECS 逻辑以在发动机出现故障时顺桨推进。由于过多的阻力,螺旋桨顺桨失效可能会导致灾难性的飞机故障。另一个例子是涡扇飞机的 ATTCS 或 APR。如果发动机在起飞过程中发生故障,则发动机申请人可能需要配置逻辑以增加其余发动机的推力。这两个示例表明临界度不受限制,因为 ECS 故障可能会导致飞机损失。这两个示例还涉及飞机功能,这些功能将在飞机合格审定期间接受重大审查。

☆ 当将此类功能集成到 ECS 中,从而使 ECS 变得至关重要时,申请人应确保没有可能会导致严重故障情况的单个故障（包括常见原因/模式）。例如,将 EECS 暴露在过热的情况下,应该既不会导致发动机停机,也不会导致螺旋桨顺桨故障。

（b）将发动机控制功能集成到飞机系统中。

☆ 申请人可以使用航空器系统来实现大量的 ECS 功能。例如,集成飞行和 ECS（例如集成到航空电子设备中的控制器）可用于控制发动机速度,并且在直升机中可用于控制旋翼速度、旋翼桨距角和旋翼倾斜角。此类实施的一个特殊情况是通过 RTCA/DO-297 中定义的集成模块化航空电子系统。在集成模块化航空电子系统中实施 FADEC 需要特殊考虑。发动机申请人需要与发动机和螺旋桨理事会进行协调。在这些示例中,可能要求在发动机审定期间使用飞机系统。如果是这样,则发动机申请人应在发动机安装说明中指定 EECS 要求,并证明这些 EECS 要求足以保护发动机免受任何危害性的发动机影响。

☆ 有限集成的一个例子是发动机控制,它接收来自飞机的扭矩输出需求信号,并通过改变发动机的燃油流量和其他变量来满足该需求。然后,作为型号设计一部分的 EECS 提供了 33 部或其他适用规范所要求的安全操作发动机所需的所有功能。

（2）审定活动

1）发动机审定。发动机上的所有硬件和软件,包括提供飞机或螺旋桨功能的硬件和软件,必须满足 33.28(b),(f),(g)和(m)的要求。这应包括对所有部件和软件的环境测试,以及同时执行发动机和飞机功能的软件的质量保证。发动机申请人为

发动机审定提交的 EECS SSA 和其他分析(飞机功率、故障适应性等)应仅解决 EE-CS 执行的发动机功能。除非飞机和螺旋桨的功能会影响发动机的运行或可靠性,否则无须在 EECS SSA 中对其进行评估。

2)飞机或螺旋桨的审定。

(a)飞机或螺旋桨审定计划应包括对飞机或螺旋桨上存在的硬件和软件的所有硬件和软件证实要求,包括执行发动机控制功能的硬件和软件。申请人还应包括所有组件和软件的环境测试,以及同时执行发动机和飞机功能的软件的质量保证。

(b)为满足飞机的要求,例如 XX.901、XX.903 和 XX.1309,申请人应分析 ECS 故障对飞机的影响后果。发动机申请人应与飞机申请人一道,确保 ECS 软件和 AEH 水平以及安全性和可靠性目标与飞机审定要求相一致。

3)接口定义和系统职责。

(a)申请人应在适当的文件(例如 EEC SICP 或接口控制文件(ICD))中标识系统职责以及功能,硬件和软件的接口定义。这些接口通常位于发动机、螺旋桨和飞机系统之间。

(b)发动机、螺旋桨和飞机文件应包括:

☆ 故障条件影响的严重性的要求和分类(可能基于发动机、螺旋桨和飞机的考虑)。

☆ 故障适应策略。

☆ 维护策略。

☆ 软件和机载电子硬件级别(必要时按功能分)。

☆ 可靠性目标:

➢ LOTC/LOPC 和 MPL 事件;

➢ 传输错误的参数。

☆ 环境要求,包括防止闪电或其他电磁效应的程度(例如,可以在界面处支撑的感应电压的水平)。

☆ 发动机、螺旋桨和飞机接口数据和特性。

☆ 飞机电源要求和特性(如果相关)。

4)符合性任务分配。发动机、螺旋桨和飞机申请人经常共享飞机推进系统审定任务。对于配备电子控制装置的飞机推进系统尤其如此。因此,共享飞机推进系统审定任务的申请人应确定这些任务在他们之间如何分配。他们还应将此分布包括在符合性计划中。例如,EEC SICP 应列出与 EECS 审定相关的每项任务,并确定每位申请人应完成的工作。该计划同样应解决 EECS 审定所需的所有分析和测试,并确定每个申请人应完成的工作。适当的发动机、螺旋桨和飞机主管部门将就此分配与制造商达成协议。这将确保每个申请人完全理解所有审定责任,从而避免审定延迟。

(a)EECS 控制发动机和螺旋桨就是一个很好的例子。

☆ 发动机审定将满足所有一般要求,例如软件质量保证流程、EMI、HIRF 和防闪电等级,以及飞机提供的动力损失的影响。发动机审定还将涉及发动机功能的安全方面(例如,安全分析、LOTC/LOPC 事件的发生率以及飞机提供的数据丢失的影响)。届时将审查影响发动机控制的故障调节逻辑。

☆ 同样,螺旋桨审定将涉及螺旋桨的功能。螺旋桨申请人定义的由 ECS 提供的功能和特性通常需要通过飞行测试加以完善。螺旋桨申请人应确保在发动机审定计划中使用的这些功能和特性,即使尚未改进,仍可定义适航的螺旋桨配置。

(b)执行控制发动机功能的飞机计算机也是一个很好的例子。

☆ 飞机审定将满足所有一般要求,例如软件质量保证流程、EMI、HIRF 和防闪电等级,以及飞机级的功能方面。

☆ 发动机审定应涉及发动机的功能方面(例如,安全分析、LOTC/LOPC 事件的发生率以及飞机提供的数据丢失的影响)。届时还将审查影响发动机控制的故障调节逻辑。

5)设计变更控制。EEC SICP 应描述申请人为支持审定后活动而建立的设计变更控制系统。该设计变更系统应确保集成到 EECS 中的任何控制元素的变更均由该集成系统的所有设计批准持有者进行评估。

| 2.3　条款符合性验证方法 |

符合性验证是指采用各种验证手段,以表明所验证的对象是否满足民用航空器适航条例的要求,检查验证对象与适航条例的符合程度,它贯穿民用航空器研制的全过程。型号合格审查过程中,为了获得所需的证据资料以表明适航条款的符合性,申请人通常采用不同的方法,而这些方法统称为符合性验证方法[3]。常用的、经实践检验的、适航部门认可的方法有 10 种。审查中根据适航条款的具体要求选择其中一种或多种组合的方式来满足条款的要求。表 2 - 2 所列为典型的适用于航空发动机的适航符合性验证方法,表 2 - 3 所列为 CCAR 33.28 条的符合性方法。

表 2 - 2　适用于航空发动机的适航符合性验证方法

方法代码	符合性方法	说　明
D	Document,说明文件	如技术说明、安装图纸、计算方法、证明方案、发动机手册等
I	Inspection,检查	检查零部件的结构完整性
A	Analysis,分析	规章明确要求、其他方法无法安全演示符合性时采用

续表 2 - 2

方法代码	符合性方法	说　明
S	Similarity,相似分析	说明待审定机型和以往已取证机型在某些方面的相似性,可简化衍生机型的取证过程
R	Rig Test,台架试验	用于进行空气系统、滑油系统、控制系统等分系统验证的试验
C	Component Test,部件试验	如对高温、高负荷涡轮叶片冷却效果的试验、推力矢量喷管的试验等
E	Engine Test,整机试验	系统完整的条件下才能进行的试验,如吞鸟、吞冰、点火性能试验及性能、寿命试验
F	Flight Test,飞行试验	其他方法不能完成的验证内容或暴露不充分的问题均可在飞行试验中去完成
RW	Review - engineering Judgment,评审、审查、工程判断	符合性工程分析方法,在应用中会调用工程数据库,数据库包含工程假设、工程模型、已发生事件、经验公式等工程化因素

表 2 - 3　CCAR 33.28 条的符合性方法

条款编号	符合性方法	说　明
33.28(a)	D	根据设计技术资料,提供图纸、设计说明书、发动机安装手册和使用手册;对控制系统符合性工作进行总体描述,控制系统满足 33.28 之外其他条款的汇总和索引关系等
33.28(b)	A、C、R、E、RW	确定控制系统各种工况下的控制律,确定控制系统构架,制定控制系统验证方案,完成各种控制系统可放行构型下发动机工作性能试验,验证发动机控制系统的功能是否能够实现预期的要求,以及发动机控制系统是否达到可接受的环境允许条件。 提供的文件、报告应包括:控制系统需求文档、设计报告、接口文档、验证方案、喘振失速报告、满足 DO - 160 的各部件环境使用限制和验证报告及燃油系统环境试验、EEC 环境试验、传感器精度分析和控制回路误差分析报告、传感器瞬态响应报告等
33.28(c)	A、C、R、E	对控制转换时的安全性,须进行试验、计算分析和安全性分析来验证。试验和评估后,应在发动机申请书中明确各种控制模式转化的推力变化。 提供的文件、报告应包括:控制系统需求文档、设计报告、验证方案、喘振失速报告等。提供发动机安装手册和使用手册来描述控制模式转化的推力变化、故障模式、转换时间、机组的操作和故障警示等。计算分析控制模式转换后任何推力或功率改变的幅度,并进行安全性分析

续表 2 - 3

条款编号	符合性方法	说　明
33.28(d)	A、C、R、E、RW	通过安全性分析来证明系统的 LOTC/LOPC 事件发生概率与预期的安全目标一致以及系统能容忍"单点故障"。分析"单点故障"可能对发动机产生的影响。 提供的文件、报告应包括:控制系统可靠性评估方案、控制系统 LOTC/LOPC 分析报告、单点失效和预防报告等
33.28(e)	A、C、R、E、RW	完成控制系统 SSA 分析,确定可能导致大推力变化、错误数据传输和可能会导致发动机工作性能降低的失效发生概率,并从设计上进行预防。 提供的文件、报告应包括:控制系统安全性分析报告、控制系统 FMEA 报告等
33.28(f)	A、C、R、E	确定超转保护系统的架构和功能逻辑,并进行安全性分析,制定保护系统试验方案,确定保护系统失效概率满足 33.75 要求。 提供的文件、报告应包括:保护系统设计报告、保护系统安全性分析报告、保护系统检测、试验方案等
33.28(g)	D、I、C、R、RW	提供软件设计和测试相关资料来确保软件研发过程的质量可控。 提供的文件、报告应包括[2]:软件审定方案、软件设计方案、软件验证方案、软件构型管理方案、软件质量保证方案、工具鉴定方案、开口问题报告、软件完工报告、软件审查工作辅助等
33.28(h)	A、C、R、E	针对飞机提供数据失效,评估功率或推力部分或完全丧失的发生概率、持续时间及功率或推力的变化百分比,以及发生的飞行阶段失效,并经过安全性分析确定各类飞机提供数据失效后,控制系统的容错逻辑,飞机数据丧失后的检测方式,以及对发动机工作能力和起动能力的影响。 提供的文件、报告应包括:控制系统总体设计包括、安全性分析报告等
33.28(i)	A、C、R、E	在进行安全性分析时,证明发动机在工作包线内飞机提供给发动机控制系统的电源发生故障或者断路时,发动机控制系统都能继续正常的运行,不会产生 33.75 中的危害性的发动机后果等,用以确定控制系统电源模块的设计,不会传输不可接受的错误数据,电源恢复后仍可以正常工作。 提供的文件、报告应包括:总体设计报告、安全性分析报告、电源接口需求等
33.28(j)	A、C、R、E	对空气压力信号管线的设计采用适当的预防措施,并在进行安全性分析时对空气压力信号管线堵塞或泄露对发动机控制系统的影响进行评估。 提供的文件、报告应包括:总体设计报告、安全性分析报告等
33.28(k)	A、R、E	验证 30 秒 OEI 的自动获得能力,以及限制保护能力。 提供的文件、报告应包括:总体设计报告、安全性分析报告、OEI 功率保证方案等
33.28(l)	A、C、R	有独立的快速关断装置。 提供的文件、报告应包括:总体设计报告、安全性分析报告等

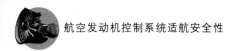

续表 2 - 3

条款编号	符合性方法	说　明
33.28(m)	S、T、RW	提供硬件设计和测试相关资料来确保硬件研发过程的质量可控。 提供的文件、报告应包括:项目硬件审定方案、硬件索引目录、硬件完成总结等

｜参考文献｜

［1］ Fedearl Aviation Administration. Title 14 of the Code of Federal Regulations (14 CFR Part 33) at Amendment Level 33-15，1993.

［2］ Fedearl Aviation Administration. Title 14 of the Code of Federal Regulations (14 CFR Part 33) at Amendment Level 33-26，2008.

［3］闫锋，付尧明，付金华. 航空发动机 FADEC 系统安全性分析方法研究［M］. 成都：西南交通大学出版社，2019.

［4］高艳蕾，郭雁泽，綦蕾. 民用航空发动机适航要求解读:系统审定［M］. 北京：航空工业出版社，2019.

［5］中国民用航空局政策法规司. 航空发动机适航规定 CCAR－33－R2［Z］. 中国民用航空局，2016.

第 3 章
系统开发与安全性分析

| 3.1 高度综合复杂机载系统的审定要求 |

在系统开发活动尚未开始时,申请人就应提前向局方提交系统审定计划,使申请人和局方对审定过程和适用规章要求形成共识。审定计划的核心内容为审定基础和符合性证明方法。审定计划将整个开发过程中由规章所要求的要素划分为一系列可通过逻辑化和顺序化的模式对其执行的可管理任务。制定审定计划的目的在于:① 根据系统综合度和复杂度的不同,对适用要求和审定过程进行弹性修正剪裁;② 使申请人和局方对审定过程和适用规章要求形成共识,以有效消除对规章和 AC 误解带来的影响。

申请人提交审定计划后,局方须在正式开发开始前对申请人提出的符合性方法(Means of Compliance,MOC)进行确认,若认为申请人提交的 MOC 不能有效证明符合性,则申请人须修改审定计划中的 MOC,解决局方就 MOC 提出的问题,最终与局方就审定计划达成一致。

系统开发完成,申请人须对开发和支持过程中的要素进行提炼。申请审定时,申请人须提交审定总结和审定数据作为符合性证明的证据。审定总结应包括以下内容:
① 对审定计划中建立的一系列活动执行结果的概述;
② 对执行中与审定计划出现偏差部分的描述和充分的解释证明;
③ 对适航规章要求符合性的描述;
④ 对影响功能和安全性的任何问题报告的描述。
ARP 4754 要求的完整审定数据如表 3-1 所列[1]。

表 3-1　系统审定数据

审定数据	详细描述	审定数据	详细描述
审定计划	4.4.1	功能危险性评估	6.1
开发计划	4.4.3	初步系统安全性评估	6.2
架构和设计	4.4.4	系统安全性评估	6.3
需求	5.2 和 5.3	共因分析	6.4
确认计划	7.7.1	确认数据	7.7
验证计划	8.5.1	验证数据	8.5
构型管理计划	9.0	构型管理证据	9.2
过程保证计划	10.2	过程保证数据	10.4
配置索引	4.4.2	审定总结	4.3

| 3.2　面向审定的研发流程 |

3.2.1　研发前规划

　　ARP 4754 要求申请人在系统研发正式开始前对系统审定进行规划。审定规划所要求的内容和审批的流程如图 3-1 所示。最终得到局方批准的审定规划将用于对整个系统开发的审定活动和数据进行指导。

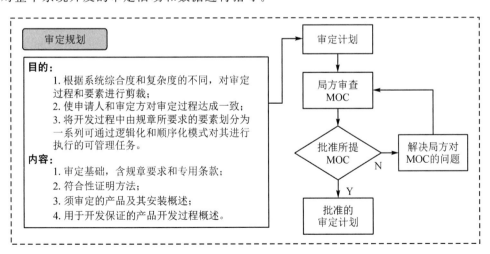

图 3-1　审定规划内容及审批流程

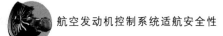

ARP 4754 所要求的关于开发过程的其他计划文件要求和内容如表 3 - 2 所列。

表 3 - 2 系统审定所要求的开发计划文件

计划文件	要 求	内 容
开发计划	详细描述系统开发过程,提供足够的细节信息实现申请人和局方对开发过程中关键元素及其关系的相互理解	(1) 计划使用的系统开发顶层过程; (2) 对计划开发周期进行标记的关键事件; (3) 开发团队的组织架构; (4) 支持开发的关键人员及其责任
确认计划	说明开发过程中的需求和假设将怎样被证明是完备和正确的	(1) 计划使用的方法; (2) 需要收集或生成的数据; (3) 应记录的信息,如总结、检查和研究等; (4) 能够及时获得需求确认信息的方法; (5) 当需求改变的时候,确认的状态应怎样被保持或管理; (6) 与确认相关的人员和责任; (7) 关键确认活动的进程安排
执行验证计划	建立证明系统设计执行如何满足其需求的证明策略	(1) 与执行验证活动相关的人员和责任; (2) 对设计与验证活动独立程度的说明; (3) 验证方法的应用; (4) 需要生成的数据; (5) 相互依赖活动的顺序安排; (6) 关键验证活动的进程计划
构型管理计划	说明系统开发构型管理过程的目标和方法	(1) 系统构型管理过程目标; (2) 系统构型管理活动: ➤ 构型辨识; ➤ 问题报告和改变控制; ➤ 文档记录和信息可追溯性
过程保证计划	描述用于保证"系统开发过程中既定的活动和流程能够被实施"的方法	(1) 对其他项目计划(审定、开发、确认、验证和构型管理)的范围和内容与系统或项目的 DAL 相符合的说明; (2) 项目交流、协调、顺序计划和过程监控机制被定义; (3) 定义控制、操作和维护流程; (4) 足够的项目检查计划被定义来及时地完成开发错误检测; (5) 开发过程计划了足够多的与局方的协调

3.2.2 系统开发过程

目前航空工业界系统开发广泛采用经典的 V 流程。V 流程的核心思想为:左半部分的设计活动是从顶层需求出发自顶向下进行分解的过程;右半部分的实施过程是自底向上进行系统综合和验证的过程;系统开发活动是一个不断反馈、迭代的动态过程。复杂系统开发的典型 V 过程如图 3-2 所示。在系统开发通用 V 过程的基础上,ARP 4754 强调:

① 安全性要求和系统功能、性能要求具有同样重要的地位,是系统的基本属性之一;

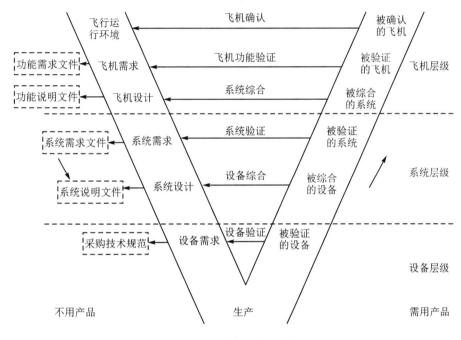

图 3-2 系统开发 V 过程

② 顶层需求中须引入对功能的安全性要求,自顶向下进行分解的设计过程中,安全性要求也必须通过安全评估流程随功能和性能要求一起向低一级别分解;

③ 自顶向下的分解设计过程中,须对各级别的需求和假设进行不断地确认;自底向上的系统综合过程中,须对系统各个级别的实施进行不断地验证。

ARP 4754 所示出的系统开发流程模型如图 3-3 所示。需要特别注意的是,实际的系统开发是一个包含自顶向下和自底向上活动,不断反复且同时进行的过程,系统开发过程是不断反馈迭代而非单向递进的。图中重点关注开发顺序流程中的输入/输出关系,因而略去了反馈迭代环节。系统开发流程中每一步的工作内容和输入/输出信息梳理如表 3-3 所列。

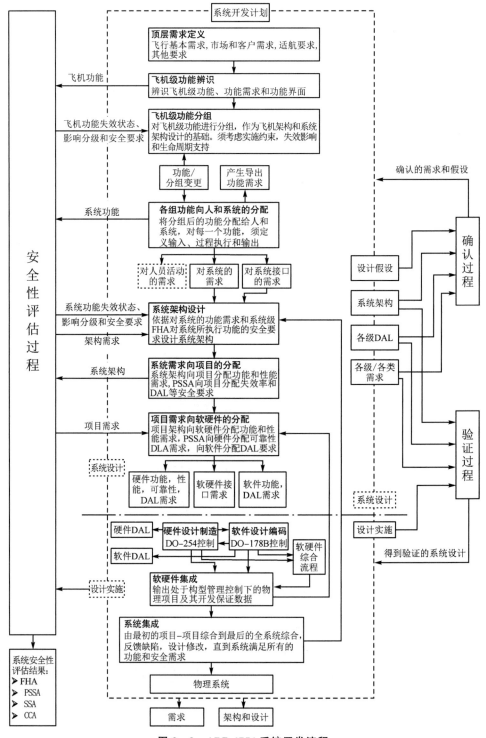

图 3-3 ARP 4754 系统开发流程

表 3 - 3　系统开发过程关键活动内容及输入/输出信息

序　号	活　动	工作内容	输入/输出
1	飞机功能辨识	由市场需求、客户需求、适航要求及行业规范等顶层输入建立对飞机的功能需求,以及与外部物理和运行环境的功能接口	**输入:** 基本需求、市场需求、客户需求、适航要求、行业规范、公司标准等。 **输出:** 飞机级功能清单,相关功能需求,功能接口等
2	飞机级FHA	对飞机级功能的失效状态、影响和严重性等级进行分析评估,形成功能设计的顶层安全要求	**输入:** 飞机级功能清单。 **输出:** 各功能与失效状态,及失效影响严重性等级的对应关系
3	功能向系统和人的分配	(1) 对飞机级功能进行合理分组; (2)将每一组功能中的需求分配给人和系统,分配时应该定义输入/输出、执行流程,且考虑使用和支持因素; (3)分配过程中形成派生需求和对派生需求的反馈	**输入:** 飞机级功能清单和飞机级功能所对应的失效状态等级。 **输出:** 对个人活动、飞机系统及相关接口的一系列需求的集合
4	系统FHA	对系统级功能的失效状态、影响和严重性等级进行分析评估,形成系统功能设计的安全要求	**输入:** 系统功能清单、飞机级 FHA 结果。 **输出:** 系统各功能与失效状态,及失效影响严重性等级的对应关系
5	系统架构设计	(1) 依据系统功能需求和系统 FHA 形成的安全性要求,设计系统架构; (2) 由安全评估流程中的 PSSA 对系统架构进行评估,并将 FHA 的系统顶层安全要求向项目级别进行分解	**输入:** 系统功能需求、系统级 FHA 结果、系统架构方案。 **输出:** 满足 FHA 安全要求的系统架构方案,对项目的功能和安全性要求
6	项目需求向软件和硬件的分配	(1) 将项目的功能和安全需求向软件和硬件进行分配; (2) 该过程是一个与系统架构设计紧密耦合的设计过程; (3) 分配过程中须保证各个级别需求向上一级的可追溯性	**输入:** 对项目的功能和安全性要求。 **输出:** 对每一个项目硬件的开发需求,包括合适的可靠性目标和 DAL;对每一个项目软件的开发需求,主要为软件 DAL;软件/硬件集成需求

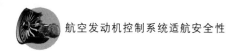

续表 3 - 3

序 号	活 动	工作内容	输入/输出
7	硬件制造和软件开发	(1) 软件和硬件的详细设计和开发； (2) 该过程应保证对分配给该软件和硬件的项目需求的可追溯性； (3) 软件和硬件开发过程分别由 178B 和 254 进行控制和保证	**输入：** 项目分配给硬件和软件的设计需求,包括功能要求、可靠性要求、DAL 和软硬件集成的接口要求。 **输出：** 软硬件综合流程；硬件设计图纸；软件源代码与相关文件；适用的开发保证数据；硬件试验件或原型；部分用于试验室测试或飞行测试的项目
8	软硬件集成	软件硬件综合及项目测试,使用设计、制造过程中开发的详细流程来验证所有的软件和硬件集成要求都被满足	**输入：** 硬件原型和软件试样,系统分配给项目的开发需求,软件-硬件综合需求。 **输出：** 处于构型管理、开发保证数据之下的物理项目
9	系统集成	(1) 在试验室或试飞中进行系统集成； (2) 集成过程中辨识系统设计、制造存在的缺陷,并反馈给相应的设计、制造环节进行改进,直到所有缺陷都被消除为止	**输入：** 完成的各个项目,系统开发需求,系统集成需求。 **输出：** 经过验证的综合集成系统；用以证明系统满足所有功能和安全性要求的相关数据

ARP 4754 要求系统开发过程要输出的审定数据包括：

① 系统的各级需求；

② 系统架构和设计方案。

3.2.3 安全评估过程

安全评估过程是与系统开发过程紧密耦合的,对各级别设计结果进行安全性评估和分析的支持过程。安全评估过程的目的是为适航系统安全性要求的符合性证明提供证据,同时发现和消除系统设计中可能导致安全问题的隐患。

与设计过程相对应,安全评估过程也包括安全要求的形成、安全要求自顶向下的设计分解和安全水平自底向上的评估综合。以上三个过程分别对应飞机和系统 FHA、系统 PSSA 和 SSA 三个评估过程。整个安全评估过程中,需要 CCA 建立和确认系统之间物理功能的分离、隔离要求,辨识和消除系统可能存在的共因失效。

安全性评估流程如图 3-4 所示。对安全评估过程中各关键活动的工作内容和
输入/输出信息梳理如表 3-4 所列。

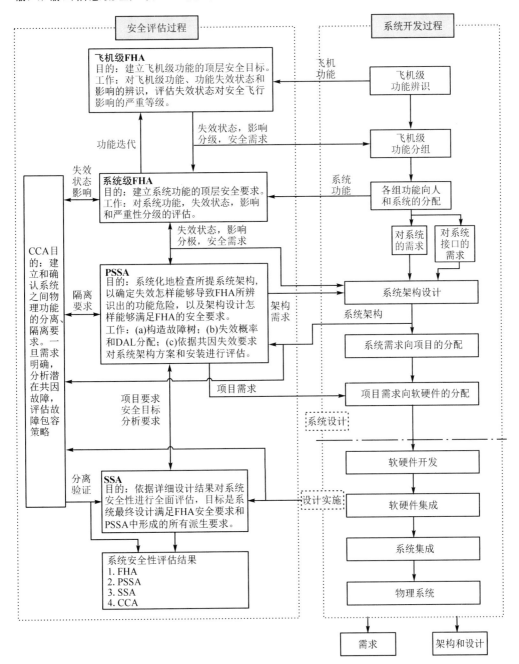

图 3-4 安全性评估流程

表 3 - 4　安全评估活动工作内容和输入输出信息

评估活动	实施阶段	目的/工作内容/方法	输入输出
飞机 FHA	飞机功能定义完成后	**目的/内容：** 对飞机级功能的失效状态、影响和严重性等级进行分析评估,形成功能设计的顶层安全要求。 **方法：** FHA	**输入：** 飞机级功能清单。 **输出：** 各功能与失效状态,及失效影响严重性等级的对应关系
系统 FHA	系统功能定义完成后	**目的/内容：** 对系统级功能的失效状态、影响和严重性等级进行分析评估,形成系统功能设计的安全要求。 **方法：** FHA	**输入：** 系统功能清单、飞机级 FHA 结果。 **输出：** 系统各功能与失效状态,及失效影响严重性等级的对应关系
PSSA	系统架构设计阶段和系统需求向项目的分配阶段	**目的：** 系统化地检查所提系统架构,以确定失效怎样能够导致 FHA 所辨识出的功能危险,以及架构设计怎样能够满足 FHA 的安全要求。	**输入：** 系统功能需求;飞机级和系统级 FHA 的 CAT 和 HAZ 级要求;飞机级和系统级 CCA 要求;系统架构方案和安装方案。
PSSA	系统架构设计阶段和系统需求向项目的分配阶段	**内容：** (a)构造故障树;(b)失效概率和 DAL 分配;(c)依据共因失效要求对系统架构方案和安装方案进行评估。 **方法：** FTA、CCA	**输出：** (a)更新的失效状态清单,说明架构设计如何满足定性和定量哪个安全要求;(b)分配给项目的定性和定量安全要求;(c)对安装的设计要求;(d)软件和硬件 DAL;(e)安全维护任务和时间要求
SSA	软硬件开发和项目、系统综合阶段	**目的：** 评估确认系统最终设计满足 FHA 安全要求和 PSSA 中形成的所有派生要求。	**输入：** 软硬件开发设计文件,系统架构设计文件,系统 PSSA 结果,项目 PSSA 结果,系统 FHA 结果,系统功能需求,CCA 安全要求等。

评估活动	实施阶段	目的/工作内容/方法	输入输出
SSA	软硬件开发和项目、系统综合阶段	**内容：** 软硬件 FMEA 和 FMES 形成 PSSA 项目级 FTA 的底层事件发生概率,向项目级迭代;项目 FMEA 和 FMES 形成 PSSA 系统级 FTA 的底层事件发生概率,向系统级迭代;以此类推,最终完成对系统 FHA 失效状态要求的符合性评判。 **方法：** FMEA、FMES、FTA、CCA	**输出：** 将系统实施不满足安全性要求的问题向设计环节反馈修改,最终输出为一个经过验证、满足所有安全性要求的物理系统,及其分析、试验等验证文件
CCA	系统 FHA 开始至系统 SSA 完成的全过程	**目的：** 通过评估架构对共因事件的全局敏感性支持系统及其架构的开发。 **内容/方法：** ZSA、PRA、CMA	**输入：** 飞机级/系统级功能失效状态和影响,架构隔离需求,软硬件开发独立性需求,系统架构方案,系统安装方案等。 **输出：** 架构设计评估结果,软硬件开发独立性评估结果,系统安装评估结果等

ARP 4754 要求安全评估过程输出的审定数据包括：
① 飞机级和系统级 FHA 报告;
② PSSA 报告;
③ SSA 报告;
④ CCA 报告。

3.2.4 需求确认过程

确认过程是 ARP 4754 所提系统开发六个支持过程之一,其确认的对象是：
① 设计过程中每一阶段形成的需求;
② 为进行分析设计而采用的相关假设。
确认过程的目的是：
① 保证需求和假设的完备性:设计中所定义的需求和假设没有被遗漏的属性,所给出的属性是完备的;
② 保证需求和假设的正确性:需求和假设的属性定义既无内容错误,也无表达模糊。

确认过程在整个设计过程的循环中不断地反复执行,在考虑技术约束的前提下,对每个设计阶段的需求和假设都进行确认和更新。通过系统化的检查有效消除潜在的设计错误和疏忽,从而有效避免不利系统特性的出现和后期重新设计的发生。确认过程的执行流程如图 3-5 所示。

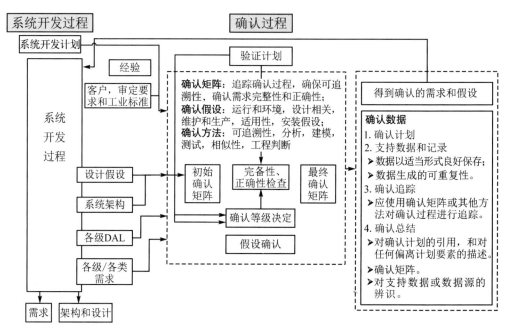

图 3-5　确认过程执行流程

确认过程的输入为:

① 客户、审定需求和工业标准;

② 基于经验的知识;

③ 设计中采用的假设;

④ 设计需求和架构描述;

⑤ 开发计划;

⑥ 所评估项目或组件的开发保证等级(Development Assurance Level,DAL)。

　　确认可采用的方法包括:可追溯性、分析、建模、测试、相似性(服务经验)和工程判断,确认所需选用的方法由所分析对象的 DAL 决定,ARP 4754 建议方法和 DAL 的对应关系如表 3-5 所列。确认过程中,须对其完备性和正确性进行检查的内容包括:

① 运行和环境假设;

② 设计相关假设;

③ 制造和可生产性假设;

④ 服务性假设;

⑤ 安装假设。

表 3 - 5　ARP 4754 建议方法和 DAL 的对应关系

方法和数据	DAL			
	A 和 B	C	D	E
PSSA	审定要求	审定要求	可商讨	可商讨
确认计划	审定要求	审定要求	可商讨	不要求
确认矩阵	审定要求	审定要求	可商讨	不要求
确认总结	审定要求	审定要求	可商讨	不要求
需求可追溯性	审定要求	可商讨	可商讨	不要求
分析,建模或测试	审定要求	建议采用一个	可商讨	不要求
相似性(服务经验)	可商讨		可商讨	不要求
工程判断	可商讨		可商讨	不要求
交互系统实施影响	审定要求	可商讨	可商讨	不要求

确认过程要形成的用于审定的确认数据包括：

① 确认计划,包含：

(a) 所使用的方法。

(b) 需要收集或生成的数据。

(c) 应该被记录的内容,如总结、检查或研究等。

(d) 能够及时获得需求确认信息的方法。

(e) 当需求改变的时候,确认的状态应该怎样被保持或管理;与确认相关的角色和责任。

(f) 关键确认活动的日程安排。

② 对支持数据和记录的要求包含：

(a) 应该被以适当的形式良好地保存,以保证以后引用时能够重获;

(b) 产生数据的方法,应该是被足够控制的,以保证在以后需要的时候能够重新生成同样的数据。

③ 确认追踪,应使用确认矩阵或其他分析方法来对需求确认过程进行追踪。应具有可追踪性的内容包括：

(a) 需求或假设;

(b) 需求的产生源或假设的基础;

(c) 相关功能;

(d) 开发保证等级;

(e) 应用的确认方法;

(f) 确认结论(正确/不正确)。

④ 确认总结,须包括以下内容：

(a) 对确认计划的引用和对任何严重偏离计划事件的描述;

（b）确认矩阵；

（c）对支持数据或数据源的辨识。

3.2.5　实施验证过程

确认过程的目的是保证系统在每一级的执行在期望的运行环境下都满足设计分解过程中所确定的经过确认的需求。验证过程的对象是系统已被确认的需求和逐步实施的系统,确认过程需要完成以下内容:

① 确认期望的功能被正确执行;

② 确认所有的需求在实施时都得到满足;

③ 保证对已执行系统的安全性分析在实施时是合适的、有效的。

验证过程的执行流程如图 3 - 6 所示。

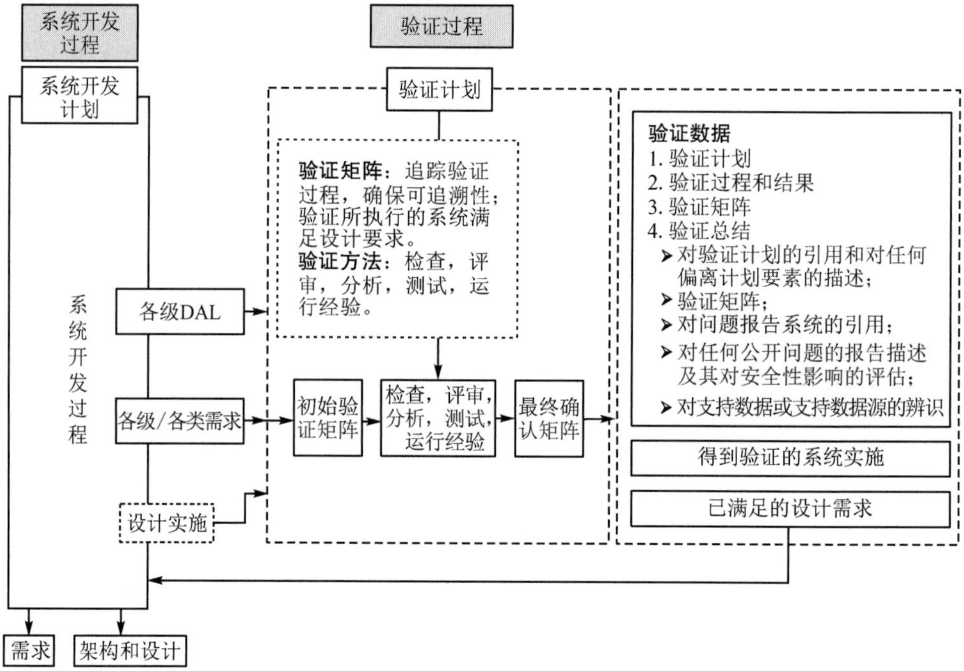

```
┌─────────┐                 ┌─────────┐
│系统开发 │                 │验证过程 │
│过程     │                 └─────────┘
└─────────┘
  ┌────────┐              ┌─────────────┐
  │系统开发│              │  验证计划   │
  │计划    │              └─────────────┘
  └────────┘
                    ┌──────────────────────┐
                    │验证矩阵:追踪验证     │    ┌────────────────────┐
                    │过程,确保可追溯性;   │    │验证数据             │
                    │验证所执行的系统满    │    │1. 验证计划          │
                    │足设计要求。          │    │2. 验证过程和结果    │
                    │验证方法:检查,评     │    │3. 验证矩阵          │
                    │审,分析,测试,运      │    │4. 验证总结          │
                    │行经验。              │    │ ▶对验证计划的引用和对任何│
系 │各级DAL│         └──────────────────────┘    │   偏离计划要素的描述;│
统                                               │ ▶验证矩阵;          │
开                   ┌────────┐                  │ ▶对问题报告系统的引用;│
发                   │初始验  │ ┌────────┐ ┌────┐ │ ▶对任何公开问题的报告描述│
过 │各级/各类需求│──▶│证矩阵  │─│检查,评审,│─│最终确│ │   及其对安全性影响的评估;│
程                   └────────┘ │分析,测试,│ │认矩阵│ │ ▶对支持数据或支持数据源的辨识│
                                │运行经验  │ └────┘ └────────────────────┘
                                └────────┘           ┌────────────────────┐
        ┌────────┐                                   │   得到验证的系统实施 │
        │设计实施│                                   └────────────────────┘
        └────────┘                                   ┌────────────────────┐
                                                     │   已满足的设计需求   │
                                                     └────────────────────┘
  ┌────┐ ┌──────────┐
  │需求│ │架构和设计│
  └────┘ └──────────┘
```

图 3 - 6　验证过程的执行流程

ARP 4754 建议的验证方法包括:

① 评审和检查;

② 分析;

③ 测试;

④ 服役经验。

验证所需选用的方法由所分析对象的 DAL 决定,ARP 4754 建议的验证方法和 DAL 的对应关系如表 3 - 6 所列。

表 3-6　ARP 4754 建议的验证方法和 DAL 的对应关系

方法和数据	DAL			
	A 和 B	C	D	E
验证计划	审定要求	审定要求	可商讨	可商讨
验证矩阵	审定要求	审定要求	可商讨	不要求
验证过程	审定要求	可商讨	可商讨	不要求
验证总结	审定要求	审定要求	可商讨	不要求
SSA	审定要求	审定要求	不要求	不要求
检查、评审、分析或测试	测试加上其他一项,或全部中的多项	一个或多个	可商讨	不要求
测试,不期望功能	审定要求	可商讨	可商讨	不要求
服务经验	可商讨	可商讨	可商讨	可商讨

验证过程要形成的用于审定的验证数据包括:

① 验证计划,包含:

(a) 与执行验证活动相关的角色和责任;

(b) 对设计与验证活动分离程度的说明;

(c) 验证方法的应用;

(d) 需要生成的数据;

(e) 相互依赖活动的顺序说明;

(f) 关键验证活动的日程计划。

② 对验证过程和结果的数据记录和描述。

③ 验证矩阵,应采用验证矩阵或一个等效追踪文件来追踪整个验证过程的状态,追踪文件的详细程度取决于系统 DAL。验证矩阵须至少包含以下内容:

(a) 需求;

(b) 相关功能;

(c) 开发保证等级;

(d) 所采用的验证方法;

(e) 验证结论(通过/不通过);

(f) 验证覆盖总结。

④ 验证总结,须至少包含以下内容:

(a) 对验证计划的引用和对任何严重偏离计划事件的描述;

(b) 验证矩阵;

(c) 对问题报告系统的引用;

(d) 对任何未解决问题的报告描述和对这些问题对安全影响的评估;

(e) 对支持数据或数据源的辨识。

3.2.6 构型管理过程

构型管理过程是直接面向合格审定、保证提供连续性的符合性证据而建立的系统开发支持过程。构型管理的目的是：

① 对构成系统、设备和工具以及被要求的审定资料的系统和项目的构型进行明确标识；

② 对上述数据和要素构型的改变进行控制和记录。

构型管理可理解为一个系统开发或一个审定过程，其主要过程如下：

① 在审定计划规划初期，明确标记每个工作项目及其审定资料，建立对其进行控制和参照的基础——构型基线（对各项目的独立受控部件或软件版本都应标记）；

② 根据系统工程方法规定的评审点，通过明确开发过程中的更改状况（通过改变其构型标识得以明确，记录审定相关的问题及其解决方法），对改变进行控制（提供用以评估和批准审定相关改变的方法）；

③ 建立档案/检索，确保满足适航要求的资料保持流程，满足资料能从受控源中提取，且确保储存资料的完整性，利于审定局方长期需要。

3.2.7 过程保证过程

过程保证过程是确保系统开发和支持过程的计划得到持续维持和始终遵循的活动，为了便于表述，4754 也将其归入了支持过程。确认过程的目的是：

① 确保必要的计划得到施行，在系统开发的所有方面都得到维持（既定计划不被背离）；

② 确保开发活动和过程在既定的计划指引下进行（所需计划是考虑充分的）；

③ 提供计划被正确实施的证据。

对于过程保证过程的实施，4754 没有给出具体的建议，但是要求提供过程保证过程的实施证据，表明项目（例如开发、合格审定、确认、验证等过程）对于其计划的一致性，即表明达到过程保证的目的：

① 标有明确日期和批准的项目计划；

② 计划要求的审查报告、概要；

③ 从设计、确认、验证、构型管理和审定活动中得出的实际数据资料与过程保证确认材料（如完成的检查清单等）。

| 3.3 系统综合开发过程 |

系统性和流程化是系统工程的核心理念，也是系统安全性评估的顶层思想。与系统开发的 V 过程对应，安全评估过程也具有 V 过程的特点。整体来看，系统安全性评估过程包含两方面内容：一是安全需求的形成和自顶向下的分解；二是自底向上的评估综合和对设计是否满足各级安全需求的验证，从而确保安全过程中辨识出的所有危险均已被处理。安全性评估过程通过以上的分解和综合实现对开发过程的支持。

　　图 3-7 所示为包含系统设计和安全评估的系统综合开发过程。依照系统开发的事件历程，对每一步设计和安全评估工作的内容说明如表 3-7 所列[2]。

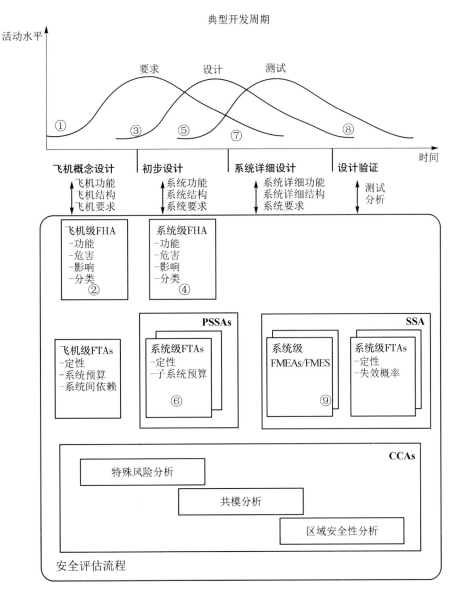

图 3-7　系统综合开发过程

表 3 - 7　系统综合开发过程内容

顺　序	工　作	目的/内容
1	飞机概念设计	由市场及客户要求、飞机基本功能、适航要求、公司内部标准、初始设计决定等顶层输入定义飞机级功能
2	飞机级 FHA	对飞机级功能、功能失效状态和影响进行辨识,评估失效状态对乘员和飞机安全影响的严重性等级,从而建立安全设计的顶层需求
3	飞机初步设计	对人和系统的功能分组
4	系统级 FHA	对系统级功能、功能失效状态和影响进行辨识,评估失效状态对乘员和飞机安全影响的严重性等级,从而建立系统安全设计的顶层需求
5	系统初步设计	由系统功能需求和安全需求设计系统架构
6	PSSA	系统化的检查所提系统架构,以确定失效怎样能够导致 FHA 所辨识出的功能危险,以及架构设计怎样能够满足 FHA 的安全要求
7	系统详细设计	依据对软硬件的功能、DAL,和硬件可靠性要求进行软硬件详细设计和开发
8	设计验证	在项目和系统综合中,通过分析和测试证明设计制造结果满足设计要求
9	SSA	与设计验证过程并行,依据详细设计结果对系统安全性进行全面评估,目标是系统最终设计满足 FHA 安全要求和 PSSA 中形成的所有派生要求

需要说明的是,系统开发的设计过程和安全评估过程是紧密耦合、相互支持的,且在整个开发过程中两个过程各自和相互之间都不断地反馈、迭代。

3.4　安全性分析流程

3.4.1　功能危险分析(FHA)

FHA 是系统安全性评估的第一步,通过对飞机级功能系统化的检查,对功能在不利环境、紧急情况等各种条件下的失效状态进行辨识,并按影响的严重程度进行分级。其目的为:

① 从安全性的角度形成对各功能的设计指标要求,作为系统安全性设计和评估的顶层要求;

② 给出对后续研制和安全性评估工作的内容和深度要求;

③ 建立用于限制功能失效影响所需的导出安全要求,如设计约束、告警功能、给机组的建议或维护任务等。

FHA 的核心是失效状态辨识和影响评估分级。FHA 的优点在于:能够在设计的早期,在没有也不需要设计细节信息的时候,就能提供关键性的顶层设计指南;其缺点则为:分析方法是演绎式的,所以不可能证明所分析内容是否完备。为弥补演绎式分析的固有缺陷,设计初期 FHA 一般需要具有丰富设计经验的专家支持,同时需要建立一套系统化、流程化的分析方法,从而最大限度地辨识出各个功能可能存在的危险失效状态。在具体设计过程中,还需要将各级别形成的派生功能需求及时迭代到初始功能清单中,并对其补充 FHA 评估,形成新的功能安全需求。

FHA 一般有两个级别,飞机级 FHA 和系统级 FHA。二者虽然层级不同,但目的和方法相同。FHA 评估的整体执行流程如图 3-8 所示,其主要步骤如下:

① 对所分析级别下所有功能的辨识,包含内部功能和交互功能;

② 对与这些功能相关失效状态的辨识和描述,考虑在正常和降级环境中的单个或多重失效;

③ 分析这些失效状态对飞机和乘员的影响;

④ 按影响可能导致危险的严重程度对失效状态进行分级;

⑤ 将功能的安全性需求向低一级别的失效状态进行分配;

⑥ 辨识用于证明失效状态影响分级正确性所需的支持材料;

⑦ 确定用于验证设计结果满足失效状态安全要求符合性的证明方法。

1. 功能辨识

功能辨识通过基本功能清单和原始需求定义对所研究级别下的所有功能进行确定,包括内部功能辨识和交互功能辨识。功能辨识的结果是本级别完整的功能清单。功能辨识一般包含两个步骤:

① 获得源数据,包括基本功能清单、市场和客户需求、适航规章要求及相关工业标准和公司规范等;

② 创建功能清单,由上步中获得的源数据分析形成完整的功能清单。图 3-8 所示为 FHA 评估整体执行流程。

功能清单须包括本级别的所有内部功能和交互功能。飞机级内部功能指飞机所具有的功能以及飞机内各系统间的交互功能,系统级内部功能指系统所具有的功能以及系统内各设备之间的交互功能;飞机级交互功能指飞机与其他飞机或地面系统的交联功能,系统级交互功能指由其他系统向本系统提供,或本系统向其他系统提供的功能。

2. 失效状态辨识

失效状态是系统功能所处的一种状态,功能的这种状态直接或间接地对飞机或乘员产生影响。

系统功能失效状态辨识的目的是对功能及功能组合可能发生的影响系统或飞机安全运行的异常模式进行分析,并将对系统、飞机和乘员安全影响的严重程度作为影响严重性等级划分和失效概率要求确定的依据。对失效状态的分析须考虑飞行阶段、环境状态和紧急情况等因素。

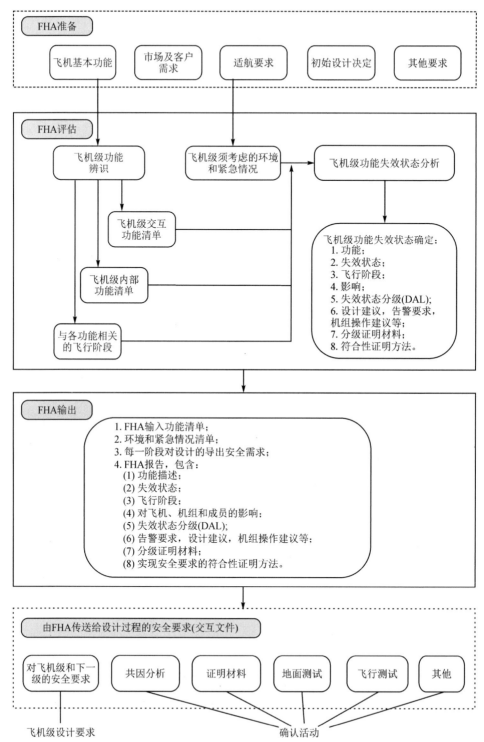

图 3-8 FHA 评估整体执行流程

失效状态辨识需要在考虑不利环境、紧急情况和驾驶员觉察等因素的条件下,对系统功能可能出现的失效状态进行分析。对发动机系统,须考虑的不利环境包括:

① 发动机进气道结冰;

② 吞雪,吞水;

③ 沙尘、火山灰吸入;

④ 盐雾吸入;

⑤ 高温、低温等。

须考虑的紧急情况包括:

① 电气设备失效;

② 燃油管线失效;

③ 迫降;

④ 跑道地面结冰等。

功能具有的典型失效状态一般包括:功能丧失、功能不需要时错误起动和功能工作失常等。除此之外,须根据每一功能的具体内容和特点进一步分析功能的特有失效状态。

为使所辨识出的系统功能失效状态尽可能完备,失效状态辨识应系统化和流程化,设计的失效状态辨识流程化方法如图 3 - 9 所示,每一步中的具体方法如下。

① 单失效状态辨识,可采用如下顺序:

(a) 单失效,其他一切正常;

(b) 单失效,考虑不利环境;

(c) 单失效,考虑紧急情况。

(d) 对每一种失效状态,还需要考虑驾驶员觉察是否会导致不同的影响等级。

② 组合功能失效状态辨识,须考虑如下因素:

(a) 组合功能失效状态须考虑服务于同一顶层功能的功能组合,或具有相互作用特性,能够共同导致更严重影响后果的功能组合;

(b) 需要系统架构设计进行到足够深度,分析人员对飞机和系统的功能与架构有足够理解时才能有效进行。

③ 同一失效状态在不同飞行阶段有不同的影响严重性时,须分开考虑。

3. 失效状态影响分析

对所辨识出的每一个失效状态,须针对其具体内涵分析该失效状态可能对飞机、机组和乘员造成的安全影响。对发动机控制系统的功能失效状态而言,还须分析该种失效状态可能对发动机造成的不利影响,包括对发动机本体造成的损坏,下面以25 部《运输类飞机适航标准》为例进行说明。

4. 失效状态分级确定

失效状态级别确定需要考虑的资源有:事故或安全事件数据,规章中的指南材

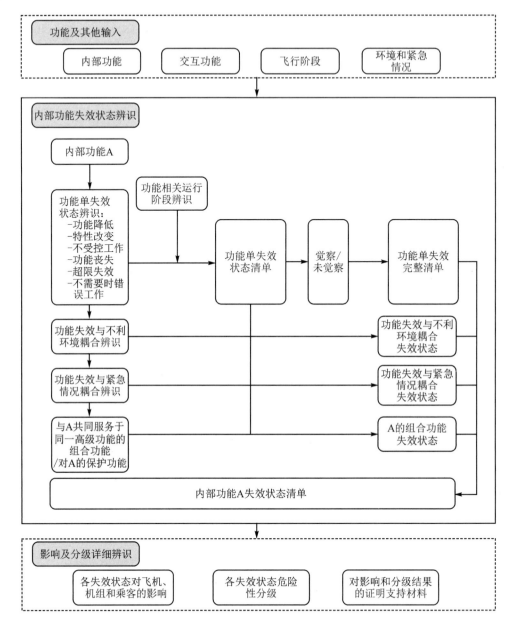

图 3-9　失效状态辨识流程化方法

料,以往的设计经验,以及对机组人员的咨询。级别的最终确定须依据适航规章中的相关准则要求进行,AC 25.1309-1B(草稿)对 FAR 和 JAR 的失效状态分级原则进行了综合,将功能失效对飞机的影响划分为 5 个等级,各等级定义和失效概率要求如表 3-8 所列。

表 3 - 8　AC 25.1309 - 1B(草稿)失效状态分级原则

故障分类	无影响	较小的影响	较大的影响	危险级	灾难级
对飞机的影响	对运行能力和安全性没有影响	功能能力和安全裕度的轻微降低	功能能力和安全裕度的相当大降低	功能能力和安全裕度的极大降低	完全损失
对除机组外其他乘员的影响	不方便	身体不适	身体承受压力,可能出现受伤	小部分乘客或机组出现严重受伤	多人死亡
对机组的影响	对机组没有影响	负担轻微增大	身体不适或工作负担相当大地增大	身体承受压力,或过大的工作负担影响执行任务的能力	无法控制飞机,人员死亡
允许的定性概率	无概率要求	可能的(Probable)	不可能的(Remote)	很不可能的(Extremely Remote)	极不可能的(Extremely Improbable)
允许的定量概率/每飞行小时	无概率要求	$<10^{-3}$	$<10^{-5}$	$<10^{-7}$	$<10^{-9}$
失效状态分级	无安全影响	较小的	较大的	危险的	灾难性的

对发动机控制系统,影响分级还须考虑该功能失效状态对发动机运行的影响和可能对发动机本体造成的损害。FAR 33.75 对航空发动机失效影响等级划分原则如表 3 - 9 所列。

表 3 - 9　FAR 33.75 对航空发动机失效影响等级划分原则

失效等级	失效影响	最大允许发生概率(飞行小时)
危害性的发动机影响(Hazardous Engine Effects)	以下发动机失效被认为是危害性的: (1) 非包容的高能碎片; (2) 客舱用发动机引气中有毒物质浓度足以使机组人员或乘客失去能力; (3) 与驾驶员命令的推力方向相反的较大的推力; (4) 不可控火情; (5) 发动机安装系统失效,导致非故意的发动机脱开; (6) 如果适用,发动机引起的螺旋桨脱开; (7) 完全失去发动机停车能力	$10^{-9} \sim 10^{-7}$(单失效为10^{-8})
重大的发动机影响(Major Engine Effects)	严重性在危害性与轻微的发动机影响之间的影响	10^{-5}
轻微的发动机影响(Minor Engines Effects)	一台发动机失效,其唯一后果是该发动机部分或全部丧失推力或功率(和相关发动机服务),这种失效将被认为是轻微的发动机影响	10^{-3}

5. 概率要求分配

对每一个失效状态,须依据其影响严重性级别指定该失效状态的最大允许发生概率。对发动机控制系统而言,其功能失效状态可能同时对发动机和飞机带来危险影响,对其失效状态的最大允许发生概率分配须同时考虑飞机和发动机两方面的要求,取二者中要求更严者。

6. 证明分级结果的支持材料

参考的支持资料包括以下两种情形:

① 失效状态的影响及其分级不能直接推断确定时,该栏中须给出用于对失效状态影响及分级结果的正确性证明的相关材料,如分析报告,仿真、试验或试飞证明等;

② 如失效影响分析中考虑了机组或地面人员可采用某一操作方法或流程用来减小该失效状态可能导致的危险时,该栏中须给出引用的设计文件。

7. 合格审定/验证方法

FHA 须根据失效状态影响的严重性级别,对后续评估和验证中须采用的定性和定量安全性分析方法进行定义。ARP 4761 给出的所需分析验证方法的确定流程如图 3 - 10 所示。

8. FHA 输出

执行 FHA 应该对 FHA 过程中的关键信息进行充分记录,以保证评估过程的可追溯性。FHA 应输出的内容包括:

① FHA 输入功能清单;

② 环境和紧急情况清单;

③ 在每一阶段形成的派生安全需求;

④ FHA 报告,应包含以下内容:

(a) 功能描述;

(b) 失效状态;

(c) 运行阶段;

(d) 失效状态对发动机、飞机、乘员的影响;

(e) 失效状态分级;

(f) 引用的支持材料;

(g) 合格审定/验证方法;

(h) 初步设计建议。

FHA 的结果将作为 PSSA 的输入,其中灾难的和危险的功能失效状态须在PSSA 中作为顶层不期望事件进行 FTA 分析。FHA 所得出的失效状态等级将和系

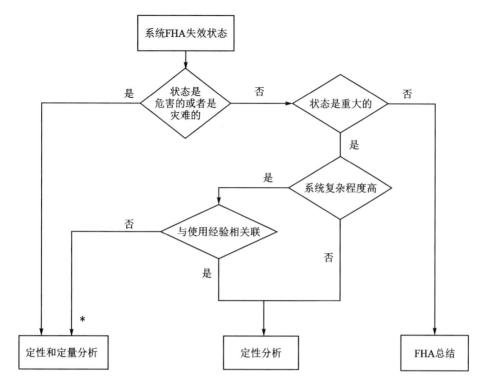

* 可使用在严格程度和完整程度方面都比灾难性的或危险性的失效状态分析所用方法
　要低的方法,对重大的失效状态进行满意的分析。

图 3 - 10　需用分析验证方法确定流程

统复杂度及设计水平共同决定 PSSA 的分析深度。

3.4.2　初步系统安全性分析(PSSA)

PSSA 是在系统初步设计过程中,对所提系统架构的系统化的评估,其主要目的是:

① 确定系统的组件失效怎样能够使 FHA 辨识出功能危险。该目标是通过将 FHA 给出的失效状态作为顶事件,依据系统架构对其构建定性故障树实现的。

② 确定系统架构怎样能够满足 FHA 所提安全要求。该目标是通过 FTA 自顶向下的失效概率和 DAL 分配实现的。

PSSA 中的 FTA 分析只关注 FHA 辨识出的重要失效状态,一般只处理灾难级别和危险级别的失效状态。PSSA 可以有多个级别,系统级 PSSA 可依据飞机级和系统级 FHA 结果形成,项目级 PSSA 由系统级 PSSA 输出结果进行评估。PSSA 的整体执行流程如图 3 - 11 所示,其主要工作如下:

① 完整化飞机级和系统级安全要求清单;

② 确定这一架构以及所计划的概念设计,是否能够合理地满足安全要求和目标;

③ 导出对下一级别项目（软件和硬件）设计、系统安装、其他相关系统和操作（飞行和维护任务）的安全要求。

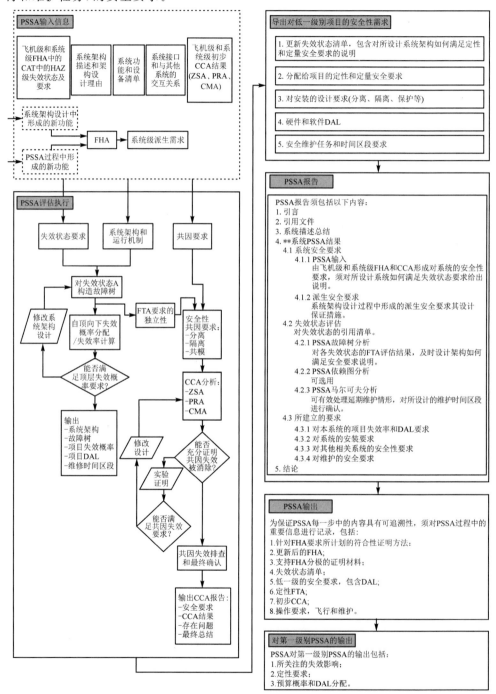

图 3-11 PSSA 执行流程

1. 完整化安全要求清单

系统级 FHA 和 CCA 过程对系统设计形成一个初始的安全要求集合,通过将该初始安全要求集合与系统初步设计过程中所做出的设计、架构决定进行综合,形成系统设计的完整安全要求清单。该工作可通过以下两个步骤完成:

① 获得必要的源数据。PSSA 输入是飞机和系统级 FHA、初步 CCA 结果和对系统架构的描述。具体包含:

(a) 飞机级和系统级 FHA 辨识出的灾难级和危险级失效状态和要求;

(b) 系统架构描述和对这一架构的设计理由;

(c) 系统设备和功能清单;

(d) 系统接口和本系统与其他系统的交互关系;

(e) 初步 CCA 分析结果,包括 ZSA 发现、PRA 威胁和 CMA 发现。

② 完整化对系统的安全要求。对功能、系统架构或项目的设计实施过程中可能导致新功能的出现。对这些新出现的导出功能必须及时补充到原始功能清单中,并重新进行 FHA 评估,形成新的安全要求,再输入给 PSSA 过程。

2. 对系统初步设计和架构的安全性评估

系统级安全要求清单完整化之后,每一个灾难级和危险级失效状态都必须用定量或定性分析方法进行评估,包括:

① 使用 FTA 分析证明项目失效怎样能够导致所评估的功能失效状态;

② 通过以下评估证明安全清单中的独立性要求被满足:

(a) CCA 中形成的所有分离/隔离要求和相关验证要求;

(b) 用于验证独立性的测试(地面或试飞);

(c) 对可能共因失效的评估(ZSA、PRA、CMA);

③ 通过定量 FTA 分析证明,对失效状态的所有定性和定量安全要求和目标能够通过所设计的系统架构和失效概率的分配保证实现;

④ 在 FTA 定量分析中,确定由潜在失效决定的维护任务的最长时间间隔;

⑤ 与 FTA 定量分析同时,决定每个项目的 DAL。

需要注意的是:以上评估在系统设计过程中,当项目级的详细设计信息还不是完全可获得时即可执行。这一阶段 PSSA 评估必须部分依赖于工程判断和对相似设计的使用经验。PSSA 评估过程本质上是迭代的,并随设计的演化而不断完整、细化。

3. 导出对低一级别设计的安全性要求

在系统级别形成的每一个安全要求必须分配给用于组成该系统的项目。分配内容包括：

① 一个更新的失效状态清单，包括说明定性和定量安全要求如何被所选架构满足的理由；

② 分配给项目（软件和硬件）的安全要求（定性和定量）；

③ 对安装的要求进行分离、隔离、保护；

④ 硬件和软件 DAL；

⑤ 安全维护任务和允许的最长周期。

其中，失效影响、定性要求、预算概率和 DAL 分配被传递给下一级别的项目 PSSA，并执行同样的评估过程，直到所有的安全需求被分配给项目下的软件和硬件为止。

需要注意的是：安全需求在 PSSA 中通过系统架构向下分解时，必须保证所有的分解都具有好的可追溯性，每一个需求的向下分解都要能保证输入有源、输出有目的。分解的过程中，需要将安全评估和设计过程中新形成的派生安全需求及时迭代回对应的级别，以保证安全要求的更新和完备。

4. PSSA 输出

PSSA 应该对执行过程进行文档记录来保证 PSSA 执行过程中的各部分内容均具有可追溯性。须记录的重要信息包括：

① FHA 失效状态要求和计划的符合性证明方法；

② 更新后的 FHA；

③ 支持分级结果的证明材料；

④ 低一级别的失效状态清单；

⑤ 低一级别的安全要求（包含 DAL）；

⑥ 定性故障树；

⑦ 初步 CCA 结果和要求；

⑧ 飞行操作和地面维护等要求。

3.4.3 系统安全性分析(SSA)

SSA 是在系统综合过程中，对系统及其架构和安装的一个系统化的检查，目的是证明系统设计结果对安全要求的符合性。对各个级别的每一个 PSSA，都应该有一个对应的 SSA 对其进行验证。SSA 的最高级别是系统级,对所分析的每一个系统,SSA 都应总结所有的关键失效状态及其对飞机的影响。

SSA 是一个自底向上地验证各级安全需求和目标均已被设计满足的评估过程。SSA 的评估内容主要包含以下方面:

① 验证系统 FHA 中建立的设计要求均已被满足;

② 确认失效状态对飞机影响的分级结果均被证实;

③ 验证由设计和安全评估过程形成的派生安全要求均已被满足;

④ 验证共因分析过程辨识出的设计要求均已被满足;

⑤ 形成对飞机级 FHA 验证活动的输入。

1. SSA 输入

SSA 评估的第一步是获得需用的源数据,SSA 的输入须包含:

① 系统架构描述及其设计理由。

② 系统接口及其与相邻系统中项目的交互关系。

③ 对系统级 FHA/PSSA 中辨识出的失效状态的安全要求。

④ 功能清单以及从系统级 FHA 中得出的设计理由。

⑤ 共因分析结果,包含:

(a) ZSA 结果;

(b) PRA 外部威胁;

(c) CMA 结果。

⑥ 所有支持材料的结果,以及 FHA/PSSA 中要求的所有低一级别研究。

2. 失效状态评估

SSA 应对 FHA 中辨识出的每一个失效状态都进行评估,要求的定性或定量评估方法由所分析失效状态的严重性等级决定。须评估的具体内容包括:

① 使用 FTA 证明,系统的失效怎样组合能够导致所关注的失效状态;

② 使用 FTA 证明,对失效状态的定性和定量要求及目标均已被满足;

③ 检查维护文件来验证,由 FTA 中对潜在失效要求决定的最长维护间隔要求被满足;

④ 验证由 FTA 导出的对项目的 DAL 要求均已被满足;

⑤ 对失效状态进行可能的测试来保证满足安全要求;

⑥ 演示飞机在给定的失效状态下能够以期望的方式运行。

航空发动机控制系统适航安全性

（1）确认失效状态分级

SSA 应通过记录文件证明 FHA/PSSA 中所建立的安全要求和对这些要求的执行文件之间的可追溯性。记录文件须包含以下内容：

① 飞机设计需求和目标文件；

② 系统需求文件；

③ 测试计划（试验室测试、地面测试、飞行测试等）；

④ 维护手册；

⑤ 共因分析文件。

对执行该任务建议的一个方法是创建一个矩阵来表明安全要求和其证明材料之间的对应关系。

（2）验证飞机需求文件中的安全要求

飞机需求文件包括对所设计飞机的所有需求，包括所有的 FAR/JAR 要求和公司内部规范要求。对这些需求的验证通过四个标准方法中的一个或多个来完成（测试、分析、演示和检查）。

（3）验证 CCA 中所辨识出的安全要求得到满足

CCA 文件中包含由 ZSA、PRA 和 CMA 分析得出的对系统和组件分离和隔离的要求。这些要求也应逐一通过四个标准方法中的一个或多个对其完成验证。

（4）SSA 执行流程

SSA 起始于项目级的功能 FMEA，对项目中的每一个功能模块分析其可能的失效模式和发生概率，及其对项目整体功能的影响。完成后，从 FMEA 结果中对具有同样影响后果的失效模式进行合并总结，形成 FMES。FMES 的核心内容为项目可能发生的异常情况及其发生概率。FMES 的结果将作为 SSA 中 FTA 底层事件的输入，进行项目级 SSA。

项目级别评估工作完成后，再以相似的流程进行系统级 FMEA 和 FMES，其结果将和项目 CMA 结果共同输入系统级 FTA，进行系统级 SSA 验证评估。最终输出为设计结果对安全要求满足程度的系统级评估。

3. SSA 输出

SSA 应该对执行过程进行文档记录来保证 SSA 执行过程中的各部分内容均具有可追溯性。须记录的重要信息包括：

① 更新后的失效状态清单或 FHA 报告，其中应包含能够证明满足安全要求的定性和定量证据；

② 能够证明设计结果满足项目安装安全要求的文件；

③ 用于确认失效状态分级结果的支持材料；

④ 安全维护任务和相关的最长维护间隔；

⑤ 用于表明系统和项目开发符合所指定的 DAL 级别的证明文件。

为了使整个安全评估过程封闭，每一个 SSA 都必须与飞机级和系统级 FHA 的基本安全要求进行比较、评判。失效影响及其发生概率应小于飞机级和系统级 FHA 所给出的最大允许发生概率要求。

SSA 最终的物理输出为一个满足所有安全要求的、经过验证的系统。

3.5　系统安全性分析方法

ARP 4761 推荐了 FHA、FTA、FMEA、FMES、ZSA、PRA、CMA、DD 和 MA 共 9 种安全性分析方法，其中对前 7 种方法的应用做了重点介绍。每种分析方法在不同的分析阶段处理不同的内容。表 3-10 对上述前 7 种方法的内容和适用阶段进行了归纳。FHA 方法在安全评估流程中已进行了介绍，此处不再赘述。对其他分析方法的介绍在以下各小节中给出。

表 3-10　安全分析方法的适用阶段和内容

方　法	适用阶段	内　容
FTA	PSSA、SSA	(1) 分析能导致 FHA 所给顶层不期望事件发生的具体原因； (2) 自顶向下的安全要求分配； (3) 自底向上的安全要求验证评估
FMEA	SSA	评估项目或系统级的失效模式及其发生概率，并分析失效模式对高一级别的影响
FMES	SSA	对具有相同影响结果的 FMEA 项目进行总结和合并，形成 FTA 基本事件及其发生概率
ZSA	FHA、PSSA、SSA	对飞机各个区域内设备、系统的安装和系统间可能的相互影响进行分析，保证该区域内的系统设计和安装满足安全目标要求
PRA	FHA、PSSA、SSA	对存在于系统之外、但可能同时对多个系统产生不利影响的外界事件进行分析，保证由各个特定风险带来的任何安全性相关的影响已经被设计消除，或者其影响是可接受的
CMA	FHA、PSSA、SSA	分析能够破坏设计中由余度保证的独立性的事件，证明 FTA 中与门事件之间是真正独立的，保证使多余度设计同时失效的情况不会发生，或发生的概率可接受

3.5.1　故障树(FTA)

FTA 是针对某一顶层事件,依据导致其发生所需原因的逻辑和层级关系,构建树型因果关系模型,对安全性进行分析的方法。典型的故障树形式如图 3-12 所示。其中,方框代表 FTA 中各个级别的事件之间由表示事件组合关系的逻辑门相连接,共同引发高一级别的事件。FTA 基本的逻辑门包括与门、或门、非门、优先与门等。上下级别事件之间的概率关系通过基本的概率计算方法可以得出。对结构较复杂的故障树,应首先由布尔运算方法对其进行简化,这样可有效减小概率计算的工作量,也可辨识出潜在的共因事件。

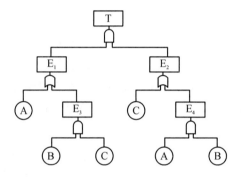

图 3-12　典型的故障树形式

FTA 的基本功能包括:

① 定性分析方面:求最小割集,定性重要性分析和潜在共因分析;

② 定量分析方面:PSSA 过程中概率要求的自顶向下分配,和 SSA 过程中对安全要求验证的自底向上综合。

ARP 4761 推荐的 FTA 评估过程包含以下步骤:

① 定义 FTA 分析的目标和所需深度;

② 定义局方或客户所要求的分析级别;

③ 定义顶层不期望事件;

④ 收集系统信息,分析可能导致顶层事件发生的故障和失效事件及组合;

⑤ 自顶向下构建故障树;

⑥ 分析和总结 FTA 结果。

评估过程中若发现分析结果不满足 FHA 失效概率要求,则须扩大 FTA 分析范围或加深 FTA 分析深度以证明设计对安全要求的符合性。若仍无法满足安全要求,则应建议修改设计。

3.5.2　功能失效影响分析(FMEA)

FMEA 方法用于辨识一个系统、项目或组件的失效模式以及对更高一级内容的影响,其目的是为 FTA 的基本事件提供失效率的定量数据,支持 SSA 中的 FTA。FMEA 是自底向上的分析方法,且仅处理单失效。

ARP 4761 推荐的 FMEA 执行过程如下:

① FMEA 准备工作,须准备以下材料:

(a) FMEA 需求,包括安全相关、客户要求及研制规范等;

(b) 设计图纸、系统组件清单、功能模块图及相关设计说明材料;

(c) 组件失效率清单;

(d) 以往相似设备的 FMEA 分析资料等参考材料。

② FMEA 分析:

(a) 分析组件或功能的失效模式及其发生概率;

(b) 辨识失效模式对高一级别的影响。

③ FMEA 结果整理和总结。

根据分析内容的不同,FMEA 可分为功能 FMEA 和组件 FMEA。功能 FMEA 的分析对象是项目或系统的功能框图,以分析各功能模块的失效模式、发生概率及其影响。组件 FMEA 的分析对象则为系统的结构框图,分析内容与功能 FMEA 相同。若功能 FMEA 分析结果不满足安全要求,则须依据系统详细结构图进行更深入的组件 FMEA 分析,直到满足安全要求为止。若仍无法满足安全要求,则建议修改设计。ARP 4761 中给出机轮刹车控制单元的功能框图、功能 FMEA 分析结果、组件结构框图以及组件 FMEA 分析结果,如图 3 - 13～图 3 - 16 所示。

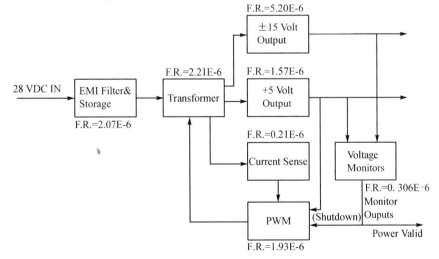

图 3 - 13　刹车控制单元电源组件功能框图

Function Name	Failure Mode	Failure Rate (E-6)	Flight Phase	Failure Effect	Detection Method	Comments
+5 Volt	+5V out of spec	0.2143	All	Possible P/S shutdown	Power Supply Monitor trips,shuts down supply and passes "invalid power supply(P/S)"to other BBSCU system	BSCU channel fails
	+5V short to ground	0.2857	All	P/S shutdown	Power supply monitor passes invalid P/S to other BSCU system	BSCU channel fails
	Loss of/ reduced filtering	0.3571	All	Increase Ripple	May pass out of spec voltage to rest of BSCU if ripple is such that it is not detected by the P/S monitor	May cause spurious P/S monitor trip
	+5V open	0.5714	All	P/S shutdown	Power supply monitor passes invalid P/S to other BSCU system	BSCU channel fails
	No Effect	0.1429	All	No Effect	None/No Effect	No Effect
Total Failure Rate of +5V Supply		1.5714				

图 3 - 14　功能 FMEA 分析结果示例

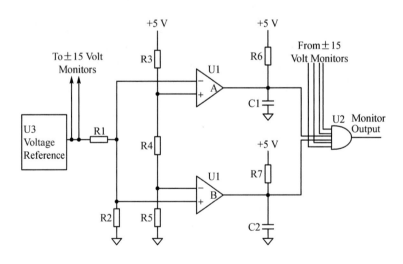

图 3 - 15　刹车控制单元电源组件结构框图

Component ID	Part type	Failure Mode	Failure Mode Rate (E-6)	Failure Effect Code	Failure Effect	Detection Method
C1	Ceramic Capacitor	short	.0073	3	Under voltage monitor stuck tripped	P/S shut down by monitor
		open	.0013	2	Loss of delay, spurious monitor trips	P/S shutdown
		low cap.	.0019	2	Decrease delay to trip	
C2	Ceramic Capacitor	short	.0073	3	Over voltage monitor stuck tripped	P/S shut down by monitor
		open	.0013	2	Loss of delay, spurious monitor trips	P/S shutdown
		low cap.	.0019	2	Decrease delay to trip	
U1A	Comparator IC	output open	.0124	1	Under volt monitor stuck valid	bench test
		output grounded	.0056	3	Under volt monitor trips	P/S shutdown
		high offset voltage	.0062	4	loss of monitor sensitivity	bench lest
U1B	Comparator IC	output open	.0124	1	Over volt monitor stuck valid	bench test

图 3 - 16   组件 FMEA 分析结果示例

3.5.3   功能失效影响总结(FMES)

FMEA 的分析结果是 FMES 的输入,FMES 的工作内容为将具有相同影响的失效模式进行归纳、合并,合并后的失效率等于 FMEA 中单个失效率相加。FMES 形成的失效影响及其发生概率将作为 SSA 中 FTA 评估基本事件的输入。

FMES 报告应包含以下内容:

① 对所分析系统或项目的一个简要描述,给出设计理念。设计理念包含监控设备和主要的设计特点(该部分内容应由合适的框图、图纸或图标支持);

② 系统或项目的主要和辅助功能清单;

③ 一个部件数目和修改版本辨识清单来确定所分析的硬件和软件;

④ 对分析结果的精确描述;

⑤ 失效率源数据的清单;

⑥ 对用来生成 FMES 的 FMEA 报告的引用。

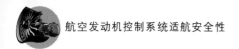

3.5.4　区域安全性分析(ZSA)

ZSA 是对飞机各个区域内设备、系统的安装和系统间可能的相互影响进行分析的安全评估方法,其目的是保证该区域内的系统设计和安装满足安全目标要求。ZSA 分析的内容包括检查各区域内系统的安装是否满足要求和区域内不同系统间是否可能发生干涉。

ZSA 在安全评估的 FHA、PSSA 和 SSA 三个阶段都要执行,随着设计的不断扩展和细化,ZSA 的分析也更加细致。初始阶段的 ZSA 在图纸上进行,详细设计之后可能在三维样机或模型上进行,飞机总装开始后,ZSA 则应在真实飞机环境中进行。

ZSA 的执行过程包括:

① 设计和安全要求的确定,包含一般要求、系统设计和安装的专门要求、区域设计和安装的专门要求;

② 检查区域内单个系统的安装;

③ 检查区域内系统之间可能发生的干涉。

ZSA 报告应包含以下内容:

① ZSA 分析执行的时间、人员和过程;

② 对任何可能存在潜在问题的辨识;

③ 实际安装与设计要求的任何偏离,或由系统设计或维护错误可能导致的任何重大失效;

④ 对 ZSA 所发现问题的解决方法和最终结果。

3.5.5　特殊风险分析(PRA)

PRA 是对存在于系统之外,但可能同时对多个系统产生不利影响的外界事件的危险性评估。其目的是要保证由各个特定风险带来的任何安全性相关的影响都已经被设计消除,或者其影响是可接受的。常见的特定风险包括:

① 火;

② 非包容高能设备,如发动机、APU、风扇等;

③ 高压气瓶;

④ 高能辐射;

⑤ 高温涵道空气泄露;

⑥ 泄漏液体,如燃油、液压油、电池液、水等;

⑦ 雹、冰和雪;

⑧ 鸟撞;

⑨ 轮胎爆裂,碎片撕裂;

⑩ 轮缘松弛;

⑪ 闪电;

⑫ 高强度辐射场;

⑬ 连枷形转动件;

⑭ 舱壁破裂等。

ARP4761 建议的 PRA 执行过程为:

① 定义所要分析的特定风险的细节。

② 定义分析所用的失效模型。

③ 列出需要满足的条款和要求清单。

④ 定义所影响的区域。

⑤ 定义所影响的系统。

⑥ 定义已采取的设计和安装措施。

⑦ 评估特定风险对相关项目的影响结果。

⑧ 评估由于项目失效模式或失效组合对飞机可能产生的危险影响。

⑨ 确定评估结果是否可接受,若可接受,则对 PRA 过程进行总结,准备审定所需的证明材料;若不可接受,则修改设计。

PRA 须输出以下内容:

① 对所分析特定风险的描述;

② 受特定风险影响的项目;

③ 项目所安装的区域;

④ 在所关注特定风险下可能导致的失效模式;

⑤ 对飞机的影响结果和对影响的分级;

⑥ 与初始假设和要求的任何偏离;

⑦ 对 PRA 所发现问题的解决方法和结果。

3.5.6　共因分析(CMA)

CMA 是对能够破坏设计中由余度保证的独立性的事件的分析,其目的是证明 FTA 中与门事件之间是真正独立的,保证使多余度设计同时失效的情况不会发生,或发生的概率是可接受的。典型的共模错误源包括:设计错误、需求错误和制造错误等。

ARP 4761 建议的共模分析过程包含以下步骤:

① 建立共模类型检查清单,包括特定的共模类型、共模源和失效/错误清单;

② 辨识共模分析要求;

③ 分析设计以保证步骤②中辨识出的要求能被满足；

④ 以文档记录 CMA 过程的前三个步骤。

1. CMA 检查清单

CMA 过程是基于对可能破坏余度或功能独立性的设计和执行要素的分析，分析过程通过对检查清单的应用进行。对任何可能破坏余度或独立性的威胁，都要求通过分析证明这样的威胁最终被消除，或是可接受的。CMA 中须考虑的典型活动包括：

① 软件开发错误；

② 硬件开发错误；

③ 硬件失效；

④ 生产/维修疏忽；

⑤ 压力相关时间，如非正常飞行环境，非正常系统配置等；

⑥ 安装错误；

⑦ 环境因子，如温度、振动、潮湿等；

⑧ 串联故障；

⑨ 共同外部源故障。

2. 共模分析要求辨识

为了执行 CMA，分析人员需要知道和理解对象系统的运行和安装特性。这些特性包含以下内容：

① 设计架构和安装计划；

② 设备和部件特性；

③ 维护和测试任务；

④ 机组程序；

⑤ 系统、设备和软件规范。

分析中还需要对系统用以消除或最小化共模影响的安全保护措施有所理解。包括：

① 相异性（非相似余度等）和隔离物；

② 测试和预防维护计划；

③ 设计控制和设计质量等级；

④ 对过程或规范的评审；

⑤ 对人员的训练；

⑥ 质量控制。

在上述系统背景下,分析人员必须确定对所关注产品的共模分析要求。一般有两种不同的方式形成共模分析要求:

① 由 FTA、DD 和 MA 形成共模要求:

(a) 对 FHA 或 PSSA 中得出的每一灾难或危险事件,须对其中的每一个与门进行辨识并确定相关的独立性设计原则;

(b) 检查前一步中得出的与门事件,并对其独立性进行分析确认;

(c) 记录从前述分析中导出的所有 CMA 要求。

② 其他共模要求:从共模分析清单以及产品和工程经验中形成的共模要求。

3. 共模失效/错误的解决

上步中辨识出的每一个共模要求,须通过以下步骤完成共模分析过程:

① 确定潜在的共模失效/错误及其产生源;

② 分析每一个潜在的共模失效/错误,来验证设计对独立性准则的符合性;

③ CMA 发现不符合要求的情况,则寻求可能的解决方案或进行设计修改;

④ 跟踪改正活动,确定设计结果的可接受性。

4. 文件记录

共模分析的输出是 CMA 报告,报告应包含以下内容:

① 引用文件、图纸和分析中用到的支持材料;

② 指导 CMA 的导出要求清单;

③ 对设计/部件的分析;

④ 对满足 CMA 要求符合性的理由;

⑤ 对分析中所发现问题的辨识;

⑥ 对所发现问题的解决方案及结果;

⑦ CMA 结论。

5. 与 FHA、PSSA 和 SSA 的关系

共模分析使用 FHA/PSSA 评估的结果,如灾难性的失效状态,设计中考虑的独立性准则,以及其他对共模分析的可能指导。共模分析的最终结果在 SSA 过程中进行总结,任何其他的共模应该在相关 FTA、DD 或 MA 报告中进行评估。

6. 与 ZSA 和 PRA 的关系

ZSA 和 PRA 不是 CMA 的特定部分,然而在 ZSA 和 PRA 中可能忽略潜在的共模影响。当 ZSA 和 PRA 辨识出潜在的共模情况时,CMA 应该保证 ZSA 和 PRA 能

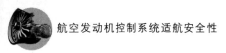

够涵盖所关注的问题。

❘ 参考文献 ❘

[1] SAE. ARP 4754 Certification considerations for highly-integrated or complex aircraft systems[S]. Warrendale, PA: SAE, 1996.

[2] SAE. ARP4761 Guidelines and methods for conducting the safety assessment process on civil airborne systems and equipment[S]. London-UK: SAE, 1996.

第 4 章

典型航空发动机控制系统安全性分析实例

| 4.1　功能危险分析(FHA) |

4.1.1　系统概述

　　某型发动机控制系统是全权限数字式控制系统(FADEC),根据驾驶员操纵指令实现对发动机的启动、停车、推力等各项控制,保护发动机不出现超温、超转、喘振等异常性现象和破坏性故障,实现驾驶员"无约束操纵"[1]。

　　其基本工作方式是:驾驶员由油门杆手柄、停车装置和发动机状态设置开关等装置输入飞机飞行所需的发动机状态,经过传感器转换成电信号后,通过 ARINC 429 总线传送给控制系统中的电子控制器(Engine Electronic Controller, EEC),作为控制指令。EEC 根据控制指令和传感器信号,由控制模式、运行状态和发动机调节规律计算所需的控制执行变量,亦即执行机构的电信号指令,并通过执行机构(作动器)进行物理实现,得到实际的物理控制信号,使发动机状态达到所需状态。座舱仪表则显示 EEC 反馈回来的各控制对象和控制目标的实际状态信息。

4.1.2　系统功能描述

　　对控制功能进行明确描述:

　　① 功能内容:该功能执行的任务;

　　② 功能启用:功能启用条件;

　　③ 工作范围:功能实施的预期参数范围和预期限制、环境条件;

　　④ 实现及装置:为完成此功能所使用的基本方法及装置。

1. 起动控制功能

（1）地面起动控制（见表 4－1）

表 4－1　地面起动控制介绍

功能内容	**冷运转阶段：** 在发动机静止状态下，由驾驶员发出指令，使发动机不供油地运转 50 s。 **油封启封阶段：** 在发动机静止状态下，由驾驶员发出指令，使发动机进行油封或启封。 **正常起动：** 在发动机静止状态下，由驾驶员发出指令，使发动机达到慢车状态
启用条件	**冷运转阶段：** (a)停车装置置于关闭位置； (b)油门杆置于慢车域； (c)点火开关置于"自动点火"位置； (d)飞机轮载信号为地面状态； (e)起动模式选择开关置于"冷运转/油封/启封"位置； (f)按下起动按钮 1 s。 **油封启封阶段：** (a)停车装置置于"打开"位置； (b)油门杆置于 50°~55°之间或以上位置； (c)点火开关置于"自动点火"位置； (d)飞机轮载信号为地面状态； (e)起动模式选择开关置于"冷运转/油封/启封"位置； (f)按下起动按钮 1 s。 **正常起动阶段：** (a)停车装置置于"打开"位置； (b)油门杆置于 50°~55°之间或以上位置； (c)点火开关置于"自动点火"位置； (d)飞机轮载信号为地面状态； (e)起动模式选择开关置于"正常起动"位置； (f)按下起动按钮 1 s
设计工作范围	地面停车状态
实现方法及装置	**冷运转阶段：** (a)0 s 时起动机风门电磁阀工作，输出"起动"信号； (b)50 s 时断开起动风门电磁阀，断开"起动"信号； (c)发动机不供油； (d)不输出点火指令。

实现方法及装置	**油封启封阶段：** (a)0 s 时起动机风门电磁阀工作,输出"起动"信号； (b)50 s 时断开起动机风门电磁阀,断开"起动"信号； (c)不输出点火指令； (d)按正常规律供油。 **正常起动阶段：** (a)0 s 时起动机风门电磁阀工作； (b)10 s 或 N_2(高压转子物理转速)>10％时,接通发动机燃烧室的点火装置； (c)当 N_2>18％或起动程序到 22 s 时向发动机燃烧室供油,发动机点火； (d)点火成功后,发动机转速增加,当 25 s 时或 $N_2 \geqslant 35％$时,切断发动机燃烧室的点火装置； (e)50 s 或 $N_2 \geqslant 53％$时,断开起动机风门电磁阀

(2) 空中起动控制(见表 4 - 2)

表 4 - 2 空中起动控制介绍

功能内容	**风车起动阶段：** 在发动机风车状态下,由驾驶员发出指令,使发动机达到空中慢车状态。 **起动机辅助风车起动阶段：** 在发动机风车状态下,由驾驶员发出指令,使发动机达到空中慢车状态。 **惯性自动起动阶段：** 在飞行过程中,若发动机意外熄火,则发动机通过该功能实现自动起动。 **手动连续点火：** 在飞机飞行过程中,如遇到恶劣的工作环境,为了保证发动机不熄火,飞行员可以将起动模式选择开关置于"手动连续点火"位置,使发动机手动连续点火,该点火模式是通过硬线与发动机点火系统连接
启用条件	**风车起动阶段：** (a)停车装置置于"打开"位置； (b)油门杆置于 $50° \sim 55°$ 之间； (c)点火开关置于"空中起动点火"位置； (d)飞机轮载信号为空中状态； (e)起动模式选择开关量"正常起动"位置。 **起动机辅助风车起动阶段：** (a)停车装置处于打开位置； (b)点火开关置于"自动点火"位置； (c)飞机轮载信号为空中状态； (d)起动模式选择开关置于"正常起动"位置； (e)按下起动按钮。

启用条件	惯性自动起动阶段： (a)停车装置于"打开"位置； (b)油门杆处于慢车或慢车以上位置； (c)N_2 下降到 N_{2r}(高压转子换算转速)转速的61%，并继续下降到 N_{2r} 转速的58%以下； (d)飞机轮载信号为空中状态； (e)起动模式选择开关于"正常起动"位置； (f)点火按钮置于"自动点火"位置。 **手动连续点火：** (a)停车装置于"打开"位置； (b)油门杆处于慢车或慢车以上位置； (c)点火开关置于"手动连续点火"位置
设计工作范围	**空中风车起动阶段：** 发动机空中熄火，且在发动机风车起动包线内。 **起动机辅助风车起动阶段：** 发动机空中熄火，且在发动机风车起动包线外。 **惯性自动起动阶段：** 空中熄火后，发动机转子靠惯性继续旋转，转速仍处于较高水平。 **手动连续点火：** 恶劣环境下，防止发动机丧失推力
实现方法及装置	**风车起动阶段：** 在风车自动起动包线内，0~50 s 或 N_2 转速的20%~53%；点火最小燃油流量为 182 kg/h；点火时间为 0~20 s。 (a)发动机点火 20 s； (b)按正常规律供油。 **起动机辅助风车起动阶段：** 在超出风车自动起动包线，且相对 N_2 转速小于 20%，或 PS_3 低于设定值时，0~50 s 或 N_2 转速的0~53%；点火最小燃油流量为 182 kg/h；点火时间小于 3 s。 (a)0 s 时起动机风门电磁阀工作，输出"起动"信号； (b)10 s 或 $N_2 \geqslant 10\%$ 时接通发动机燃烧室点火装置； (c)当发动机 $N_2 \geqslant 20\%$ 或起动程序到 22 s 时向发动机燃烧室供油，发动机点火； (d)点火成功后，发动机转速增加；当 25 s 或 $N_2 \geqslant 35\%$ 时，切断发动机燃烧室的点火装置； (e)到 50 s 或 $N_2 \geqslant 53\%$ 时，断开起动机风门电磁阀，并断开"起动"信号； (f)按正常规律供油； (g)起动机超转保护逻辑与地面状态相同。 **惯性自动起动阶段：** (a)发动机点火 8 s； (b)按正常规律供油； (c)只进行一次逻辑循环(按成功起动到慢车则可重新进行一次循环)。 **手动连续点火：** (a)持续点火； (b)按正常规律供油

2. 慢车控制功能（见表 4 - 3）

表 4 - 3 发动机慢车控制介绍

功能内容	使发动机转子转速维持地面或空中慢车状态。其中： 地面慢车：$N_{2r} = 66\%$； 空中慢车：$N_{2r} = 74\%$
启用条件	当发动机转子转速达到慢车转速时开始使用
设计工作范围	发动机慢车状态
实现方法及装置	通过使用油门杆与慢车调节计划（N_{2r} 转速闭环控制）来完成

3. 推力控制功能（见表 4 - 4）

表 4 - 4 发动机推力控制介绍

功能内容	保证发动机节流、起飞、最大连续、爬升、巡航等阶段的推力需求
启用条件	油门杆置于慢车以上域
设计工作范围	发动机节流、最大巡航、爬升、最大爬升、连续、最大连续、起飞、最大起飞以及反推节流及反推最大状态
实现方法及装置	通过使用油门杆与相应的调节计划来完成

4. 停车控制功能

（1）正常停车控制（见表 4 - 5）

表 4 - 5 正常停车控制介绍

功能内容	在发动机慢车转速下，由驾驶员发出指令，使发动机停车
启用条件	(a)油门杆置于慢车域 (b)停车装置置于"关闭"位置
设计工作范围	发动机慢车状态
实现方法及装置	立即停止向燃烧室供油

（2）紧急停车控制（见表 4 - 6）

表 4 - 6 紧急停车控制介绍

功能内容	在发动机慢车以上状态下，由驾驶员发出指令，使发动机紧急停车
启用条件	(a)油门杆在慢车以上任意位置； (b)停车装置置于"关闭"位置

设计工作范围	发动机慢车以上状态
实现方法及装置	驾驶员发出停车指令后立即执行切断供油操作,VBV、VSV 按照减速规律变化,直至发动机停止转动。 (a)立即停止向燃烧室供油; (b)VSV、VBV 按减速规律控制

5. 加减速控制功能(见表 4 - 7)

表 4 - 7　加减速控制功能介绍

功能内容	通过改变燃油供应量来完成发动机转子转速的加减速,从而改变发动机的推力
启用条件	发动机正常起动时开始启用
设计工作范围	全工作状态
实现方法及装置	使用油门杆及加减速调节计划来完成

6. HPTACC 控制功能(见表 4 - 8)

表 4 - 8　HPTACC 控制功能介绍

功能内容	通过调节机匣外壁的冷却空气量及 5 级、9 级引气比例,使控制机匣与转子叶尖间隙保持在可接受的范围
启用条件	慢车状态:9 级引气; 巡航状态:5 级引气; 爬升状态:5 级与 9 级混合空气流; 起飞状态:9 级空气流; 发动机停车时,关闭 5 级空气活门,打开 9 级空气活门
设计工作范围	发动机慢车、起飞、爬升、巡航状态及停车过程
实现方法及装置	通过高压压气机 5 级和 9 级引气控制阀、机匣、冷却管组件来实现

7. 发动机状态参数限制功能

(1) 转速限制(见表 4 - 9、表 4 - 10、表 4 - 11)

表 4 - 9　N_1 转速限制介绍

功能内容	通过降低燃油流量,将 N_1 降低至门限值以下
启用条件	N_1 超出 N_{1limit}(N_1 的限制值)=5 160 rpm 时,N_1 限制功能启用
设计工作范围	FADEC 运行时全程工作

续表 4 - 7

实现方法及装置	FADEC 通过 N_1 传感器监测 N_1 数值。当转速大于门限值 5 160 rpm 时，N_{1limit} 回路在经过燃油流量比小选择后开始掌控发动机，使供给燃烧室的燃油流量减小，使 N_1 转速不超过门限值

表 4 - 10　N_2 转速限制介绍

功能内容	通过降低燃油流量，将 N_2 降低至门限值以下
启用条件	N_2 超出 N_{2limit} N_2 的限制值＝15 183 rpm 时，N_2 限制功能启用
设计工作范围	FADEC 运行时全程工作
实现方法及装置	FADEC 通过 N_2 传感器监测 N_2 数值。当转速大于门限值 15 183 rpm 时，N_{2limit} 回路在经过燃油流量比小选择后，开始掌控发动机，使供给燃烧室的燃油流量减小，使 N_2 转速不超过门限值

表 4 - 11　N_{1r} 转速限制介绍

功能内容	通过降低燃油流量，将 N_{1r}(低压转子换算转速)降低至门限值以下
启用条件	$N1_r$ 超出 $N_{1rlimit}$(N_{1r} 的限制值)＝5 250 rpm 时，N_{1r} 限制功能启用
设计工作范围	FADEC 运行时全程工作
实现方法及装置	FADEC 通过 N_1 和 T_2(压气机进口温度)传感器计算 N_{1r} 数值。当 N_{1r} 大于门限值 5 250 rpm 时，和操纵信号形成的燃油流量指令比小后，控制算法给出减小燃油流量的指令，限制指令发送给燃油控制阀，使燃油流量减小，$N1_r$ 降低

(2) 温度限制(见表 4 - 12)

表 4 - 12　发动机排气温度限制介绍

功能内容	通过降低燃油流量，将 T_{495}(低压涡轮导向器出口温度)降低至门限值以下
启用条件	(a)起飞状态排气温度大于 $T_{495limit}$＝905 ℃时启用； (b)最大连续状态及以下排气温度大于 $T_{495limit}$＝875 ℃时启用
设计工作范围	FADEC 运行时全程工作
实现方法及装置	FADEC 通过 T_{495} 传感器监测 T_{495} 数值。当 T_{495} 大于门限值时，和操纵信号形成的燃油流量指令比小后，控制算法给出减小燃油流量的指令，限制指令发送给燃油控制阀，使燃油流量减小，使 T_{495} 不超过门限值

(3) PS_3 限制(见表 4 - 13)

表 4 - 13　PS_3 限制介绍

功能内容	通过降低燃油流量，将 PS_3(压气机出口静压)降低至门限值以下
启用条件	PS_3 大于 3.5 MPa 时启用
设计工作范围	FADEC 运行时全程工作

续表 14 – 3

实现方法及装置	FADEC 通过 PS_3 传感器监测 PS_3 数值。当 PS_3 大于门限值时,和操纵信号形成的燃油流量指令比小后,控制算法给出减小燃油流量的指令,限制指令发送给燃油控制阀,使燃油流量减小,使 PS_3 不超过门限值

8. 反推装置控制功能(见表 4 – 14)

表 4 – 14 反推装置控制功能介绍

功能内容	在着陆阶段或起飞阶段,根据驾驶员指令以及轮载信号,产生与飞行方向相反的推力,使飞机减速
启用条件	在中断起飞或着陆阶段,由驾驶员发出指令打开反推装置
设计工作范围	飞机着陆阶段及中断起飞阶段
实现方法及装置	该功能通过操纵油门杆、停车装置给出反推指令,并由数控系统控制反推装置

9. 系统故障诊断与重构

(1) 故障诊断(见表 4 – 15)

表 4 – 15 故障诊断介绍

功能内容	通过监测发动机各部件工作状态的数据,判断其发展趋势,及对所发生的故障做出诊断结论或预报即将发生的故障,以保证飞行安全
启用条件	FADEC 上电时
设计工作范围	FADEC 工作全过程
实现方法及装置	软件、转换器等

(2) 重构(见表 4 – 16)

表 4 – 16 重构介绍

功能内容	当传感器、执行机构故障时,通过修改控制算法,采用功能相近的传感器信号、数学模型输出等完成对发动机的控制目标
启用条件	当 FADEC 判别出控制系统出现故障时
设计工作范围	FADEC 工作全过程
实现方法及装置	利用软件计算实现对传感器的故障检测、隔离,以及相关信号的重新生成,以保证控制系统能够继续安全可靠的工作

10. 状态监视与告警

(1) 监　视

1) 状态参数监视(见表 4-17)

表 4-17　状态参数监视介绍

功能内容	健康管理器通过 EEC 传来的发动机状态参数对发动机健康情况进行监测和判断,其判断结果用于告警、限制和重构。监测的发动机状态参数包括:发动机进口总温、低压转子转速、高压转子转速、高压压气机进口总温、高压压气机出口静压、发动机低压涡轮第二级导向器进口排气温度、增压级后可调放气活门开度、高压压气机进口可调静子叶片角度、高压涡轮主动间隙控制活门开度、油门杆角度、燃油流量、反推装置位置
启用条件	FADEC 运行时监视功能即启用
设计工作范围	FADEC 运行时全程工作
实现方法及装置	EEC 为健康管理器提供控制传感器相关参数,健康管理器依据接收的数据对发动机运行参数进行监控,并对发动机的健康情况进行判断,判断结果通过总线发送给飞机

2) 燃油温度监视(见表 4-18)

表 4-18　燃油温度监视介绍

功能内容	EEC 监控通道对燃油温度进行监控和判断,判断结果用于燃油超温告警
启用条件	FADEC 运行时监视功能即启用
设计工作范围	FADEC 运行时全程工作
实现方法及装置	EEC 监控通道采集燃油温度传感器相关参数,并依据接收的数据对燃油温度进行监控和判断,判断结果通过 429 总线发送给飞机进行告警

3) 振动监视(见表 4-19)

表 4-19　振动监视介绍

功能内容	健康管理器通过 EEC 传来的发动机振动传感器参数对发动机振动进行监测和判断,其判断结果用于振动告警。监视内容包括:发动机中介机匣水平振动速度、No.1 支点轴承座垂直振动位移、涡轮后机匣垂直振动位移、涡轮后机匣水平振动速度
启用条件	FADEC 运行时监视功能即启用
设计工作范围	FADEC 运行时全程工作
实现方法及装置	EEC 为健康管理器提供相关位置振动传感器参数,健康管理器依据接收的数据对发动机振动情况进行监控和判断,判断结果通过 429 总线发送给飞机进行告警

4）滑油系统监视（见表 4 - 20）

表 4 - 20　滑油系统监视介绍

功能内容	EEC 监控通道对发动机滑油系统中的有关监视信号进行采集和判断处理,判断结果用于向机舱告警。滑油系统监视内容包括:滑油箱油位模拟量、滑油压差模拟量、滑油供油温度模拟量、滑油总回油温度模拟量、滑油中金属屑末开关量、滑油滤堵塞开关量
启用条件	FADEC 运行时监视功能即启用
设计工作范围	FADEC 运行时全程工作
实现方法及装置	EEC 监控通道对发动机滑油系统中的有关监视信号进行采集和判断处理,监控通道将处理和判断结果分别送到两个控制通道,从两个控制通道通过 429 总线发给飞机

（2）告　警

1）状态参数告警（见表 4 - 21）

表 4 - 21　$T_{495}/N_1/N_2$ 告警功能介绍

功能内容	(a)向座舱发出超温告警; (b)向座舱发出超转告警
启用条件	(a)当 T_{495} 高于 725 ℃时,功能启用;低于 680 ℃时,功能停止; (b)当 N_1 高于 101.4%时,功能启用;低于 101%时,功能停止; (c)当 N_2 高于 103%时,功能启用;低于 102.5%时,功能停止
设计工作范围	FADEC 运行时全程工作
实现方法及装置	(a)温度传感器采集发动机的 T_{495},通过 EEC 判断是否超温后,决定是否发出告警信号; (b)转速传感器采集发动机的 N_1/N_2,通过 EEC 判断是否超转后,决定是否发出告警信号

2）燃油超温告警（见表 4 - 22）

表 4 - 22　燃油超温告警功能介绍

功能内容	向座舱发出超温告警
启用条件	高压泵燃油进口温度超过 110 ℃时,发出发动机燃油超温信号给飞机座舱;低于 100 ℃时,停止超温信息发送
设计工作范围	FADEC 运行时全程工作
实现方法及装置	温度传感器采集燃油管路的温度值,通过 EEC 判断是否超温后,决定是否发出告警信号

3）滑油温度告警（见表 4 - 23）

表 4 - 23　滑油超温告警功能介绍

功能内容	向座舱发出超温告警
启用条件	若滑油总回油温度超过(180±6)℃,则发出滑油超温信号; 若滑油供油温度超过(150±6)℃,则发出滑油超温告警

续表 4 - 23

设计工作范围	FADEC 运行时全程工作
实现方法及装置	温度传感器采集燃油管路的温度值,通过 EEC 判断是否超温后,决定是否发出告警信号

4)金属屑告警(见表 4 - 24)

表 4 - 24 滑油中有金属屑告警功能介绍

功能内容	向座舱发出超温告警
启用条件	若滑油中有金属屑,则发出滑油中有金属屑告警
设计工作范围	FADEC 运行时全程工作
实现方法及装置	永磁铁探头收集滑油中金属屑,通过 EEC 判断后发出告警信号

5)供油滤堵塞告警(见表 4 - 25)

表 4 - 25 供油滤堵塞告警功能介绍

功能内容	向座舱发出超温告警
启用条件	若滑油供油滤压差信号有效时,发出供油滤堵塞信号告警
设计工作范围	FADEC 运行时全程工作
实现方法及装置	压力传感器测量滤网两端压力,通过 EEC 比较、判断后发出告警信号

6)回油滤堵塞告警(见表 4 - 26)

表 4 - 26 回油滤堵塞告警功能介绍

功能内容	向座舱发出超温告警
启用条件	若滑油回油滤压差信号有效时,发出回油滤堵塞信号告警
设计工作范围	FADEC 运行时全程工作
实现方法及装置	压力传感器测量滤网两端压力,通过 EEC 比较、判断后发出告警信号

11. 数据记录(见表 4 - 27)

表 4 - 27 数据记录介绍

功能内容	对发动机的工作参数进行记录
启用条件	开始记录条件为:按下"起动"按钮时,记录结束条件为:轮载信号在地面且 N_2 小于 5%
设计工作范围	发动机运转时
实现方法及装置	发动机监视参数通过总线发送给飞机,正常连续记录由电子控制器监视通道来完成(记录速率为 8 次/s)。在探测出某一事件时,进行一次短时快速记录,记录时间为 30 s(记录时间前 10 s 和事件后 20 s 的信息),记录速率为 16 次/s

4.1.3　系统功能失效状态辨识

系统功能失效状态是功能所处的一种状态,功能的这种状态直接或间接地对发动机产生影响。对失效状态的分析须考虑发动机的运行阶段等[2]。

发动机控制系统功能失效状态辨识的目的是对功能或功能组合可能发生的故障或失效对发动机的影响进行分析,并将对发动机影响的严重程度作为影响严重性等级划分和失效概率要求确定的依据。

1. 系统功能失效状态辨识原则

前述给出的发动机控制功能实现是通过燃油、几何参数调节等控制实施方式执行所需的调节计划,以保证发动机安全、可靠地执行既定任务,从而从控制系统功能的实施入手,进行控制系统功能失效状态辨识。发动机控制系统功能实施的描述如表 4 – 28 所列。

表 4 – 28　发动机控制系统功能实施的描述

功能编号	发动机对数控系统的功能要求	控制实施
1	发动机起动控制(含空中、地面)	起动机控制
		燃油控制
		点火控制
		VBV 控制
		VSV 控制
2	发动机慢车控制	燃油控制
		VBV 控制
		VSV 控制
3	发动机推力控制 (节流、起飞、最大连续、爬升、巡航等)	燃油控制
		VBV 控制
		VSV 控制
4	停车控制 (含紧急停车)	燃油控制
		VBV 控制
		VSV 控制
5	加减速控制	燃油控制
		VBV 控制
		VSV 控制
6	发动机状态参数限制	燃油控制

续表 4 - 28

功能编号	发动机对数控系统的功能要求	控制实施
7	N₂机械超转限制	燃油控制
8	高压涡轮主动间隙控制	HPTACC 控制
9	反推控制	反推解锁控制
10	伺服燃油加热	
11	对发动机滑油进行冷却	
12	对飞机交流发电机滑油进行冷却	
13	滑油过热回油功能	
14	数控系统故障诊断与重构	
15	发动机状态监控	控制系统监视告警
		发动机监视告警
16	数据记录	数据记录
17	机上和地面维护	机上和地面维护

2. 失效状态

依据功能实施的具体特点对其失效状态进行辨识,典型失效状态辨识结果如图 4 - 1 所示。

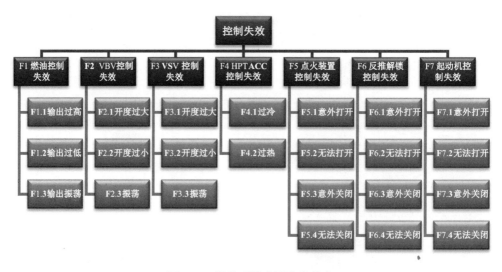

图 4 - 1　数控系统典型失效状态

对于监视告警功能而言,其失效状态主要考虑虚警情况。

4.1.4　运行阶段定义

在控制过程中存在不同的调节计划（如稳态调节、加/减速调节等）；同时在某些极限工况（如最大起飞状态）下，由于控制功能的异常导致发动机安全性与性能都发生改变，所以进行控制系统功能危险分析时，应有能够反应发动机运行状态的基准[3]，故依照发动机的特点将油门杆角度划分为以下 31 个状态，如表 4－29 所列。

表 4－29　发动机运行状态

冷运转	紧急停车	节流加速	连续加速
油封启封	反推最大	节流减速	连续减速
正常起动	反推节流稳态	最大巡航稳态	最大连续稳态
手动连续点火	反推节流加速	爬升稳态	起飞稳态
惯性自动起动	反推节流减速	爬升加速	起飞加速
风车起动	反推慢车稳态	爬升减速	起飞减速
起动机辅助的风车起动	正推慢车稳态	最大爬升稳态	最大起飞稳态
正常停车	节流稳态	连续稳态	

4.1.5　失效分级原则

航空发动机功能失效的危险事件等级划分如表 4－30 所列。

表 4－30　航空发动机失效影响等级划分

失效等级	失效影响	最大允许发生概率/每飞行小时
危害性的发动机影响	以下发动机失效被认为是危害性的发动机影响： (1) 高能碎片非包容； (2) 客舱用发动机引气中有毒物质浓度足以使机组人员或乘员失去能力； (3) 与驾驶员指令方向相反的相当大的推力； (4) 不可控的着火； (5) 发动机安装系统失效，导致发动机意外脱开； (6) 完全失去发动机停车能力	$10^{-9} \sim 10^{-7}$ （单失效为 10^{-8}）

失效等级	失效影响	最大允许发生概率/每飞行小时
重大的发动机影响	以下发动机失效被认为是重大的发动机影响： (1) 受控的着火(即通过关闭发动机或采用机载灭火系统控制)； (2) 可以表明不会引起灾难性事故的机匣烧穿； (3) 可以表明不会引起灾难性事故的低能量部件飞出； (4) 会引起机组不舒服的振动； (5) 座舱从发动机引来的空气中有毒气体的浓度足以降低机组的操纵能力； (6) 与驾驶员指令方向相反的推力,但低于规定的危险水平； (7) 发动机支承系统传力路径的完整性丧失,但发动机没有脱开； (8) 产生的推力大于最大额定推力； (9) 相当大的不可控推力振荡； (10) 引起发动机转子严重超转； (11) 过量供油导致发动机燃烧室失控燃烧,引起发动机着火、严重超温损毁等； (12) 电子控制器着火,引起发动机着火； (13) 控制系统故障引起发动机发生深度喘振,引起发动机损伤； (14) 控制系统故障引起发动机转子碰磨,导致发动机损伤； (15) 在所有运行条件下,在飞行慢车和90%最大额定推力之间调节和保持推力的能力丧失,且其发生的频率超出了安全目标所要求的范围； (16) 其他的严重性在危害性与轻微的发动机影响之间的影响	10^{-5}
轻微的发动机影响	(1)在已发生发动机失效事件的基础上,补救措施失效所带来的影响； (2) 引起发动机稳定工作裕度的下降； (3) 对发动机的安全性影响极小,可能轻微增加机组人员的操作负担	10^{-3}

注:失效分级参考 FAR 33.75(Amdt. 33－24)及 FAA AC 33.75－1A。

4.1.6　参考的支持资料

参考的支持资料包括以下两种情形：

① 失效状态的影响及其分级不能直接推断确定时,该栏中须给出用于对失效状态影响及分级结果的正确性证明的相关材料,如分析报告,仿真、试验或试飞证明等；

② 如失效影响分析中考虑了机组或地面人员可采用某一操作方法或流程用来

减小该失效状态可能导致的危险时,该栏中须给出引用的设计文件。

4.1.7　分析/验证方法

分析/验证方法主要是指进一步分析所采用的定性、定量分析方法,以及提出的合格审定/验证方法或技术建议。对于每一个失效状态,应确定系统如何满足安全性目标。图 4-2 所示为规定了相关失效状态所必需的安全性目标验证方法。失效状态等级和所需安全性分析验证方法的对应关系如表 4-31 所列。

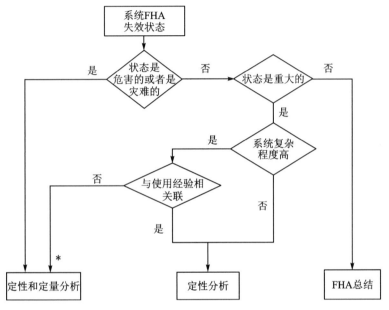

* 可使用在严格程度和完整程度方面都比灾难性的或危险性的失效状态分析
　所用方法要低的方法,对重大的失效状态进行满意的分析。

图 4-2　安全性目标验证方法

表 4-31　失效状态等级和所需安全性分析验证方法

失效状态等级	所需安全性分析验证方法
危害性	定量 FTA 定量 FMEA CCA
重大的	定性 FTA 定性 FMEA CCA
轻微的	FHA 摘要
无影响的	—

4.1.8 拟采取的设计建议

通过修改拟采取的初步设计(如余度设计)、设置告警、制定机组或地面维护要求等来降低每个失效状态的影响。

4.1.9 功能危险分析摘要

① 根据某型发动机控制系统功能失效状态统计的多影响等级所占比例如图 4-3 所示;

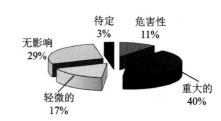

图 4-3 功能危险分析中各影响等级所占比例

② 控制系统所有的危害性失效状态见表 4-32。危害的主要表现为:控制系统失效引起的发动机超温、超转,反推装置异常、停车功能丧失等现象,进而引起发动机实体高能碎片不包容、与驾驶员指令方向相反的相当大的推力、不可控的火情、完全失去发动机停车能力等危险状态[4];

③ 控制系统重大的失效状态见表 4-33。重大影响的主要表现如下:控制系统失效引起的发动机超温、超转、贫富油熄火、喘振、反推装置异常、停车功能丧失以及 LOTC 等现象,进而引起发动机实体受控的着火(即通过关闭发动机或采用机载灭火系统控制)、可以表明不会引起灾难性事故的机匣烧穿、可以表明不会引起灾难性事故的低能量部件飞出、会引起机组不舒服的级别的振动、在定义为危险级别之下的与驾驶员指令方向相反的推力、产生的推力大于最大额定推力、相当大的不可控推力震荡等危险状态;

④ 对于重大的失效状态,在系统设计时应使其发生概率分别低于要求的概率值上限;

⑤ 表 4-34 给出针对不同的失效状态的设计建议。

表 4-35 所列为该型发动机控制系统 FHA 结果。

表 4-32 危害性的功能失效状态

编 号	数控系统功能	失效状态	工作阶段
3	发动机推力控制	燃油控制输出过高且未告警	反推最大稳态
3	发动机推力控制	燃油控制输出过高且未告警	最大起飞稳态
3	发动机推力控制	燃油控制输出振荡且未告警	反推最大稳态
3	发动机推力控制	燃油控制输出振荡且未告警	最大起飞稳态
4	停车控制	燃油控制输出过高且未告警	正常停车,紧急停车
4	停车控制	燃油控制输出振荡且未告警	正常停车,紧急停车

续表 4 - 32

编　号	数控系统功能	失效状态	工作阶段
5	加减速控制	燃油控制输出过高且未告警	反推节流加速,节流加速,爬升加速,连续加速,起飞加速
6	发动机状态参数限制	燃油控制输出过高且未告警	反推最大稳态,最大起飞稳态
6	发动机状态参数限制	燃油控制输出振荡且未告警	反推最大稳态,最大起飞稳态
7	N_2 机械超转限制	燃油控制输出过高且未告警	反推最大稳态,最大起飞稳态
7	N_2 机械超转限制	燃油控制输出振荡且未告警	反推最大稳态,最大起飞稳态

表 4 - 33　重大的失效状态

编　号	数控系统功能	失效状态	工作阶段
3	发动机推力控制	燃油控制输出过高且告警	反推最大稳态,反推节流稳态,节流稳态,最大巡航稳态,爬升稳态,最大爬升稳态,连续稳态,最大连续稳态,起飞稳态,最大起飞稳态
3	发动机推力控制	燃油控制输出过低且告警	反推最大稳态,反推节流稳态,节流稳态,最大巡航稳态,爬升稳态,最大爬升稳态,连续稳态,最大连续稳态,起飞稳态,最大起飞稳态
3	发动机推力控制	燃油控制输出振荡且告警	反推最大稳态,反推节流稳态,节流稳态,最大巡航稳态,爬升稳态,最大爬升稳态,连续稳态,最大连续稳态,起飞稳态,最大起飞稳态
⋮	⋮	⋮	⋮

表 4 - 34　FHA 中提出的设计建议

失效状态	设计建议
⋮	⋮
燃油、VBV、VSV 控制振荡	(1)对于燃油、VBV、VSV、HPTACC 控制在各发动机工作阶段输出振荡,应保证调节计划的正确实施; (2)当振荡出现时,应及时发现且纠正,或采用备用的调节计划; (3)针对由于调节计划频繁转换过程中产生的振荡,建议采取措施限制过于频繁的转换; (4)针对由于调节计划转换时突变而引起的振荡,建议在调节计划间转换时,采取较为平滑的切换方式; (5)针对控制振荡的产生,调节计划的转换应进行速率限制
点火装置控制异常	增加点火是否成功的监测功能
起动机控制异常	增加起动机转子转速监视与告警功能
⋮	⋮

表 4 - 35　控制系统 FHA 结果示例

功能编号	数控系统功能	失效状态	工作阶段	失效对发动机的影响	影响等级	参考的支持资料	备注
3	发动机推力控制功能						
3 - F1.1		燃油控制输出过高且告警	反推最大稳态	发动机产生不期望的、过高的反推力，同时发动机超温可能超转/超转子非包容，进而引起。若此时及时告警，驾驶员可采取相应措施避免灾害性事故的发生	重大的		
			反推节流稳态、节流稳态、最大巡航稳态、最大爬升稳态、连续稳态、起飞稳态	发动机产生不期望的、过高的推力。无法告警	重大的		
			最大起飞稳态	发动机产生不期望的、过高的推力。同时发动机可能超温/超转，进而引起发动机热损伤/高能转子非包容；若环境压力较高且飞行速度较高，可能引起发动机压比 PS₃ 超压。若及时告警，驾驶员会采取相应的措施降低这种灾害性的可能，但会增大驾驶员的操作负担	重大的		
3 - F1.2		燃油控制输出过低且告警	反推最大稳态	可能引起发动机反推力小于期望值。无法告警	重大的		
			反推节流稳态	可能引起发动机反推力小于期望值。无法告警	重大的		
			节流稳态、最大巡航稳态、最大爬升稳态、连续稳态、最大起飞稳态、起飞稳态	可能引起发动机推力小于期望值。无法告警	重大的		

| 4.2　故障树分析(FTA) |

4.2.1　FTA 方法和内容

　　PSSA 评估首先需要深入了解系统架构和设计方案,并在此基础上以 FHA 输入给 PSSA 的功能失效状态作为顶事件,构造定性故障树[5]。

　　定性故障树反映了系统内各项目失效是如何引起系统功能失效的;通过将顶事件的最大允许发生概率自顶向下分解到对项目的要求,并依据工业实际可达到的失效模式发生率水平对故障树进行定量分析、评估。

　　若现有工业水平无法满足安全性概率指标分解的结果要求,则需要对概率指标要求进行重新分配协调,若仍无法满足,则需更改系统架构方案;若安全性概率指标分解的结果使得在现有的工业水平下,系统架构方案能够满足顶层安全性概率要求,则可由分析过程形成对项目详细设计和系统安装设计的安全要求,作为 PSSA 的输出。

1. 定性故障树构造

　　FTA 是针对某一顶层事件,依据导致其发生所需原因的逻辑和层级关系,构建树形因果关系模型对安全性进行分析的方法。FTA 是一种演绎性的失效分析方法,以 FHA 中辨识出的特定不期望事件作为顶事件,对导致顶事件发生的原因进行逐层、自顶向下的推理和分解,从而确定导致顶层不期望事件的基本事件。定性故障树的构造是 PSSA 后续所有分析的基础[6]。

　　ARP 4761 对定性故障树构造的要求包含以下原则:

　　① 对事件的描述语言要求清晰、准确。事件描述要明确三大要素:什么部件、在什么时候、发生了什么失效模式。

　　② 定性故障树分析深度的确定以有用且够用为原则,当所分析的深度已经足够证明满足顶层安全要求时,建议分析人员不再继续向下分析。

　　ARP 4761 对定性故障树的构造建议了如下方法:

　　① 以简洁、明确的表达陈述顶层不期望事件(及其允许失效概率的安全性目标);

　　② 展开故障树的上层和中间层,确定对于引发顶事件而言为直接、必要和充分的最少中间失效和失效组合,用相应的故障树逻辑将它们相互连接,并延伸每一失效事件到下一更低的层次;

　　③ 向下展开每一失效事件,相继通过更细化的各系统设计层次,直到确定根本原因或者直到确信不必要再进一步展开为止。

在进行本系统的故障树构造时,应从完成功能的工作流程及部件间协作关系的角度进行逐层划分,将能导致 FHA 分析结果中不可接受的功能丧失提炼为适合于进行故障树分析的顶事件,然后依照如下流程进行逐级分析:

① 将实现系统功能工作流程中的最下游部件故障作为顶事件的下一级事件,并以合适的逻辑门与顶事件连接;

② 对任一部件的故障,从部件本体、能量来源、信息来源三个要素的角度进行分解,也可根据系统特点合并以上要素中的部分或全部;

③ 得到能造成此部件故障的相关系统或其他部件故障,重复步骤②,直至分解到底事件。

对于存在余度和部件安全设计的系统,在进行故障树分析时要充分考虑余度和安全性设计对顶事件的影响。

2. 敏感性分析

由于受评估中所用定量数据采样来源的限制(统计不确定性)、数据获得途径和它们实际应用途径不同的限制(容差不确定性),用于 FTA 定量评估的数据具有相当的不确定性。对数据不确定性的评估有两种方法:敏感性分析和正式的不确定性分析。

在敏感性分析中,对组件失效率的一个输入数据参数进行改变,并对其导致的顶事件发生概率变化进行评估。实际中,可对同一参数使用不同的数值或改变不同的参数,重复上述过程对其进行评估。

3. 概率指标分配

概率指标分配是由顶层安全要求向项目安全要求的转化过程。传统可靠性领域有较为成熟的可靠性指标分配方法,对传统的可靠性指标分配方法进行的比较分析结果见表 4-36。

表 4-36　可靠性指标分配方法比较

分配方法	核心原理	优　点	缺　点	对 PSSA 概率指标分配的适用性分析
无约束均分法	假设系统所有组成单元可靠性水平均相同,与门、或门事件概率要求都直接均分	简单易行,基本可靠性或任务可靠性均可分配	假设不合理,仅用于在方案阶段粗略评估	在子事件特性完全相同的情况下,可采用均分法;其他情况下应用不太合理

续表 4 - 36

分配方法	核心原理	优　点	缺　点	对 PSSA 概率指标分配的适用性分析
无约束评分法	对影响可靠性的几种因素评分,并对评分值进行综合分析以获得各单元之间的可靠性相对比值,依据相对比值对可靠性指标进行分配。一般考虑复杂程度、技术水平、工作事件、环境条件	可在可靠性数据非常缺乏的情况下,通过有经验的设计人员或专家进行评分和可靠性指标分配	仅用于基本可靠性或串联系统的任务可靠性,无法处理系统中具有并联环节时的任务可靠性	对单纯或门子事件的安全概率要求指标分配可借鉴该方法,但串联系统中的某一模块可能服务于多个功能,具有高于其他模块的重要性,该方法无法反映模块重要性的特点
比例组合法	新系统与老系统结构和组件非常相似,且当老系统的可靠性相关数据已知时,使用老系统数据和一个比例因子对新系统可靠性指标进行分配	分配时直接参考现有故障率数据,分配结果能保证较好的可实现性	需要部件具有较详实的可靠性实际数据才能有效进行,且要求新系统与老系统结构相似	基本思路可借鉴,但需要系统各部件的失效率基本数据
考虑重要度和复杂度的分配方法	同时考虑分系统或部件的复杂度和重要度,所分配的可靠性指标与分系统或部件的重要度成正比,与其复杂度成反比	可在可靠性数据非常缺乏的情况下,通过经验评估和系统结构特点进行评分和可靠性指标分配		可重点考虑
余度系统的比例组合可靠性分配法	改进的比例组合法,可应用于含有串、并、旁连等混合模型的可靠性指标分配	可对任务可靠性进行分配	需要老系统各组成单元的故障率值	基本思路可借鉴,但需要系统各部件的失效率基本数据
可靠度的再分配法	若所设计系统不能满足可靠度指标要求,须对各部件的可靠性指标进行再分配。将原来可靠度较低的分系统可靠度都提高到某个值,原来可靠度较高的分系统的可靠度仍然保持不变	用于对已有可靠性分配方案的设计改进		初步分配时不适用,但在重新分配的迭代过程中可借鉴该方法

由表 4 - 36 的分析可知,无约束均分法假设不合理,仅适用于在方案阶段的粗略评估;在缺乏历史数据的情况下,比例组合法、考虑重要度和复杂度的分配方法、余度系统的比例组合可靠性分配法不适用。

综上所述,在无历史数据条件下,进行 PSSA 安全指标分配时,无约束评分法较为适用。

（1）指标分配原则

在故障树中，由于中间事件的构成较为复杂，不易进行客观评分，故将评分的对象定义为底事件。

若能通过布尔简化表明故障树本质上存在不独立中间/底事件，则无法进行显式指标分配（指逐层向下分配）。此时，可采用隐式方法（假设底事件概率，根据假设计算顶事件概率；修正底事件发生概率，直至顶事件概率满足安全性要求为止）对该故障树的底事件进行安全指标分配。

（2）评分原则

对故障树中所有的底事件，列出事件主体，对各个事件主体按照以下评分原则进行评分，最终这一事件的总得分为各分项得分之积。

① 复杂程度。对故障树中所有的底事件，列出事件主体，根据复杂程度排序，进而得到分值。

② 技术水平。主要从继承性角度考虑：分为三个层次，分别是全继承、部分继承和全新，对应的分值范围分别为 1～3、4～7、8～10。

③ 工作时间。将工作时长分为三个层次，分别是全阶段、部分阶段和仅紧急时，对应的分值范围分别为 8～10、4～7、1～3。

④ 环境条件。从振动影响、温度影响和 E_3 影响三个角度对环境条件进行评分，其中：

振动影响共分三级，分别是无影响、轻微影响、重大影响，对应的分值分别为 1、2、3。

温度影响共分三级，分别是无影响、轻微影响、重大影响，对应的分值分别为 1、2、3。

E_3 影响共分三级，分别是无影响、轻微影响、重大影响，对应的分值分别为 1、2、3。

假设振动影响、温度影响、E_3 影响的最终得分分别为 X_1、X_2、X_3，则环境影响的最终得分参照以下计算公式得出：

$$环境影响最终得分 = \frac{X_1 \times X_2 \times X_3 - 1}{26} \times 9 + 1$$

⑤ 重要度。用偏差分析方法迭代确定。

（3）分配方法

对所有的底事件从复杂度、技术水平、工作时间、环境影响和重要度进行评分后，得到各个底事件的最终得分，即 $F = (X_1, X_2, \cdots, X_n)$（$n$ 为底事件总数，X_i 为第 i 个底事件的最终得分），对 F 进行归一化处理，得到 $f = (x_1, x_2, \cdots, x_n)$。

设一常数 C，初值为 1，以 C 乘以向量 f 得到向量 P，$P = Cf = C(x_1, x_2, \cdots, x_n)$。以 P 中的元素为底事件概率初值计算顶事件概率 P_{Top}。若 P_{Top} 不满足顶事件安全性要求，则修正系数 C，直至顶事件概率满足安全性要求为止。

4. 对底事件概率指标要求的可实现性校核

完成布尔简化和概率指标分配后,应根据已有的工业数据对架构设计是否能满足顶层安全要求进行校核评估,保证对各个项目失效模式分配的失效概率是实际可实现的。

评估应首先确定故障树中与基本事件相关的每一硬件的失效率。ARP 4761 建议:凡有可能,应根据已在外场使用的类似设备的失效率来确定基本事件中的失效率。若实际使用的失效率数据无法获得,则可采用工业界相关标准或手册中有关的失效率和/或模式分布作为对底事件中失效率发生率的估计。需要注意的是,尽管这些文件为某些部件类型的失效率预计提供了一定基础,但仍有许多装置类型未包括在这些文件中。这一点对于复杂的数字集成电路特别明显,这需要以逐个零件为基础,对它们加以考虑。确定数字装置失效模式,通常要求进行工程判断,并且对于复杂的数字集成电路,想要确定所有的失效模式几乎是不可能的。

在作为 SSA 部分的内容而执行 FTA 时,则可从相应的 FMEA/FMES 获得基本事件的失效率。

若已有数据表明无法满足安全性概率指标分解的要求,则需要对概率指标要求进行重新分配协调,或更改系统架构方案;若实际失效率数据可满足分配结果要求,则可由分析过程形成对项目详细设计和系统安装设计的安全要求,以此作为 PSSA 的输出。

4.2.2　某型发动机控制系统描述

发动机控制系统为双余度数字电子控制系统,用以实现发动机需求的所有控制功能,保证发动机在包线内不出现超温、超转、超压等现象,允许驾驶员无约束操纵发动机而不出现异常现象和破坏故障。FADEC 通过数字总线与飞机控制系统和显示报警系统通信,飞机油门杆通过硬件电气信号操纵发动机,依靠飞机停车装置的指令停车。

数控系统所实现的主要功能包括:

① 发动机起动控制(含空中、地面);

② 发动机慢车控制;

③ 发动机推力控制(节流、起飞、最大连续、爬升、巡航等);

④ 停车控制(含紧急停车);

⑤ 加减速控制;

⑥ 发动机状态参数限制;

⑦ N_2 机械超转限制;

⑧ 高压涡轮主动间隙控制;

⑨ 反推控制;

⑩ 数控系统故障诊断与重构；

⑪ 发动机状态监控；

⑫ 数据记录。

数控系统的主要工作原理为：驾驶员由油门杆手柄、停车装置和发动机状态设置开关等装置输入飞机所需的发动机状态信息，发动机状态需求值通过 429 总线和油门杆上的电信号传送给 FADEC 上的 EEC，以此作为控制指令。座舱仪表显示 EEC 反馈回来的各控制对象和控制目标的实际状态信号。

EEC 根据控制指令和传感器信号，由控制模式和发动机调节规律计算所需的 4 个控制变量。

EEC 将控制指令转化为各个执行机构的电指令，并通过作动器转换成实际的物理控制信号，最终使发动机状态稳定在飞机控制命令所需状态。

EEC 为 FADEC 的核心部件，其主要功能如下：

① 获取发动机控制目标值和运行状态值；

② 控制发动机状态。

具体包含：信号采集、控制计算、控制输出、状态监控。燃油泵调节器为一个液压作动筒的执行机构，控制燃油流量。

HMU N2 机械超转限制：$N_2 > 104\%$ 时，机械装置开始降低燃油供应，保证不超转。

HMU 中设有高压燃油切断阀，在发动机起动供油前保证燃油不输往发动机燃烧室。停车或紧急时，驾驶员可切断通往燃烧室的供油。

数控系统主要组成如下：

FADEC 分为状态控制系统、状态监控系统、燃油系统、电气系统四个子系统、主要组成部件如下：

① 状态控制和状态监控系统包括数字电子控制器（EEC）、T2 传感器、PT25 传感器、T495 传感器、N1 传感器、N2 传感器、燃油流量传感器、其他监视和控制传感器。

② 燃油系统包括燃油泵-调节器（含燃油泵组件、液压机械组件 HMU 等）、伺服燃油加热器、燃油返回装置、燃油喷嘴油滤、飞机交流发电机滑油散热器、燃滑油散热器、各几何控制作动筒、管路。

③ 电气系统包括点火电嘴、点火装置、点火电缆、FADEC 交流发电机、与空气起动机有关的控制电磁阀、电缆。

4.2.3 "燃油控制输出过大"失效状态 FTA

1. 分析输入

FHA 评估输入给 PSSA 的安全要求有：起飞最大稳态、燃油控制输出过大的发

生率应小于 10^{-8} 次/飞行小时。

2. 系统描述

燃油控制系统架构原理图如图 4-4 所示。

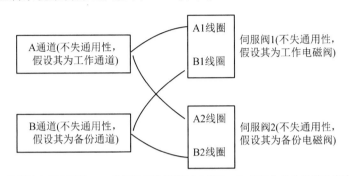

根据以上所有假设：Ax 线圈为工作通道对应线圈；Bx 线圈为备份通道对应线圈。

图 4-4   燃油控制系统架构原理框图

3. 分析流程

（1）构造定性故障树

对于存在余度和部件安全设计的系统，在进行故障树分析时要充分考虑余度和安全性设计对顶事件的影响。本例中，通过一系列条件门分析了在余度管理完好、余度管理故障两种条件下，可能引发顶事件的逻辑组合。

本系统其他部分的故障树分析按照正文中提出的分析原则进行。

故障树中的各逻辑门对应事件代号如表 4-37 所列，基本事件代号如表 4-38 所列。

依据系统架构和本功能的运行模式，对 FHA 输入 PSSA 的失效状态构造定性故障树，如图 4-5～图 4-13 所示。

表 4-37   故障树逻辑对应事件代号列表

逻辑门代号	逻辑门类型	事件名称
G0001	禁门	燃油供应量过高
G0002	禁门	在余度管理故障条件下供油量过高
G0003	或门	燃油计量活门开度过大导致供油量过高
G0004	或门	伺服燃油调节机构故障导致燃油供应量过高（电流输出不受控、电液伺服阀卡涩等）
G0005	或门	EEC 主控通道输出使计量活门开度过大的控制电流

续表 4 - 37

逻辑门代号	逻辑门类型	事件名称
G0006	或门	EEC 主控通道故障(导致 EEC 输出使计量活门开度过大的电流信号给主控电液伺服阀主控线圈)
G0007	或门	EEC 主控通道输入信号错误(使采集的计量活门开度比实际值小)
G0008	或门	燃油计量系统故障导致供油量过高
G0009	或门	主控通道硬件故障(输出使计量活门开度过大的电流)
G0010	或门	在余度管理完好的情况下燃油计量活门开度过大导致供油量过高
G0011	或门	伺服燃油调节机构故障导致燃油供应量过高(电流输出不受控、电液伺服阀卡涩等)
G0012	与门	A1、A2、B1、B2 线圈信号全部错误
G0013	或门	EEC 主控通道向主电液伺服阀主线圈输出使计量活门开度过大的控制电流
G0014	或门	EEC 主控通道故障(导致 EEC 输出使计量活门开度过大的电流信号给主控电液伺服阀主控线圈)
G0015	或门	EEC 主控通道输入信号错误(使采集的计量活门开度比实际值小)
G0016	或门	主控通道硬件故障(输出使计量活门开度过大的电流)
G0017	或门	EEC 主控通道向备份电液伺服阀主线圈输出使计量活门开度向过大方向动作的控制电流
G0018	或门	EEC 主控通道故障(导致 EEC 输出使计量活门过大的电流信号给主控电液伺服阀主控线圈)
G0019	或门	EEC 主控通道输入信号错误(使采集的计量活门开度比实际值小)
G0020	或门	主控通道硬件故障(输出使计量活门开度过大的电流)
G0021	或门	EEC 备份通道向主电液伺服阀备份线圈输出使燃油计量活门开度向较大方向运动的控制电流
G0022	或门	EEC 备份通道故障(导致 EEC 输出使计量活门过大的电流信号给主控电液伺服阀主控线圈)
G0023	或门	EEC 备份通道输入信号错误(使采集的计量活门开度比实际值小)
G0024	或门	备份通道硬件故障(输出使计量活门开度过大的电流)
G0025	或门	EEC 备份通道向备份电液伺服阀备份线圈输出使燃油计量活门开度向过大方向动作的控制电流
G0026	或门	EEC 备份通道故障(导致 EEC 输出使计量活门开度过大的电流信号给主控电液伺服阀主控线圈)
G0027	或门	EEC 备份通道输入信号错误(使采集的计量活门开度比实际值小)

逻辑门代号	逻辑门类型	事件名称
G0028	或门	备份通道硬件故障(输出使计量活门开度过大的电流)
G0029	与门	电液伺服阀滑阀卡死
G0030	与门	调理电路故障(使采集的计量活门开度比实际值小)
G0031	与门	调理电路故障(使采集的计量活门开度比实际值小)
G0032	与门	调理电路故障(使采集的计量活门开度比实际值小)
G0033	与门	调理电路故障(使采集的计量活门开度比实际值小)

表 4 - 38　故障树基本事件对应代号列表

基本事件代号	事件类型	事件名称
E0001	条件事件	N_2 机械限转活门故障(可靠性极高,对其他事件极有利)
E0002	基本事件	备份电液伺服阀备份线圈输出电路故障(输出使计量活门开度过大的电流)
E0003	基本事件	备份电液伺服阀主线圈输出电路故障(输出使计量活门开度过大的电流)
E0004	基本事件	备份通道 CPU 及外围电路故障(输出使计量活门开度过大的电流)
E0005	基本事件	备份通道电液伺服阀滑阀卡死
E0006	基本事件	备份通道调理电路故障(使采集的计量活门开度比实际值小)
E0007	基本事件	备份通道软件运算错误(输出过大燃油给定值)
E0008	基本事件	燃油计量活门故障导致供油量过高(卡涩、不受控的开大等)
E0009	基本事件	燃油压差调节器产生的压差偏大导致燃油供应量过大
E0010	基本事件	伺服燃油压力调节器故障导致伺服燃油压力无法满足降低燃油供应量的需求(输出压力不够,不足以驱动计量活门)
E0011	基本事件	位移解算器故障(使采集的计量活门开度比实际值小)
E0012	基本事件	由油门杆向 EEC 发出指令时,数据总线故障(使油门杆采集值过大)
E0013	条件事件	余度管理故障,导致无法启用备份控制(含无法启用通道和线圈)
E0014	基本事件	主电液伺服阀备份线圈输出电路故障(输出使计量活门开度过大的电流)
E0015	基本事件	主电液伺服阀主线圈输出电路故障(输出使计量活门开度过大的电流)
E0016	基本事件	主控通道 CPU 及外围电路故障(输出使计量活门开度过大的电流)
E0017	基本事件	主控通道电液伺服阀滑阀卡死
E0018	基本事件	主控通道调理电路故障(使采集的计量活门开度比实际值小)
E0019	基本事件	主控通道软件运算错误(输出过大的燃油给定值)

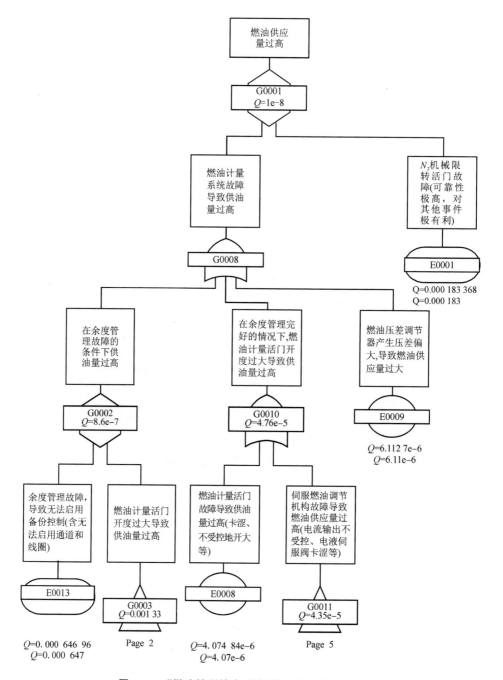

图 4-5 "燃油控制输出过大"失效状态故障树(一)

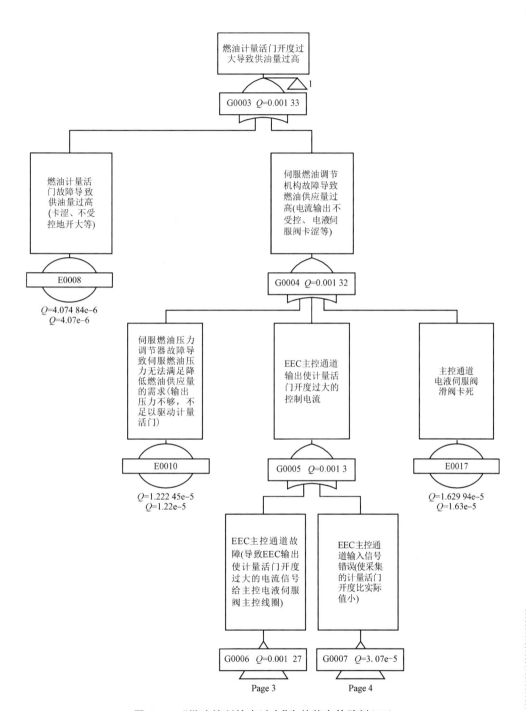

图 4 - 6　"燃油控制输出过大"失效状态故障树(二)

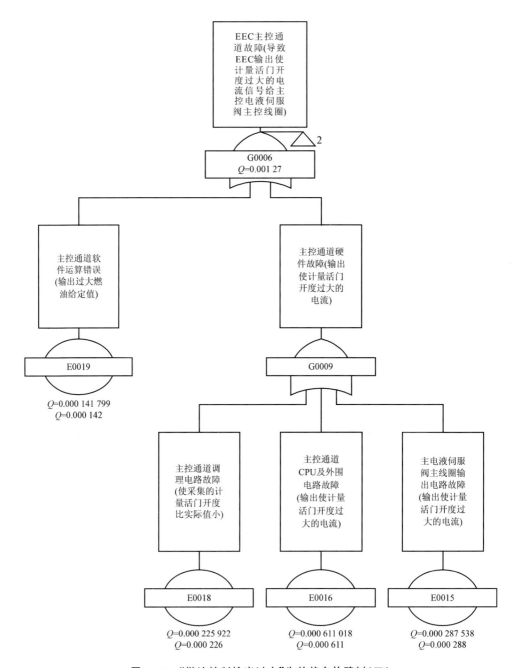

图 4-7 "燃油控制输出过大"失效状态故障树(三)

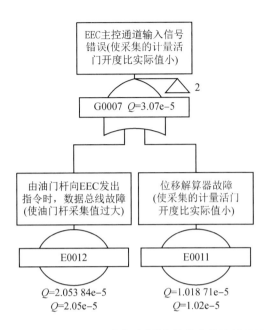

图 4-8 "燃油控制输出过大"失效状态故障树(四)

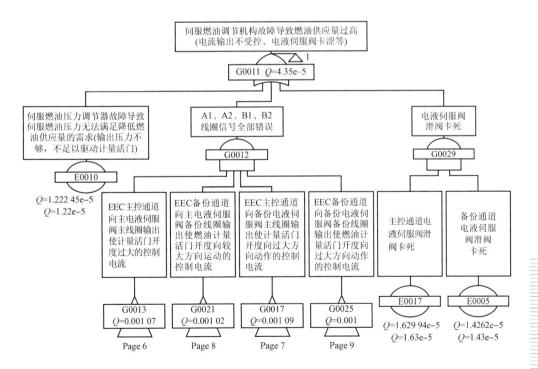

图 4-9 "燃油控制输出过大"失效状态故障树(五)

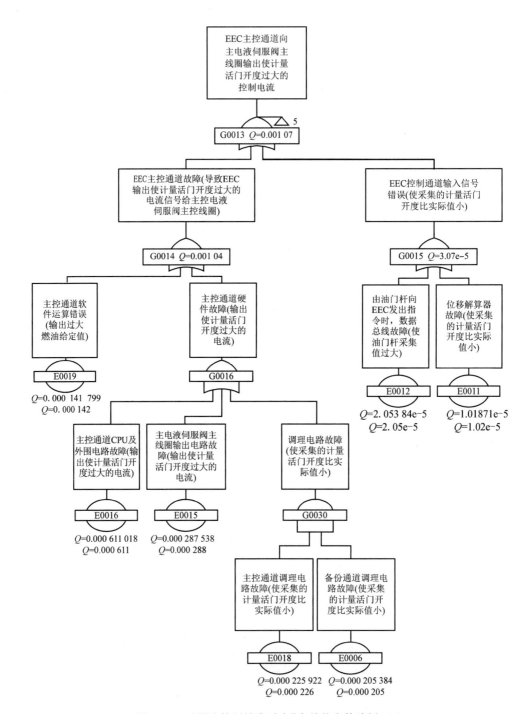

图 4 - 10 "燃油控制输出过大"失效状态故障树(六)

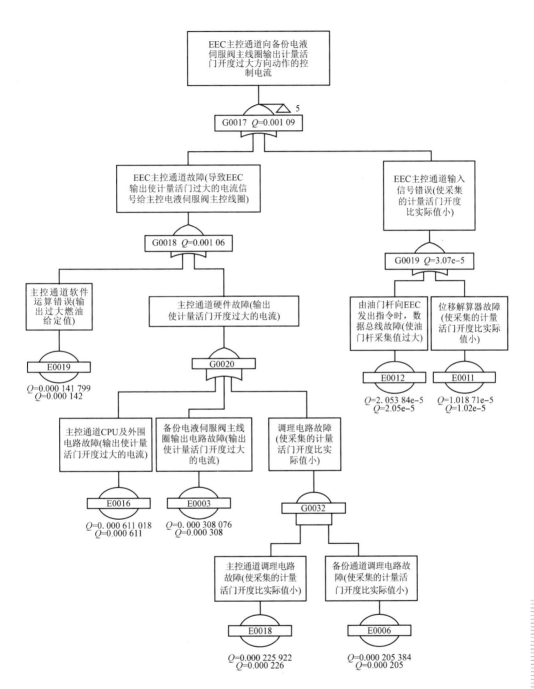

图 4-11　"燃油控制输出过大"失效状态故障树(七)

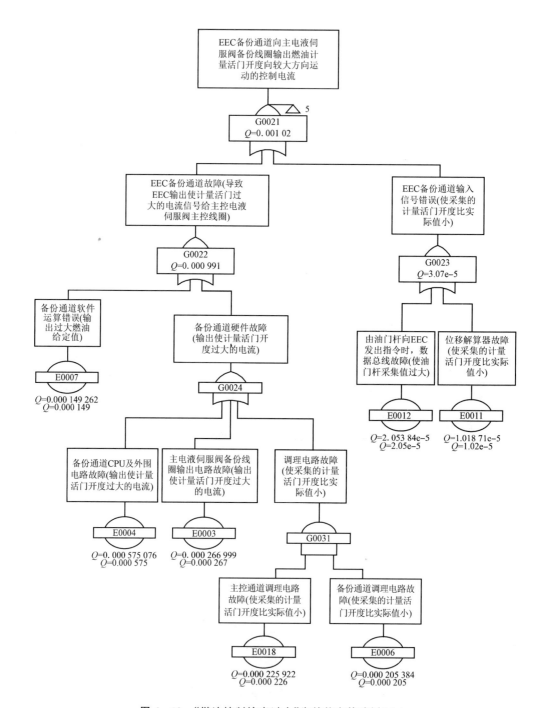

图 4 - 12 "燃油控制输出过大"失效状态故障树(八)

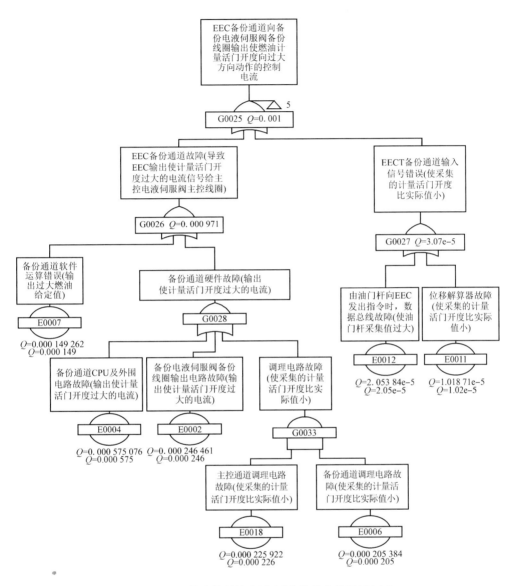

图 4 - 13 "燃油控制输出过大"失效状态故障树(九)

(2) 安全性概率要求指标分配

顶事件"燃油控制输出过大"的允许发生概率为 10^{-8}/飞行小时。依据本报告所确定的概率指标分配方法,对顶事件安全要求自顶向下地进行指标分配,分配结果如表 4 - 39 所列。

表4-39 安全性概率指标分配结果

部件	事件编号	失效模式	PSSA概率要求
余度管理	E0013	余度管理故障，导致无法启用备份控制（含无法启用通道和线圈）	6.47×10^{-4}
燃油计量活门	E0008	燃油计量活门故障导致供油量过高（卡滞，不受控的开大等）	4.07×10^{-6}
伺服燃油压力调节器	E0010	伺服燃油压力调节器故障导致伺服燃油压力无法满足低降燃油供应量的需求（输出压力不够，不足以驱动计量活门）	1.22×10^{-5}
位移解算器	E0011	位移解算器故障（使采集的计量活门开度比实际值小）	1.02×10^{-5}
数据总线	E0012	由油门杆向EEC发出指令时，数据总线故障（使油门杆采集值过大）	2.05×10^{-5}
主控通道软件	E0019	主控通道软件运算错误（输出过大的燃油给定值）	1.42×10^{-4}
主控通道电液伺服阀滑阀	E0017	主控通道电液伺服阀滑阀卡死	1.63×10^{-5}
燃油压差调节器	E0009	燃油压差调节器产生的压差大导致燃油供应量过大	6.11×10^{-6}
N_2 机械限转活门	E0001	N_2 机械限转活门故障（可靠性极高，对其他事件较有利）	1.83×10^{-4}
主电液伺服阀主线圈输出电路	E0015	主电液伺服阀主线圈输出电路故障（输出使计量活门开度过大的电流）	2.88×10^{-4}
主控通道CPU及外围电路	E0016	主控通道CPU及外围电路故障（输出使计量活门开度过大的电流）	6.11×10^{-4}
主控通道调理电路	E0018	主控通道调理电路故障（使采集的计量活门开度比实际值小）	2.26×10^{-4}
备份通道伺服阀主线圈输出电路	E0003	备份通道伺服阀主线圈输出电路故障（输出使计量活门开度过大的电流）	3.08×10^{-4}
备份通道软件	E0007	备份通道软件运算错误（输出过大的燃油给定值）	1.49×10^{-4}
主电液伺服阀备份线圈输出电路	E0014	主电液伺服阀备份线圈输出电路故障（输出使计量活门开度过大的电流）	2.67×10^{-4}
备份通道CPU及外围电路	E0004	备份通道CPU及外围电路故障（输出使计量活门开度过大的电流）	5.75×10^{-4}
备份电液伺服阀备份线圈输出电路	E0002	备份电液伺服阀备份线圈输出电路故障（输出使计量活门开度过大的电流）	2.46×10^{-4}
备份通道电液伺服阀滑阀	E0005	备份通道电液伺服阀滑阀卡死	1.43×10^{-5}
备份通道调理电路	E0006	备份通道调理电路故障（使采集的计量活门开度比实际值小）	2.05×10^{-4}

（3）敏感性分析

对本故障树的敏感性分析结果如表 4 - 40 所列。

表 4 - 40　敏感性分析结果

事件信息		缩放系数					
编　号	事件描述	×0.1	×1	×10	×100	×1 000	×10 000
E0013	余度管理故障导致无法启用备份控制（含无法启用通道和线圈）	9.87×10^{-9}	1.00×10^{-8}	1.14×10^{-8}	2.51×10^{-8}	1.62×10^{-7}	2.45×10^{-7}
E0008	燃油计量活门故障导致供油量过高（卡涩、不受控的开大等）	9.33×10^{-9}	1.00×10^{-8}	1.67×10^{-8}	8.40×10^{-8}	7.56×10^{-7}	7.48×10^{-6}
E0010	伺服燃油压力调节器故障导致伺服燃油压力无法满足降低燃油供应量的需求（输出压力不够，不足以驱动计量活门）	7.99×10^{-9}	1.00×10^{-8}	3.02×10^{-8}	2.32×10^{-7}	2.25×10^{-6}	2.24×10^{-5}
E0011	位移解算器故障（使采集的计量活门开度比实际值小）	8.32×10^{-9}	1.00×10^{-8}	2.68×10^{-8}	1.95×10^{-7}	1.88×10^{-6}	1.87×10^{-5}
E0012	由油门杆向 EEC 发出指令时，数据总线发生故障（使油门杆采集值过大）	6.61×10^{-9}	1.00×10^{-8}	4.39×10^{-8}	3.83×10^{-7}	3.77×10^{-6}	3.77×10^{-5}
E0019	主控通道软件运算错误（输出过大燃油给定值）	9.97×10^{-9}	1.00×10^{-8}	1.03×10^{-8}	1.35×10^{-8}	4.56×10^{-8}	2.61×10^{-7}
E0017	主控通道电液伺服阀滑阀卡死	1.00×10^{-8}	1.00×10^{-8}	1.00×10^{-8}	1.02×10^{-8}	1.20×10^{-8}	2.98×10^{-8}
E0009	燃油压差调节器产生的压差偏大导致燃油供应量过大	9.00×10^{-9}	1.00×10^{-8}	2.01×10^{-8}	1.21×10^{-7}	1.13×10^{-6}	1.12×10^{-5}
E0001	N_2 机械限转活门故障（可靠性极高，对其他事件极有利）	1.00×10^{-9}	1.00×10^{-8}	1.00×10^{-7}	1.00×10^{-6}	1.00×10^{-5}	5.46×10^{-5}
E0015	主电液伺服阀主线圈输出电路故障（输出使计量活门开度过大的电流）	9.97×10^{-9}	1.00×10^{-8}	1.03×10^{-8}	1.34×10^{-8}	4.41×10^{-8}	1.29×10^{-7}

续表 4 - 40

事件信息		缩放系数					
编　号	事件描述	×0.1	×1	×10	×100	×1 000	×10 000
E0016	主控通道 CPU 及外围电路故障(输出使计量活门开度过大的电流)	9.87×10^{-9}	1.00×10^{-8}	1.14×10^{-8}	2.52×10^{-8}	1.63×10^{-7}	2.61×10^{-7}
E0018	主控通道调理电路故障(使采集的计量活门开度比实际值小)	9.97×10^{-9}	1.00×10^{-8}	1.03×10^{-8}	1.35×10^{-8}	4.53×10^{-8}	1.66×10^{-7}
E0003	备份电液伺服阀主线圈输出电路故障(输出使计量活门开度过大的电流)	1.00×10^{-8}	1.00×10^{-8}	1.00×10^{-8}	1.00×10^{-8}	1.00×10^{-8}	1.00×10^{-8}
E0007	备份通道软件运算错误(输出过大燃油给定值)	9.99×10^{-9}	1.00×10^{-8}	1.02×10^{-8}	1.20×10^{-8}	3.06×10^{-8}	1.48×10^{-7}
E0014	主电液伺服阀备份线圈输出电路故障(输出使计量活门开度过大的电流)	1.00×10^{-8}	1.00×10^{-8}	1.00×10^{-8}	1.00×10^{-8}	1.00×10^{-8}	1.00×10^{-8}
E0004	备份通道 CPU 及外围电路故障(输出使计量活门开度过大的电流)	9.93×10^{-9}	1.00×10^{-8}	1.07×10^{-8}	1.79×10^{-8}	8.93×10^{-8}	1.48×10^{-7}
E0002	备份电液伺服阀备份线圈输出电路故障(输出使计量活门开度过大的电流)	1.00×10^{-8}	1.00×10^{-8}	1.00×10^{-8}	1.00×10^{-8}	1.00×10^{-8}	1.00×10^{-8}
E0005	备份通道电液伺服阀滑阀卡死	1.00×10^{-8}	1.00×10^{-8}	1.00×10^{-8}	1.00×10^{-8}	1.00×10^{-8}	1.04×10^{-8}
E0006	备份通道调理电路故障(使采集的计量活门开度比实际值小)	1.00×10^{-8}	1.00×10^{-8}	1.01×10^{-8}	1.08×10^{-8}	1.85×10^{-8}	5.14×10^{-8}

通过以上结果可以看出,底事件的概率指标分配给设计/制造者后,若制造出来的真实产品超额或未完成对其安全性的指标要求时,会对顶事件的发生概率产生的影响。对于敏感性较大的底事件应提高其设计保障水平。

(4) 分配结果评估

分配结果如表 4 - 41 所列。

表 4 - 41　FMEA 结果

失效模式和影响分析（FMEA）表格

初始约定层级：控制通道电源调理电路 203A

约定层级：电子控制器 A 通道

第 1 页

组件编号	组件名称	失效率（次/h)	失效模式	高一级影响	检测方法	备注
1	控制通道电源调理电路	$7.678\,15\times10^{-6}$	15V 输出电压严重漂移	待定		
		$3.004\,95\times10^{-6}$	15V 电压无输出	待定		
		4.9×10^{-8}	15V 电压输出纹波增大	待定		
		$2.599\,43\times10^{-6}$	15VG 电压无输出	待定		
		$1.075\,99\times10^{-7}$	15VG 电压输出纹波增大	待定		
		$7.678\,15\times10^{-6}$	15VG 电压输出严重漂移	待定		
		$2.382\,48\times10^{-6}$	+5 V 电压无输出	待定		
		$2.851\,2\times10^{-10}$	+5 V 输出电压轻微漂移	待定		
		$3.234\,88\times10^{-9}$	+5 V 输出电压错误	待定		
		$7.678\,15\times10^{-6}$	+5 V 输出电压严重漂移	待定		
		$5.435\,03\times10^{-5}$	电源所有模块无输出	待定		
		$1.090\,03\times10^{-6}$	27VKI 电压无输出	待定		
		$3.198\,76\times10^{-6}$	27VKO 电压无输出	待定		
		$2.493\,12\times10^{-6}$	27VKO 电压无法关断	待定		

失效模式和影响分析（FMEA）表格

初始约定层级：电源调理电路子模块
约定层级：控制通道电源调理电路 203A

组件编号	组件名称	失效率（次/h）	失效模式	高一级影响	检测方法	备注
1.1	过压保护子模块	5.373×10^{-8}	过压保护模块短路	电源所有模块无输出		
		$2.879\,32\times10^{-5}$	过压保护无电压输出	电源所有模块无输出		
		$2.515\,76\times10^{-5}$	无法对过压进行保护	电源所有模块无输出		
		$1.802\,39\times10^{-5}$	过压保护输出电压纹波增大	无影响		
1.2	＋5 V供电子模块	$4.075\,22\times10^{-7}$	无影响	无影响		
		$2.382\,48\times10^{-6}$	＋5 V电压无输出	＋5 V电压无输出		
		$9.516\,54\times10^{-8}$	＋5 V输出电压纹波轻微漂移	＋5 V输出电压轻微漂移		
		$2.851\,2\times10^{-10}$	＋5 V输出电压错误	＋5 V输出电压错误		
		$3.234\,88\times10^{-9}$	＋5 V输出电压严重漂移	＋5 V输出电压严重漂移		
		$7.678\,15\times10^{-6}$	电源所有模块无输出	电源所有模块无输出		
1.3	±15 V供电子模块	$3.458\,61\times10^{-7}$	无影响	无影响		
		$3.504\,11\times10^{-7}$	15 V输出电压严重漂移	15 V输出电压严重漂移		
		$7.678\,15\times10^{-6}$	15 V电压无输出	15 V电压无输出		
		$3.004\,95\times10^{-6}$	15 V电压输出纹波增大	15 V电压输出纹波增大		
		4.9×10^{-8}	无影响			
1.4	±15VG供电子模块	$1.327\,88\times10^{-7}$	无影响	无影响		
		$2.599\,43\times10^{-6}$	15 VG电压无输出	15 VG电压无输出		
		$1.075\,99\times10^{-7}$	15 VG电压输出纹波增大	15 VG电压输出波动增大		
		$7.678\,15\times10^{-6}$	15 VG电压输出严重漂移	15 VG电压输出严重漂移		
1.5	＋27VKI供电子模块	$1.134\,53\times10^{-6}$	无影响	无影响		
		$1.090\,03\times10^{-6}$	27VKI电压无输出	27VKI电压无输出		
1.6	＋27VKO供电子模块	$2.152\,34\times10^{-6}$	无影响	无影响		
		$3.198\,76\times10^{-6}$	27VKO电压无输出	27VKO电压无输出		
		$2.493\,12\times10^{-6}$	27VKO电压无法关断	27VKO电压无法关断		

失效模式和影响分析(FMEA)表格

初始约定层级:元器件级
约定层级:子模块级

组件编号	组件名称	失效率/(次·h⁻¹)	失效模式	高一级影响	检测方法	备注
1.1.1	C19 固体钽电解电容器	5.373×10^{-8}	短路	过压保护模块短路		
		1.791×10^{-8}	参数漂移	过压保护输出电压纹波增大		
1.1.2	R17 金属膜电阻器	$9.801E\times10^{-11}$	参数漂移	过压保护输出电压纹波增大		
		$1.111\ 99\times10^{-9}$	开路	过压保护无电压输出		
1.1.3	R18 金属膜电阻器	$1.425\ 6\times10^{-10}$	参数漂移	过压保护输出电压纹波增大		
		$1.617\ 44\times10^{-9}$	开路	无法对过压进行保护		
1.1.4	R19 金属膜电阻器	$1.425\ 6\times10^{-10}$	参数漂移	过压保护输出电压纹波增大		
		$1.617\ 44\times10^{-9}$	开路	无法对过压进行保护		
1.1.5	R48 金属膜电阻器	$1.425\ 6\times10^{-10}$	参数漂移	过压保护输出电压纹波增大		
		$1.617\ 44\times10^{-9}$	开路	过压保护无电压输出		
1.1.6	V1 三极管	$7.962\ 62\times10^{-8}$	短路	过压保护无电压输出		
		$9.732\ 1\times10^{-8}$	开路	无法对过压进行保护		
		$4.423\ 68\times10^{-8}$	增益等性能的退化	过压保护输出电压纹波增大		
1.1.7	V2 三极管	$4.976\ 64\times10^{-8}$	短路	过压保护无电压输出		
		$6.082\ 56\times10^{-8}$	开路	过压保护无电压输出		
		$2.764\ 8\times10^{-8}$	增益等性能的退化	过压保护输出电压纹波增大		
1.1.8	V3 MOS管	$2.493\ 12\times10^{-5}$	短路	无法对过压进行保护		
		$1.780\ 8\times10^{-5}$	参数漂移	过压保护输出电压纹波增大		
		$2.849\ 28\times10^{-5}$	开路	过压保护无电压输出		

续表 4-41

组件编号	组件名称	失效率/(次·h⁻¹)	失效模式	高一级影响	检测方法	备注
1.1.9	VE2 稳压二极管	8.541×10^{-8}	开路	过压保护无电压输出		
		6.643×10^{-8}	参数漂移	过压保护输出电压纹波增大		
		3.796×10^{-8}	短路	过压保护无电压输出		
1.1.10	VE3 稳压二极管	7.605×10^{-8}	开路	无法对过压进行保护		
		5.915×10^{-8}	参数漂移	过压保护输出电压纹波增大		
		3.38×10^{-8}	短路	过压保护无电压输出		
1.2.1	C7(T)1 类瓷介电容器	$3.595\,1\times10^{-8}$	短路	无影响		
		$5.417\,28\times10^{-9}$	参数漂移	无影响		
1.2.2	C14 1 类瓷介电容器	$7.879\,68\times10^{-9}$	开路	无影响		
		4.54118×10^{-8}	短路	+5 V 电压无输出		
		$6.842\,88\times10^{-9}$	参数漂移	无影响		
1.2.3	C20 液体钽电解电容器	$9.953\,28\times10^{-9}$	开路	+5 V 电压输出纹波增大		
		$3.458\,61\times10^{-7}$	短路	电源所有模块无输出		
		$8.521\,22\times10^{-8}$	参数漂移	+5 V 电压输出纹波增大		
1.2.4	C21(T)1 类瓷介电容器	$7.017\,47\times10^{-8}$	开路	无影响		
		$4.162\,75\times10^{-8}$	短路	无影响		
		$6.272\,64\times10^{-9}$	参数漂移	无影响		
1.2.5	C27 固体钽电解电容器	$9.123\,84\times10^{-9}$	开路	无影响		
		$3.369\,6\times10^{-8}$	短路	+5 V 电压无输出		
		1.1232×10^{-8}	参数漂移	无影响		
1.2.6	R51(T) 金属膜电阻器	$1.425\,6\times10^{-10}$	参数漂移	+5 V 输出电压轻微漂移		
		$1.617\,44\times10^{-9}$	开路	+5 V 输出电压错误		

续表 4－41

组件编号	组件名称	失效率/(次·h^{-1})	失效模式	高一级影响	检测方法	备注
1.2.7	R52(T)金属膜电阻器	1.425 6×10^{-10}	参数漂移	+5 V输出电压轻微漂移		
		1.617 44×10^{-9}	开路	+5 V输出电压错误		
1.2.8	U3 混合集成电路	9.201 91×10^{-7}	输出退化	+5 V输出电压严重漂移		
		3.047 51×10^{-6}	封装失效	+5 V输出电压严重漂移		
		1.405 02×10^{-6}	过电应力	+5 V输出电压严重漂移		
		2.305 42×10^{-6}	偶然失效	+5 V输出电压严重漂移		
1.2.9	VD1 整流二极管	1.296 18×10^{-6}	开路	+5 V电压无输出		
		9.201 91×10^{-7}	短路	+5 V电压无输出		
		1.53×10^{-7}	短路	无影响		
		8.7×10^{-8}	开路	+5 V电压无输出		
1.3.1	U2 混合集成电路	6×10^{-8}	参数漂移	无影响		
		9.201 91×10^{-7}	输出退化	15 V输出电压严重漂移		
		3.047 51×10^{-6}	封装失效	15 V输出电压严重漂移		
		1.405 02×10^{-6}	过电应力	15 V输出电压严重漂移		
		2.305 42×10^{-6}	偶然失效	15 V输出电压严重漂移		
		1.296 18×10^{-6}	开路	15 V电压无输出		
		9.201 91×10^{-7}	短路	15 V电压无输出		
		8.79 854×10^{-8}	短路	15 V电压无输出		
1.3.2	C12 1类瓷介电容器	1.325 81×10^{-8}	参数漂移	无影响		
		1.928 45×10^{-8}	开路	15 V电压输出纹波增大		
		8.798 54×10^{-8}	短路	15 V电压无输出		
1.3.3	C13 1类瓷介电容器	1.325 81×10^{-8}	参数漂移	无影响		
		1.928 45×10^{-8}	开路	15 V电压输出纹波增大		

续表 4-41

组件编号	组件名称	失效率/(次·h⁻¹)	失效模式	高一级影响	检测方法	备注
1.3.4	C22(T)1类瓷介电容器	$4.162\ 75\times10^{-8}$	短路	无影响		
		$6.272\ 64\times10^{-9}$	参数漂移	无影响		
		$9.123\ 84\times10^{-9}$	开路	无影响		
1.3.5	C28 固体钽电解电容器	$1.035\ 45\times10^{-7}$	短路	15 V 电压无输出		
		$3.451\ 5\times10^{-8}$	参数漂移	无影响		
1.3.6	C29 固体钽电解电容器	$1.035\ 45\times10^{-7}$	短路	15V 电压无输出		
		$3.451\ 5\times10^{-8}$	参数漂移	无影响		
1.3.7	C30 固体钽电解电容器	$1.035\ 45\times10^{-7}$	短路	15 V 电压无输出		
		$3.451\ 5\times10^{-8}$	参数漂移	无影响		
1.3.8	C31 固体钽电解电容器	$1.035\ 45\times10^{-7}$	短路	15 V 电压无输出		
		$3.451\ 5\times10^{-8}$	参数漂移	无影响		
1.3.9	C34 1类瓷介电容器	$8.798\ 54\times10^{-8}$	短路	15 V 电压无输出		
		$1.325\ 81\times10^{-8}$	参数漂移	无影响		
		$1.928\ 45\times10^{-8}$	开路	无影响		
1.3.10	C35 1类瓷介电容器	$8.798\ 54\times10^{-8}$	短路	15 V 电压无输出		
		$1.325\ 81\times10^{-8}$	参数漂移	无影响		
		$1.928\ 45\times10^{-8}$	开路	无影响		
1.3.11	C6(T)1类瓷介电容器	$3.595\ 1\times10^{-8}$	短路	无影响		
		$5.417\ 28\times10^{-9}$	参数漂移	无影响		
		$7.879\ 68\times10^{-9}$	开路	无影响		
1.3.12	L1线圈	$1.043\ 1\times10^{-8}$	短路	15 V 电压输出纹波增大		
		$2.245\ 8\times10^{-8}$	开路	15 V 电压无输出		
		$1.447\ 8\times10^{-8}$	参数漂移	无影响		
		9.633×10^{-9}	其他	—		

续表 4-41

组件编号	组件名称	失效率/(次·h⁻¹)	失效模式	高一级影响	检测方法	备注
1.4.1	C23(T)1 类瓷介电容器	$4.162\ 75 \times 10^{-8}$	短路	无影响		
		$6.272\ 64 \times 10^{-9}$	参数漂移	无影响		
		$9.123\ 84 \times 10^{-9}$	开路	无影响		
1.4.2	C32 固体钽电解电容器	$1.035\ 45 \times 10^{-7}$	短路	15VG 电压无输出		
		$3.451\ 5 \times 10^{-8}$	参数漂移	15VG 电压输出纹波增大		
1.4.3	C33 固体钽电解电容器	$1.035\ 45 \times 10^{-7}$	短路	15VG 电压无输出		
		$3.451\ 5 \times 10^{-8}$	参数漂移	15VG 电压输出纹波增大		
1.4.4	C36 1 类瓷介电容器	$8.798\ 54 \times 10^{-8}$	短路	15VG 电压无输出		
		$1.325\ 81 \times 10^{-8}$	参数漂移	无影响		
		$1.928\ 45 \times 10^{-8}$	开路	15VG 电压输出纹波增大		
1.4.5	C37 1 类瓷介电容器	$8.798\ 54 \times 10^{-8}$	短路	15VG 电压无输出		
		$1.325\ 81 \times 10^{-8}$	参数漂移	无影响		
		$3.595\ 1 \times 10^{-8}$	开路	15VG 电压输出纹波增大		
1.4.6	C8(T)1 类瓷介电容器	$5.417\ 28 \times 10^{-9}$	短路	15VG 电压无输出		
		$1.928\ 45 \times 10^{-8}$	参数漂移	无影响		
		$7.879\ 68 \times 10^{-9}$	开路	无影响		
1.4.7	U5 混合集成电路	$9.201\ 91 \times 10^{-7}$	输出退化	15VG 电压输出严重漂移		
		$3.047\ 51 \times 10^{-6}$	封装失效	15VG 电压输出严重漂移		
		$1.405\ 02 \times 10^{-6}$	过电应力	15VG 电压输出严重漂移		
		$2.305\ 42 \times 10^{-6}$	偶然失效	15VG 电压输出严重漂移		
		$1.296\ 18 \times 10^{-6}$	开路	15VG 电压无输出		
		$9.201\ 91 \times 10^{-7}$	短路	15VG 电压无输出		

续表 4-41

组件编号	组件名称	失效率/(次·h⁻¹)	失效模式	高一级影响	检测方法	备注
1.5.1	F14 保险丝	$1.090\,03\times10^{-6}$	断不开	27VKI 电压无输出		
		$9.565\,61\times10^{-7}$	断开慢	无影响		
		$1.779\,65\times10^{-7}$	达不到指标断开	无影响		
1.6.1	R250 金属膜电阻器	$1.425\,6\times10^{-10}$	参数漂移	无影响		
		$1.617\,44\times10^{-9}$	开路	27VKO 电压无输出		
1.6.2	E6 光电耦合器	$2.157\,63\times10^{-10}$	引线故障	27VKO 电压无输出		
		$1.106\,48\times10^{-8}$	污染	无影响		
		$3.031\,75\times10^{-7}$	退化	无影响		
		$3.264\,11\times10^{-8}$	过电应力	27VKO 电压无输出		
		$1.521\,41\times10^{-7}$	不能切换	27VKO 电压无输出		
		$3.264\,11\times10^{-8}$	开路	27VKO 电压无输出		
1.6.3	R114 金属膜电阻器	$1.425\,6\times10^{-10}$	参数漂移	无影响		
		$1.617\,44\times10^{-9}$	开路	27VKO 电压无输出		
1.6.4	R44 金属膜电阻器	$1.425\,6\times10^{-10}$	参数漂移	无影响		
		$1.617\,44\times10^{-9}$	开路	27VKO 电压无输出		
1.6.5	VE23 稳压二极管	$7.312\,5\times10^{-8}$	开路	27VKO 电压无输出		
		$5.687\,5\times10^{-8}$	参数漂移	无影响		
		3.25×10^{-8}	短路	27VKO 电压无输出		
1.6.6	V15MOS 管	$2.493\,12\times10^{-6}$	短路	27VKO 电压无法关断		
		$1.780\,8\times10^{-6}$	参数漂移	无影响		
		$2.849\,28\times10^{-6}$	开路	27VKO 电压无输出		

4. 形成的安全性要求

（1）对系统部件的安全性要求

① 余度管理故障导致无法启用备份控制（含无法启用通道和线圈）的概率应小于 6.47×10^{-4}/飞行小时；

② 燃油计量活门故障导致供油量过高（卡涩、不受控的开大等）的概率应小于 4.07×10^{-6}/飞行小时；

③ 伺服燃油压力调节器故障导致伺服燃油压力无法满足降低燃油供应量需求（输出压力不够，不足以驱动计量活门）的概率应小于 1.22×10^{-5}/飞行小时；

④ 位移解算器故障（使采集的计量活门开度比实际值小）的概率应小于 1.02×10^{-5}/飞行小时；

⑤ 由油门杆向 EEC 发出指令时，数据总线故障（使油门杆采集值过大）的概率应小于 2.05×10^{-5}/飞行小时；

⑥ 主控通道软件运算错误（输出过大燃油给定值）的概率应小于 1.42×10^{-4}/飞行小时；

⑦ 主控通道电液伺服阀滑阀卡死的概率应小于 1.63×10^{-5}/飞行小时；

⑧ 燃油压差调节器产生压差偏大导致燃油供应量过大的概率应小于 6.11×10^{-6}/飞行小时；

⑨ N2 机械限转活门故障（可靠性极高，对其他事件极有利）的概率应小于 1.83×10^{-4}/飞行小时；

⑩ 主电液伺服阀主线圈输出电路故障（输出使计量活门开度过大的电流）的概率应小于 2.88×10^{-4}/飞行小时；

⑪ 主控通道 CPU 及外围电路故障（输出使计量活门开度过大的电流）的概率应小于 6.11×10^{-4}/飞行小时；

⑫ 主控通道调理电路故障（使采集的计量活门开度比实际值小）的概率应小于 2.26×10^{-4}/飞行小时；

⑬ 备份电液伺服阀主线圈输出电路故障（输出使计量活门开度过大的电流）概率应小于 3.08×10^{-4}/飞行小时；

⑭ 备份通道软件运算错误（输出过大燃油给定值）的概率应小于 1.49×10^{-4}/飞行小时；

⑮ 主电液伺服阀备份线圈输出电路故障（输出使计量活门开度过大的电流）概率应小于 2.67×10^{-4}/飞行小时；

⑯ 备份通道 CPU 及外围电路故障（输出使计量活门开度过大的电流）的概率应小于 5.75×10^{-4}/飞行小时；

⑰ 备份电液伺服阀备份线圈输出电路故障（输出使计量活门开度过大的电流）概率应小于 2.46×10^{-4}/飞行小时；

⑱ 备份通道电液伺服阀滑阀卡死的概率应小于 1.43×10^{-5}/飞行小时；

⑲ 备份通道调理电路故障(使采集的计量活门开度比实际值小)的概率应小于 2.05×10^{-4}/飞行小时。

(2) 对系统的安装要求

为了保证故障独立性,避免共因失效,对系统安装提出以下要求:

① 伺服阀间应充分隔离,保证两伺服阀不会同时被其他部件损坏;

② 控制通道间应从物理和数据的角度充分隔离,防止两个通道发生共因故障。

4.3 故障模式及影响分析(FMEA)

4.3.1 FMEA 方法和内容

1. FMEA 概述

失效模式和影响分析(FMEA)目的是:

① 自底向上辨识系统各级组件的失效模式和对高一级组件的影响(定性分析);

② 为 FTA 的基本事件提供失效率的定量数据(定量分析),支持 SSA 中的 FTA 评估。

FMEA 是自底向上的分析方法,且仅处理单失效。ARP 4761 中建议的 FMEA 分为零部件 FMEA 和功能 FMEA。其中,零部件 FMEA 从组成系统的各个电子元器件出发,分析各元器件的失效模式、失效率以及对高一级别组件的功能影响;功能 FMEA 则以零部件 FMEA 的结果为基础,自底向上逐层分析各级组件的功能失效模式以及对高一级别组件的影响,直到得到 FTA 底事件所对应层级组件的失效模式为止。FMEA 的输出为系统各级别组件的功能失效模式和对应失效率[7]。

2. FMEA 分析方法

FMEA 分为零部件 FMEA 和功能 FMEA 两种方法。其中,针对系统最基本元器件的零部件 FMEA 是 SSA 分析的起点,功能 FMEA 则是在零部件 FMEA 的基础上,逐层向上分析各级组件的功能失效模式及其失效率。

(1) 零部件 FMEA

零部件 FMEA 的输入为系统各底层功能组件的设计图纸、零部件/元器件清单和相关的可靠性预计基本数据。对基本电子元器件的零部件 FMEA,依据 GJB 299C—2006,采用应力分析法计算各类电子元器件在设计工况下的失效率,并根据国军标中给出的各类元器件典型失效模式分析元器件失效对其所在组件的功能影响。

（2）功能 FMEA

功能 FMEA 的输入为各级功能组件的设计图纸和前述零部件 FMEA 的结果，从零部件 FMEA 的结果开始，自底向上逐层进行。功能 FMEA 分析首先将元器件级的失效影响作为高一层级的功能失效模式，并将元器件级具有同样高一层级影响的失效模式对应的失效率合并，即得到了高一层级的功能失效模式和失效率。

（3）FMEA 递推方法

在底层功能 FMEA 的基础上，进一步分析各失效模式对更高一层级组件功能的失效影响，依次类推，逐层综合，直到得到 FTA 底事件所对应层级组件的失效模式为止。FMEA 的逐层递推逻辑如图 4-14 所示。以数控电源调理电路 203A 为例，对 FMEA 自底向上的递推方法举例说明如下：

数控电源调理电路 203A 包括六个模块：过压保护、+5 V 供电、±15 V 供电、±15VG 供电、+27VKI 供电和+27VKO 供电。每个模块中包含电容、电阻、稳压二极管、三极管和混合集成电路等多种电子元器件。首先依据 GJB 299C—2006 中的应力分析法计算每一个基本电子元器件的失效率，并按国军标中给出的失效模式比例关系求出每一种失效模式的失效率。如过压保护模块中 C19 片式固体电解质钽固定电容器具有短路和参数漂移两种失效模式，由应力分析法计算得到每种失效模式的失效率分别为 A 和 B。

在上述基础上，依据过压保护模块的电路图和工作原理分析短路和参数漂移两种失效模式对过压保护功能的影响。如 C19 电容器短路将导致过压保护模块短路，参数漂移将导致过压保护输出电压纹波增大。用同样的方法分析 R17 电阻、V1 三极管等其他元器件的失效模式、失效率和对过压保护功能的影响。过压保护模块中所有元器件的 FMEA 完成后可以看出，V1 三极管短路、VE2 稳压二极管开路和 VE2 稳压二极管短路三个失效模式具有同样的高一级影响"过压保护无电压输出"。将上述三个失效模式的失效率 D、G、I 相加即得到过压保护模块失效模式"过压保护无电压输出"的失效率 D+G+I。

在上述基础上，针对过压保护模块，进一步分析"过压保护无电压输出"对数控电源调理电路 203A 工作的影响，可知其后果是"电源所有模块无输出"。再以同样的方法将+5 V 供电、±15 V 供电等其他模块中同样能导致"电源所有模块无输出"的失效率与"过压保护无电压输出"的失效率合并，即可得到数控电源调理电路 203A 的失效模式"电源所有模块无输出"的失效率 A+D+G+I+E+M。

前述 FMEA 递推方法能够从底层元器件的 FMEA 推导出以上各级别功能组件的失效模式和失效率，但若遇到具有余度的组件，则失效影响无法继续向上传递，FMEA 必须终止，该层级的失效分析须由 PSSA 中的 FTA 自顶向下分解。

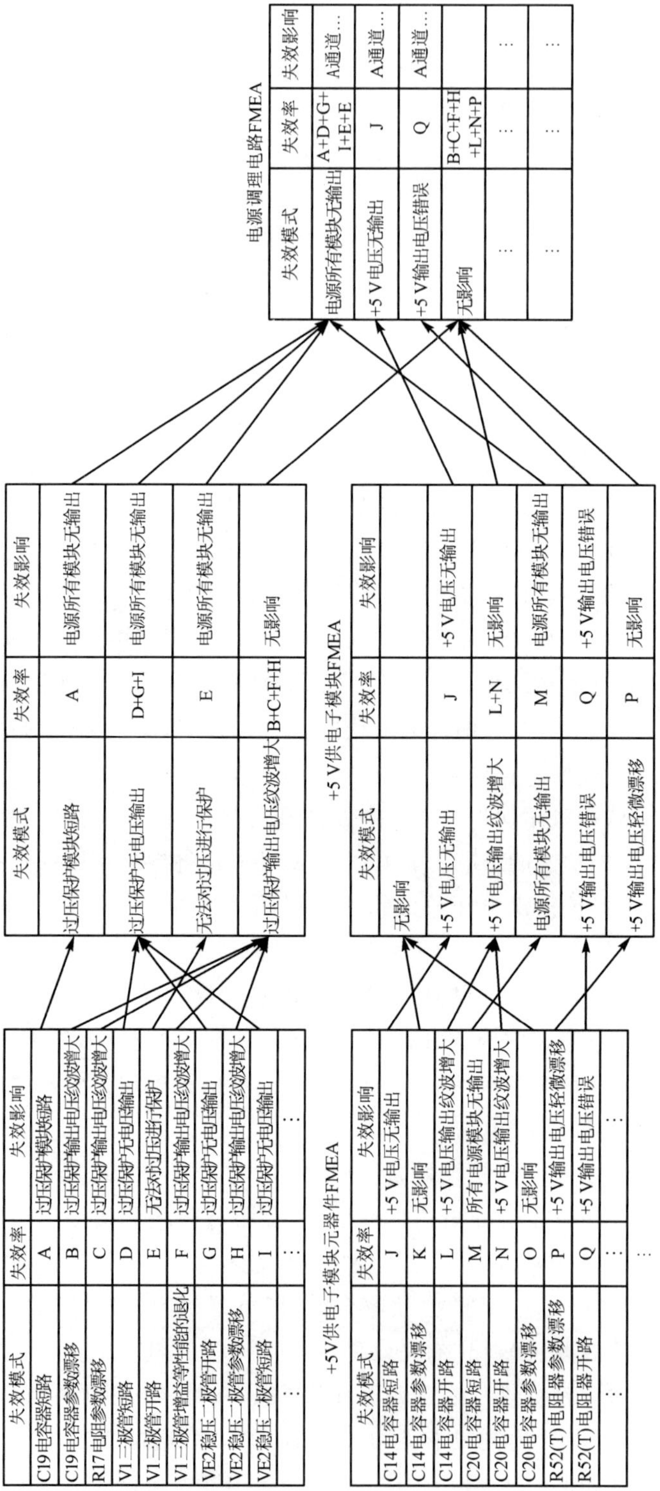

过压保护模块元件FMEA

失效模式	失效率	失效影响
C19电容器短路	A	过压保护模块短路
C19电容器参数漂移	B	过压保护输出电压纹波效增大
R17电阻参数漂移	C	过压保护输出电压纹波效增大
V1三极管开路	D	过压保护无电压输出
V1三极管开路	E	没法对过压进行保护
V1三极管增益等特征指标的退化	F	过压保护无电压输出
VE2稳压二极管开路	G	过压保护无电压输出
VE2稳压二极管参数漂移	H	过压保护输出电压纹波效增大
VE2稳压二极管短路	I	过压保护无电压输出
...		

过压保护子模块FMEA

失效模式	失效率	失效影响
过压保护模块短路	A	电源所有模块无输出
过压保护无电压输出	D+G+I	电源所有模块无输出
无法对过压进行保护	E	电源所有模块无输出
过压保护输出电压纹波增大	B+C+F+H	无影响

+5V供电电子模块元件FMEA

失效模式	失效率	失效影响
C14电容器短路	J	+5V电压无输出
C14电容器参数漂移	K	无影响
C14电容器开路	L	+5V电压输出纹波效增大
C20电容器短路	M	所有电源模块无输出
C20电容器开路	N	+5V电压输出纹波效增大
C20电容器参数漂移	O	无影响
R52(T)电阻器参数漂移	P	+5V输出电压轻微漂移
R52(T)电阻器开路	Q	+5V输出电压错误
...		

+5V供电电子模块FMEA

失效模式	失效率	失效影响
无影响		无影响
+5V电压无输出	J	+5V电压无输出
+5V电压输出纹波效增大	L+N	无影响
电源所有模块无输出	M	电源所有模块无电压错误
+5V输出电压错误	Q	+5V输出电压错误
+5V输出电压轻微漂移	P	无影响
...		

电源调理电路FMEA

失效模式	失效率	失效影响
电源所有模块无输出	A+D+G+I+E+E	A通道…
+5V电压无输出	J	A通道…
+5V输出电压错误	Q	A通道…
无影响	B+C+F+H+L+N+P	
...	...	...
...	...	...

图4-14 FMEA分析递推过程

3. FMEA 分析对象

第一层级 FMEA 分析的对象为元器件,对各级功能组件逐层往上递推进行分析,如电容器级到过压保护子模块级,到数控电源调理电路级,到电子控制器控制通道级,直到达到 FTA 底事件所包括的组件层级为止。

4. FMEA 分析内容

ARP 4761 建议的 FMEA 分析内容包括:失效模式,模式失效率,失效影响,失效探测方法,以及与失效模式和影响有关、但以上内容未能充分包含的分析结果。FMEA 分析表格示例如表 4 - 42 所列。表格中各项内容的定义如下:

① 失效模式:部件可能发生的失效形式。例如 GJB/Z 299C—2006 中给出了各类常见电子元器件可能发生的失效模式。

② 模式失效率:部件出现该失效模式的发生率。GJB/Z 299C—2006 中给出了各类常见电子元器件在特定工作条件下的总失效率和各种模式失效率所占的比例,失效率一般以 10^{-6}/飞行小时为基本单位。

③ 失效影响:所分析部件的失效影响分为该部件对高一级别功能运行的影响。

④ 探测方法:用于对该部件的失效模式进行检测的方法。

⑤ 与失效模式和影响有关,但以上内容未能充分包含的分析结果。

表 4 - 42　FMEA 分析表格示例

系统:						
子系统:						
部件编号	部件名称	失效模式	模式失效率(10^{-6}/飞行小时)	对高一级别的影响	探测方法	备注

4.3.2　某型发动机控制系统控制通道描述

电子控制器 A 通道的功能组件构成如表 4 - 43 所列。

表 4 - 43　电子控制器 A 通道组件清单

序　号	名　　称	对应编号
1	数控电源预处理电路	202A
2	数控电源调理电路	203A

续表 4 – 43

序　号	名　称	对应编号
3	N_1 信号处理电路	204A
4	N_2 信号处理电路	205A
5	Nac 信号处理电路	207A
6	P2 激励、信号处理电路	208A
⋮	⋮	⋮

4.3.3　控制通道电源调理电路 203A FMEA

1. 组件描述

控制通道电源调理电路 203A 的功能是接收经过数控 EMI 处理电路 201A 处理过的飞机/FADEC 电源，对其进行过压限制、稳压和电压变换，为电子控制器控制 A 通道的逻辑电路、模拟电路、开关电路和 ARINC429 总线提供电源。控制通道电源调理电路 203A 中的子模块及其功能如下：

① 过压保护模块：对接收到的 +27 V 直流电进行整流、稳压和过压保护；

② +5 V 供电模块：为数控 A 通道 CPU 等数字逻辑电路提供工作电源；

③ ±15 V 供电模块：为数控 A 通道信号处理、运算放大器、传感器信号激励和变换等模拟电路供电；

④ ±15VG 供电模块：为数控 A 通道和飞机系统相连的 ARINC429 总线供电；

⑤ +27VKI 供电模块：为数控 A 通道开关量输入电路供电；

⑥ +27VKO 供电模块：为数控 A 通道开关量输出电路供电。

2. 组件构成清单

控制通道电源调理电路 203A 的组件构成清单如表 4 – 44 所列。

3. FMEA 结果

控制通道电源调理电路 203A 的元器件的零部件 FMEA 和子模块的功能 FMEA 如表 4 – 41 所列。

表 4 - 44 控制通道电源调理模块 203A 组件构成清单

级别		组件构成					
	子模块	控制通道电源调理电路 203A					
	元器件	过压保护	+5 V 供电	±15 V 供电	±15 VG	+27VKI	+27VKO
控制通道电源调理电路 203A		C19 片式固体电解质钽固定电容器 R17 片式金属膜固定电阻器 R18 片式金属膜固定电阻器 R19 片式金属膜固定电阻器 R48 片式金属膜固定电阻器 V1 硅 NPN 型平面高频高反压三极管 V2 硅 NPN 型平面高频高反压三极管 V3 HEXFET 功率硅场效应 MOS 管 VE2 稳压二极管 VE3 稳压二极管	C7(T) 1 类磁介电容器 C14 1 类磁介电容器 C20 非固体电解质钽固定电容器 C21(T) 1 类磁介电容器 C27 片式固体电解质钽固定电容器 R51(T) 片式膜固定电阻器 R52(T) 片式膜固定电阻器 U3 混合集成电路 DC/DC 电源 (HVHF28S5) VD1 整流二极管	U2 DC/DC 电源 HTR28D15 C12 1 类磁介电容器 C13 1 类磁介电容器 C22(T) 1 类磁介电容器 C28 片式固体电解质钽固定电容器 C29 片式固体电解质钽固定电容器 C30 片式固体电解质钽固定电容器 C31 片式固体电解质钽固定电容器 C34 1 类磁介电容器 C35 1 类磁介电容器 C6(T) 1 类磁介电容器 L1 电感器	C23（T）1 类磁介电容器 C32 片式固定电容器 C33 片式固体电解质钽固定电容器 C36 1 类磁介电容器 C37 1 类磁介电容器 C8(T) 1 类磁介电容器 U5 DC/DC 电源 HSA28D15	F14 保险丝	R250 电阻 1432 E6 光耦隔离器 GH3201Z - 2（简单式） R114 电阻 1432 R44 电阻 1432 VE23 稳压二极管 2CW5245 V15 MOS 管 IRF5210

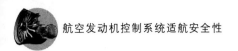

｜参考文献｜

［1］孙健国，李秋红，杨刚，等. 航空燃气涡轮发动机控制［M］. 上海：上海交通大学出版社，2014.

［2］闫锋，付尧明，付金华. 航空发动机 FADEC 系统安全性分析方法研究［M］. 成都：西南交通大学出版社，2019.

［3］RICHTER H,覃道亮，王曦. 涡扇发动机先进控制［M］. 北京：国防工业出版社，2013.

［4］Federal Aviation Administration. Airworthiness Standards：Aircraft Engines：33.75 Safety Analysis［S］. 2007.

［5］国防科学技术工业委员会. GJB 900-90：系统安全性通用大纲［S］. 1991.

［6］许素睿. 安全系统工程［M］. 上海：上海交通大学出版社，2015.

［7］丁璐. 基于模型的飞机系统 FMEA 方法与应用研究［D］；上海：上海交通大学，2020.

第 5 章
基于模型的航空发动机控制系统安全性分析

| 5.1 传统安全性评估的局限性 |

航空发动机控制系统安全性评估过程与安全性分析方法紧密结合,是以定性或定量分析手段进行安全性分析以表明对 CCAR 33.28(e)以及 CCAR 33.75 条要求的符合性。通过前面的介绍可以知道,常用的安全性分析方法为 FHA、FTA、FMEA 及 CCA 等。

5.1.1 评估流程的局限性

尽管经过大量的工业实践证明,第 3 章给出的 V 形系统安全性评估流程可以满足一般的安全性需要,但是将其按 FHA 阶段、PSSA 阶段和 SSA 阶段对所涉及的具体控制系统进行安全性分析时仍然存在一些问题。

在 FHA 阶段需要从发动机有效的需求文件中正确判断控制系统功能和层级,CCAR 33.28(e)要求"当符合本条和第 33.75 条要求时,申请人必须完成发动机控制系统的系统安全评估。该项评估必须确定可能导致推力或功率改变,错误数据传输,或影响发动机工作特性从而产生喘振或失速的故障或失效,以及这些故障或失效预期的发生频率",以及 CCAR 33.75 条款中要求"为了评估预期可能发生的所有失效的后果,申请人必须对发动机及其控制系统进行分析"。发动机影响后果是相对于其对飞机级影响而言的。罗·罗公司的 Wilkinson 和 York 大学的 Dawkins 等[1, 2]研究中指出,如为得到发动机控制系统某功能失效对飞机级的影响,首先要分析控制系统对相关功能(比如燃油供油流量控制、尾喷管喉部面积控制、压气机放气活门面积控制等)子系统的影响,然后分析这些子系统对发动机总体性能参数的综合影响,再分析单台发动机对于推进系统(对于多台发动机飞机)的影响,最后分析推进系统对飞机的影响。可以看出:对于像控制系统这样的复杂系统,其分析过程是复杂的,并且结果并不显而易见,若功能表述太抽象,则难以明确识别每一失效模式;若功能表述太详细,则 FHA 分析过程增长,随之产生大量无用信息,难以给出清晰的功能层级和范围来指引 FHA 过程。Xu 等[3,4]指出由于缺乏系统架构模型,导致发动机子系统/部件功能层级和功能范围的辨识困难。

此外,在 PSSA 阶段和 SSA 阶段需要辨识出发动机及其系统每一层级所有可能的失效模式和失效影响,但 Xu 等指出由于发动机和其子系统之间存在的气动连接,决定了其在反应上的滞后性,这种复杂联系造成失效模式之间、失效模式和失效影响因素之间相互耦合;并且,Dawkins 等指出对于复杂系统,如果将基于架构和关联关系不清楚情况下的 FHA 分析结果在 PSSA 阶段和 SSA 阶段进行使用,分析结果的可用性会存在较大问题,同时功能之间的错综关系也带来对失效影响的难以直接判断和预料,造成 PSSA 阶段和 SAA 阶段的分析困难[5]。

因此,Wilkinson 等[1]指出传统的安全性评估流程在应用时更适合对功能相对简单且独立的系统进行分析。而对航空发动机控制系统这类具有高度复杂性且综合的系统在进行分析时存在诸多困难,且容易导致分析结果的不正确。为解决上述问题,Wilkinson 等建议采用建立"影响环"的方式,以求对发动机系统的各个功能及其之间的关系有充分的了解。但由于影响环是部件模型示意图,因此只能看出各功能模块之间的定性关系,并不能分析功能模块参数的定量影响。

5.1.2　分析方法的局限性

传统的安全性分析在航空发动机系统上的应用是将单独的重要和危害性发动机风险控制到可以接受的水平,从而使总体发动机设计风险可以接受[6],主要采用 FTA、FMEA 对孤立分系统或者部件进行安全性分析。但随着航空发动机复杂程度的增长,其整体性、耦合性逐渐显现出来。因此,Fenelon 等[7]指出分析时还须考虑由于系统综合引起的相互耦合关系。

但在采用 FTA、FMEA 进行系统耦合关系建模时,由于这些方法是基于自然语言的形式描述,在缺乏系统架构模型的情况下易导致以下两方面的问题:

① Xu 等[3,4]指出复杂系统往往具有多层级或多部件,FMEA 对失效模式、失效影响的描述范围可能过大或小、过重或过轻,难以描述其间的耦合关系,分析结果易偏离实际。

② Wang 等[8]指出 FTA 依赖于安全性分析人员的个人经验并具有高度的主观性,即使针对同一系统不同人员所建立的 FTA 模型也可能有所不同,且由于 FTA 本身的重用能力较差,在 PSSA 阶段即使更改设计架构非常小的部分,整个 FTA 也经常需要重新检查,同时给实际应用带来很大困难。

综上,将现有评估流程和分析手段直接应用于实际的发动机系统或者其中一些较低层级的复杂子系统的安全性评估流程中时,存在应用上的一些问题和困难。究其原因,Lisagor 等[9]、Joshi 等[10, 11]指出:在实际分析复杂系统时,由于缺乏系统架构模型,其本身的复杂性往往会导致安全性工程师对系统架构和失效模式缺乏了解、难以判断,使得安全性工程师不得不耗费大量精力和时间从不同的地方搜集系统架构的细节,即使这样仍很难采用传统安全性评估流程和分析方法对系统进行描述和建模,分析结果更无法做到完整、一致,进而难以满足日益增长的安全性需求。

5.1.3 MBSA 的提出

基于模型的安全性分析方法最早出现在 20 世纪 90 年代,其实质是在传统安全性分析技术的基础之上融入模型的理念[12]。随着现代工业系统规模的不断增长,复杂性不断提高,系统设计过程也随之不断复杂化,从而对传统的以工程规范为基础的设计过程及传统的安全性技术提出了挑战。传统安全性分析方法,如前几章中提到的功能危险分析(FHA)、故障树分析(FTA)、功能失效模式与影响分析(FMEA)等在过去的使用过程中已经发展得相当成熟,确实为之前的系统设计开发过程提供了不少有价值的信息。但是这些分析方法有一个共同的缺陷:都依赖工程经验。这意味着如果对现代规模的复杂系统使用这些方法需要耗费大量的人力。与此同时,这类方法通过非常主观,并且其过程和结果高度依赖分析人员对系统开发设计模型的认知程度,并且当系统庞大且复杂的时候,依赖人工完成的传统安全性分析方法,只能将系统分为若干部分,分别建模。这些都使得分析过程容易产生错误,产生的结果也不易理解和读取。而工作量巨大导致的另一个后果就是,在系统开发周期内,这样的安全性分析可能只能进行有限的一两次,导致安全分析过程无法与系统开发过程保持同步。因此,为了满足复杂系统安全性分析的需求,在传统的安全性分析方法的基础上,以提高安全性分析的效率、增强分析能力并减少人力和经济投入为目的,能够实现传统安全性分析方法自动化的基于模型的安全性分析方法(Model-based Safety Analysis,MBSA)应运而生。

Michael 等[13]、Berry[14] 和 Hinchey 等[15] 在其研究中明确指出,随着基于模型技术的发展以及各种形式化验证工具的不断成熟,MBSA 可不断应用于高安全苛求的复杂系统的开发,并有效弥补 FTA、FMEA 等方法的不足。

MBSA 方法是一类通过将基于模型的开发过程与安全性分析技术相结合以实现自动化或半自动化安全性分析的理论与方法的统称。在基于模型的开发过程中,各种开发活动(例如仿真、验证和测试等)都基于正在开发系统的正式模型进行[16]。以此为基础,结合安全性分析过程,从而在开发系统正式模型基础上开展一系列对系统安全性分析工作,同时能够借助计算实现整个安全性分析过程的自动化或半自动化。

图 5-1 中的名义模型是指系统开发工程师和安全性分析人员共同采用的明确的系统模型。相较于传统的安全性分析技术,MBSA 方法具有以下优势:

① 有利于系统开发过程与系统安全性分析过程的有机融合。通过同一化系统

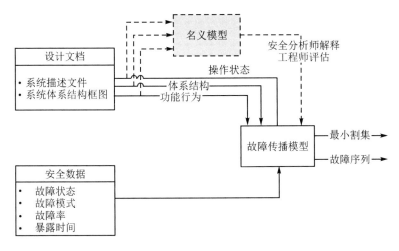

图 5-1　基于模型的安全性分析方法

设计模型和安全性分析模型,系统设计人员与安全性分析人员可使用相同的系统模型,避免由于系统理解不一致导致的设计分析协调问题。与此同时,模型能够同步开展系统设计和安全性分析工作并及时将分析结果反馈给系统设计人员,从而指导系统的设计改进。

②　有利于系统安全性分析过程的自动化或半自动化开展[17]。构建的安全性分析模型只需要客观反映系统原理、架构、技术参数等信息,通过将安全性分析工作项目转化为正式的模型并基于系统的正式模型开展安全性分析,并能够借助自动化分析算法在计算机上实现自动化或半自动化安全分析即可。

③　扩充安全性分析内容。系统安全性分析借助模型建模及仿真平台模拟系统运行,能够结合故障注入技术等方法,实现对不同风险场景下的系统进行仿真分析,从而扩展安全性分析内容,进而能够指导系统设计。

自 20 世纪 90 年代出现以来,MBSA 得到了学术和工程界的广泛关注。近年来,在众多工程领域,特别是航空航天领域,MBSA 也发展得越来越成熟。2005 年,由美国明尼苏达大学 Josh 和 Heimadhl 与罗克韦尔柯林斯公司的 Miller 和 Whalen 合作研究,将基于模型的研发过程应用到 SAE ARP4761 中的系统安全性分析流程中,系统性地提出了一种基于模型的安全性分析方法[10],并且在 2006 年,Joshi 等[10]在 NASA 的研究报告中进一步详细说明了 MBSA 方法的具体流程和基本思想,并对传统的安全性分析技术与 MBSA 方法流程进行了对比分析,如图 5-2 和图 5-3 所示。

不难看出,Joshi 等[18]提出的 MBSA 方法是通过系统模型和形式化方法,验证系统模型在完好情况和带故障情况下是否满足系统的安全性要求,其基本步骤包括:

①　构建完好状态下系统的名义模型;

②　确定故障模式,构建系统扩展模型;

③　开展系统安全性分析。

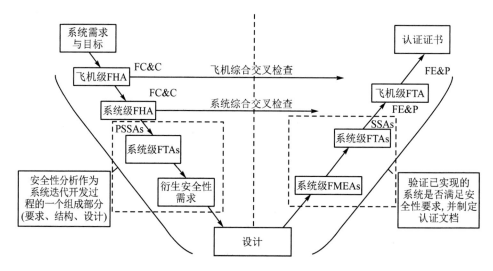

图 5-2 传统安全性分析技术评估流程

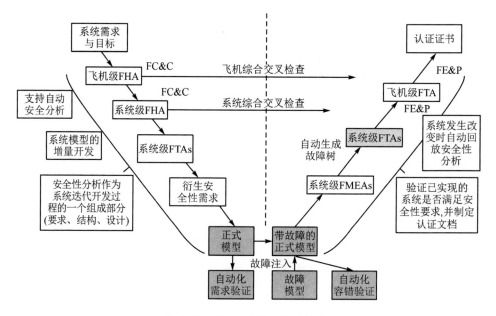

图 5-3 MBSA 的分析方法流程

5.1.4 基于 MBSA 的安全性分析方法现状

经过数十年的研究和发展,MBSA 方法在学术研究和工程领域中受到了广泛关注,已逐渐被各行业领域所采用,并具体采用了形式化[19]的方法,在模型基础上对系统是否满足安全性要求进行了验证。根据 MBSA 方法在开展系统安全性分析中使用模型的不同,目前常用的 MBSA 实现手段主要分为两类[12]:一类是基于系统扩展模型的 MBSA 方法,系统扩展模型的获取通常是将基于系统模型的开发过程中建立的系统模型与系统故障信息结合,从而扩展得到安全性分析所需要的系统扩展模型;另一类是基于故障逻辑建模的 MBSA 方法,即通常是以故障逻辑为基础,由安全性分析人员在人事系统的基础上构建安全性分析模型[20]。表 5 - 1 给出了两类模型构建方法的优点及局限性。

表 5 - 1　两类 MBSA 实现方法的优点和局限性[12,20]

方法名称	优　点	局限性
基于系统模型扩展的 MBSA 方法	系统设计过程与安全性分析过程所使用的模型是同一模型,这使得设计过程与安全性分析过程有机融合;形式化的系统模型扩展确保了安全性分析结果的正确性	这种方法适用于系统开发后期,容易错过基于安全性分析结果对系统设计的指导和改进;建模过程中的限定条件可能导致模型无法体现在真实环境中故障发生后系统的行为
基于故障逻辑建模的 MBSA 方法	安全性分析模型与系统设计模型比较直观和清晰;该方法允许将组件分解成子组件,从而可以通过对低层次特性的研究最终获知高层次的特性	系统设计模型与安全性分析所用的模型并不一定是同一模型;该方法目前还不太适用于技术异构系统(如航空发动机控制系统这类同时包含电子、机械、电气和软件技术的系统)

　　第一类建模方法是首先建立系统的名义模型,然后通过直接将故障信息注入系统名义模型中或者单独建立故障模型并在分析需要时将其与系统名义模型自动融合在一起,从而得到系统扩展模型,基于扩展模型能够对系统在单一或多故障状态下的行为开展评估分析。系统名义模型建立的过程实质上是在系统开发过程中用形式化方法对系统在正常状态下的行为进行描述,系统工程师可以借助该模型来验证系统的功能是否与需求相符,而后,安全性工程师借助该模型开展安全性分析。

　　基于系统模型扩展的形式化分析平台包括 Altarica[21]、FSAP/NuSMV[22]、NuXMV[23]等。这些形式化分析平台通过系统形式化建模与动态行为的捕获,验证复杂系统关键属性,同时还能够对瞬态故障和永久故障进行区分,并对故障的时间顺序进行建模。该方法目前在故障建模和自动化安全分析[24],系统演绎式安全性分析[25]等方面都进行了应用。

　　第二类建模方法需要对系统模型中各个组件进行扩展,通过描述每个组件的故障行为来构造系统的故障模型。相较于第一种方法,该方法采用独立于系统的开发模型,建立以系统安全性评估分析为特定目的的专用模型。基于故障逻辑建模的MBSA 方法通常从单一组件的故障逻辑描述开始,描述特定的组件输出行为的偏差(输出失效模式)是如何在组件输入偏差(输入失效模式)与内部异常状态(内部失效)的共同作用下产生的,从而最终组合得到整个系统的故障逻辑。该方法体现故障在系统中的传播途径,并最终产生故障集合。该方法应用于大规模复杂系统时,产生的分析结果更易于读取和理解。

由故障逻辑建模方法产生的安全制品通常是安全性分析工程师所熟悉的,能够使安全性分析过程更加直观[26]。通过使用 HiP - HOPS(Hierarchically Performed Hazard and Operability Studies)、FPTN(Failure Propagation Transformation Notation)、AltaRica 语言等技术,自动产生 FTA、FMEA 等安全性分析制品,同时可以有效地进行体系结构优化与成本优化等[27]。这些制品能够帮助识别设计过程中潜在的失效和设计缺陷,从而指导设计迭代过程,帮助完善产品需求。基于故障逻辑建模的过程非常灵活,可以适应模型开发的不同阶段;同时由于其层次化与模块化的分析过程,当系统组件进行修改时,能够很容易确定对系统的其余部分产生的影响[28]。这样能够对设计的更改进行有效评估,加快分析速度。

MBSA 作为一种新的安全性分析方法,可以保证安全分析系统与实际系统的一致性、集成性和准确性。在过去十几年间,欧美国家已经将 MBSA 应用到 ISAAC、NASA/CR - 2006 - 213953 等多个项目,减少和控制了项目的潜在危险,提高了复杂系统的安全水平。MBSA 方法的应用可以使系统工程师和安全工程师在一个通用的模型上工作,使系统设计与安全分析过程紧密结合,被认为是未来复杂系统安全性分析的主流技术。

|5.2 基于模型的系统安全性评估流程和分析方法|

5.2.1 基于模型的开发过程

基于模型的开发过程(Model-based Development,MBD)是构建对系统架构模型的过程,即其是依靠数学模型和仿真进行的一种设计方式,可以在开发过程中的任何阶段通过仿真对系统进行测试和验证[29]。将基于模型的开发过程与传统开发过程进行对比[30](见图 5 - 4)可知,基于模型的开发过程简化了传统开发过程的步骤,且很大一部分开发工作依靠系统的同一个模型将设计、实施和测试步骤结合起来,从而有效缩短了开发周期。使用该模型,可以采用模型检验方法进行多种分析,如系统仿真、完整性和一致性分析等[31]。通过对用户需求和系统进行建模和构建原型系统进行仿真,系统设计师可以更早、更容易、更及时地发现设计、开发错误,并及时纠正错误,从而减少由于早期设计阶段的错误而在后期开发中所做的大量修改。

MBD 以模型作为核心,以模型驱动架构风格(Model Driven Architecture,MDA)作为其指导思想,在工具的支持下,模型可被转换成代码或者可运行的配置。模型可以是有关系统属性的声明,也可以是有关系统的执行,用于描述对外界信息的响应。MBD 以模型为中心的思想得到了学术界和工业界的广泛支持,提高了开发效率,增强了开发过程中的可移植性、可维护性与工作能力,目前已在业界获得广泛应用。

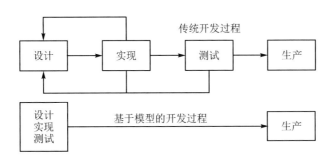

图 5 - 4　传统的开发过程与基于模型的开发过程对比

5.2.2　基于模型的安全性分析

基于模型的系统安全性分析的实质是基于模型的开发过程与安全性分析领域的结合,它沿用了传统的系统安全性评估流程,但在分析模型的基础上与其他方法相结合。该分析通过系统模型和形式化方法,验证系统模型在正常情况和失效情况下是否满足安全性要求。其基本步骤包括:建立标准模型(正常情况下系统模型)、确定失效模式,建立扩展模型(失效情况下系统模型)、安全性分析[5]。这种系统安全分析的途径,使设计人员及安全性分析人员使用共同的系统模型,而通过加入故障模式来扩展系统模型,为安全性分析提供了很大帮助。由于设计人员及安全性分析人员使用共同的系统模型,所以在降低开销的同时,提高了安全性分析的质量。

基于模型的航空发动机系统安全性评估流程通过保证性能设计和安全性所用模型的统一,将安全性分析贯穿整个性能设计流程并保证实时交互,从而实现了性能和安全的同步平衡设计。

与传统的系统安全性评估流程相比,基于模型的安全性分析方法在原 V 形评估流程的基础上,引入的模型开发过程中所涉及的系统模型与系统安全性评估及设计流程之间存在交互作用,以保证开发过程中的任何阶段对系统进行测试、分析和验证,如图 5 - 3 所示。而存在的这种交互作用,就要求在交互方式上建立起有效的框架,其可以从流程结构和交互对象两个方面加以描述。

模型作为一种通用分析方法及工具,在流程结构方面,它可以被应用到系统安全性分析及设计的各个具体流程,包括 FHA 阶段、PSSA 阶段和 SSA 阶段。航空发动机级 FHA 的目的是明确每个失效状态以及其严重性的分类理由,其输出是将其失效状态的原因分解到起作用的子系统的失效模式,作为子系统 FHA 的输入[32]。对于 PSSA 阶段,由于其目的是确定 FHA 阶段予以识别的失效模式是如何引起的,因此在 PSSA 阶段应使用模型来分析那些对 FHA 阶段被识别出的失效模式可能起作用的影响因素,将这些影响因素进行分解和参数化表达,并进一步导出安全保护措施(如余度、非相似性、监控等)。最终在 SSA 阶段,将 PSSA 阶段输出的结果进行综合,验证系统所实施的设计是否满足硬件和软件的安全性要求。

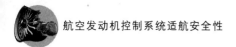

5.2.3 形式化验证方法

自 2005 年以来,基于模型的系统安全性分析被许多航空航天机构不断研究和应用[33,34],主要是在模型基础上对系统安全性是否满足安全性要求进行验证,其研究对象大多数集中于机载控制系统软件部分,并具体采用了形式化验证方法(Formal Method,FM)中的模型检验法(Model Checking,MC)。通常采用该方法进行安全性分析时,以穷尽测试的方式探索所有可能的软件状态,以验证软件中是否执行了不符合安全性需求的潜在危险路径。模型检验的输入应分别是待检测的软件系统模型和用于安全性分析的安全是违反安全属性的反例[35]。其优点是模型检验利用遍历算法:一方面,可以从数学上保证搜索出系统的所有状态,降低安全隐患;另一方面,可以利用计算机检验工具,实现自动分析过程,减少人为主观判断导致的分析错误。

正是因为以上优点,2013 年 7 月 19 日,FAA 颁布 AC 20 - 115C 正式确定机载系统和设备的软件开发和适航审定可以采用 DO - 333 形式化验证方法和 DO - 331 基于模型的开发过程等方法作为 FAA 可接受的符合性验证方法,这些方法已逐渐被实际工程应用[36]。

在基于模型的安全性分析过程中,需要对分析结果的正确性进行验证,其中形式化验证和仿真测试是在分析过程中用来验证软件正确性的互补方法。通常,在PSSA 过程中基于功能需求,采用仿真测试手段验证软件功能的正确性。在 SSA 阶段结合形式化规约,采用形式化验证技术实现对分析结果的验证。在完成 PSSA 阶段的影响因素的分级、定位和导出相应的安全保护措施后,SSA 阶段将 PSSA 阶段输出的结果进行综合,并通过验证的手段表明系统符合安全性要求或安全性水平有所提高。针对航空发动机系统,应在 SSA 阶段通过分析的手段以表明其符合安全性要求或安全性水平有所提高。实际分析中可以分别引入"蒙特卡洛法"定量地评估系统设计变化(如采用安全控制策略前后)导致的系统失效模式及概率的差异,以判断安全控制策略的有效性;引入"模型检验法"定性地对控制系统软件逻辑部分进行建模分析,并判断该部分是否具有处理异常情况输入的能力。

| 5.3 建模思路 |

目前 MBSA 的建模方法主要有两种,在本书 5.1 节中已有一些讨论。第一种基于模型扩展的建模思路是将故障行为直接嵌入系统模型中得到拓展模型,安全分析基于设计模型,设计和安全性分析共享同一建模环境、建模语言和建模工具。第二种基于故障逻辑的建模思路是将故障模型作为一个独立于系统模型的实体来开发基于独立的安全性评估模型。两种建模思路各有优缺点,应结合具体情况选取适合的建模方式。

5.3.1　模型特性

　　两种建模思路下,模型抽象程度都是建立形式化模型过程中需要考虑的重要问题。模型抽象度对分析的计算量和模型的细节表现力影响很大。抽象度高的建模方式运算速度快,但细节表现力低;抽象度低的形式化模型的细节表现力高,能模拟更为详细的系统信息,模型直观且便于查看和修改,但计算量相对较大[37]。

　　组件模型的连接方式分为有向连接和无向连接。有向连接的组件,信息从输入端口流向输出端口,方向明确。有向连接的组件模型,如 Simulink 工具和 SCADE 模型,与真实系统的直观对应性弱,但信息传递明确,运算速度快,对于复杂系统有着显著的优势,但同时可能建模也相对复杂。无向连接是指信息流动和能量的交换在组件上没有明确方向,适用于物理系统的功能组件连接。无向连接的模型,如 Simscape 模型,可以较直观地模拟真实系统,提供丰富的系统细节信息,但运算速度与有向连接模型相比较慢。

5.3.2　有限状态机理论与 Stateflow

　　在模型建立过程中,需要通过状态组合对系统行为进行表征[28]。状态表示的往往是模块的分类行为,关注的是模块内部如何随事件的发生而改变。在模块的状态描述中除了状态组成的基本要素外,还有转移与事件两类要素描述状态之间的关系。转移显示不同状态之间的转变路径,事件具有时间特征,是两个状态之间转移的关键。在特定状态下,当触发事件发生时,系统能够从该状态转移到下一个状态,完成状态转移,模块的输出也发生改变。

　　系统的状态可以通过有限状态机(Finite‐State Machine,FSM)进行建模,并通过 Stateflow 完成仿真。

1. 有限状态机理论

　　有限状态机又称有限状态自动机(Finite-State Automation,FSA),是一种表示有限个数状态之间的转移、动作、计算过程的数学模型[38]。有限状态机通常由以下三个部分组成:有限状态集,用于描述系统中的不同状态;输入集,用于表示系统所接受的不同输入信息;状态转移规则集,用于表述系统在接收不同输入时从一个状态转移到另一个状态的规则。

　　有限状态机有多种表现形式,较为常用的有状态图(状态转移图)以及多种类型的状态转移表。在状态图中,顶点表示状态,边表示转移。顶点上标有状态的名字,边上标有输入符号的当前值。图 5‐5 所示为一个基本的状态图示例,其中标有 q_0 的单圆圈为系统的初始状态,初始状态由一个没有起点的箭头所指向;标有 F 的双圆圈为系统的最终状态。初始状态 q_0 在转移规则 t_1 成立的条件下进行状态自转换，在转移规则 t_2 成立的条件下转移到最终状态 F。

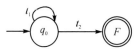

图 5-5　状态图示例

状态转移表是描述有限状态机基于当前状态和条件输入，会转移到哪个特定状态的表格。表 5-2 是一个简单的状态转移表示例。当前状态 s_1 和条件 t_1 的组合将会使系统转移到下一状态 s_2，当前状态 s_2 和条件 t_2 的组合将会使系统转移到下一状态 s_3。状态转移表中可以列出所有可能的状态及状态转移情况。

表 5-2　状态转移表示例

条件↓/当前状态→	状态 s_1	状态 s_2	状态 s_3
条件 t_1	状态 s_2	…	…
条件 t_2	…	状态 s_3	…
条件 t_3	…	…	…

有限状态机可以被分为有限接受器（识别器）和有限变换器两类。

有限接受器是五元组 (Q,Σ,δ,q_0,F)。其中，Q 是所有状态的非空有限集合；Σ 是输入符号的有限集合；$\delta:Q\times\Sigma\to Q$ 是状态转移函数；q_0 是初始状态，它是有限集合 Q 中的元素；F 是最终状态的集合，且 $F\subseteq Q$。

接受器产生一个二元输出来回答输入是否被机器接受，输出结果只能是"是"或"否"。当所有输入的处理完成后，当前状态为"接受"，则接受输入；反之则拒绝输入。图 5-6 所示为接受单词 fly 的状态图，当且仅当最终状态为"F_2：success"时，接受器为接受状态。

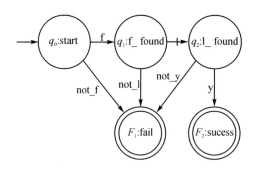

图 5-6　接受单词"fly"的状态图

有限变换器是六元组 $(Q,\Sigma,\Gamma,q_0,\delta,\omega)$。其中，$Q$ 是所有状态的非空有限集合；Σ 是输入符号的有限集合；Γ 是输出符号的有限集合；q_0 是初始状态，它是有限集合 Q 中的元素；$\delta:Q\times\Sigma\to Q$ 是状态转移函数；ω 是输出函数。

当输出函数是状态和输入符号的函数（$\omega:Q\times\Sigma\to\Gamma$）时，该变换器为米利型有限状态机（Mealy 机）；当输出函数仅是状态的函数（$\omega:Q\to\Gamma$）时，该变换器为摩尔型有限状态机（Moore 机）。对于每一个 Mealy 机，都有一个与之对应的等价 Moore 机，该等价 Moore 机的状态数量上限为对应的 Mealy 机的状态数量乘以输出数量的值加一。有限变换器与有限接收器的区别主要在于有限转换器在完成状态转移的同时产生一个输出，而接收器只实现状态的转移，不产生输出。

有限状态机能够描述各类事件导致的系统状态转移从而直观地表述系统动态行为。其图形化表示方式还能够非常直观地表述系统从正常状态到故障状态的变化过程，从而反映系统的安全行为特征。

2. Stateflow 概述

Stateflow 图是有限状态机的图形表示，是一种基于有限状态机理论的图形化设计与开发工具，集成于 Simulink，使用状态机和流程图进行建模与仿真[39]。Stateflow 通过可视化模型可以清晰地反映出动态系统的复杂逻辑关系。而 Simulink 主要针对的是动态变换系统，一般用数学表达式或微分方程等对系统进行描述。

Simulink 与 Stateflow 的关系如图 5-7 所示，图中的每一个双向箭头代表着一对一一对应的关系。Simulink 模型中可以包含子系统、工具箱模块、Simulink 模块以及 Stateflow 模块。Stateflow 模型从顶层到底层分别为状态机、状态图模块以及状态模块。Stateflow 状态机中包含所有的状态图模块，每一个状态图即一个 Stateflow 框图，包含若干个图形模块（如状态）以及非图形模块（如事件）。Stateflow 与 Simulink 具有天然的接口，两种模型能够完美地融合在一起，MATLAB 进行仿真时 Simulink 模型部分与 Stateflow 模型部分同时运行，为同时描述事件响应系统和动态变换系统提供了有利条件。

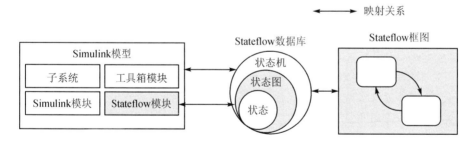

图 5-7　Stateflow 与 Simulink 关系示意图

Stateflow 框图的基本组成结构如图 5-8 所示。状态描述的是事件驱动系统的一种模式。Stateflow 框图可以具有层次，同一层次的状态之间有互斥和并行两种结构，同一时刻互斥状态中只有一个是激活的，而同一层次中所有的并行状态可以同时处于活动中。状态之间通过带有箭头的线连接起来构成有向图，这样的线称作转移，转移的内容由条件、条件动作以及转移动作组成。当条件满足时条件动作执行，而转移动作需要在整条转移通路有效时方能执行。默认转移指向的状态为同一层次状态中率先被激活的状态,在转移上添加的注释信息称为转移标签。连接节点用来完成通路的连接,为通路的汇合点和判断点。历史节点用于保留父状态退出激活状态时子状态的情况,其可以在父状态再次激活时使子状态恢复之前的状态。上述这些要素构成了一个 Stateflow 的基本框图,在 Simulink 仿真过程中,当某激活状态的转移条件满足时,激活状态将从当前状态跳转到下一状态。

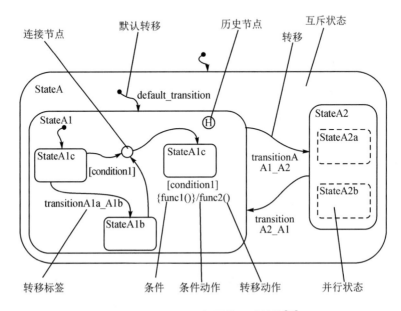

图 5 - 8　**Stateflow 框图的组成结构**[40]

5.3.3　MBSA 的主要流程

MBSA 旨在减少安全性评估时的工作量和提高分析结果的质量,其工作流程中的重点是如何建立形式化模型、考虑如何对系统行为中存在的故障对模型进行扩展。具体来说,这种方法首先将非形式化的系统架构或功能模型转化为形式化语言描述的形式化模型,再将形式化的故障模型与系统模型结合,最终对拓展模型实现自动分析故障模式及自动生成故障影响[37]。MBSA 的主要流程如下:

(1) 创建名义模型

基于模型的开发和安全性分析的主要步骤是将实施系统形式化。名义模型包含如电子元件(软件和硬件)和机械元件(阀门、泵等)的形式化物理系统或形式化功能模块。系统的行为用形式化和规范化的语言描述,例如同步(文本)语言,如 Luxe 图形化显示工具、SCADE 和 MATLAB 的 Simulink 工具。同时,系统的逻辑和物理体系结构也要用形式化语言来描述。

（2）派生形式化安全性需求

派生的安全要求以与传统的 V 过程相同的方式确定。使用形式化符号表征安全属性，将建模语言中的需求与系统模型相结合，从而进行同步观察与自动分析。

（3）创建故障模型

系统级故障可能发生在组件的故障、错误的输出、信号异常或非故障下功能不正常等情况下。故障模型捕获系统组件（包括数字的控制器和机械系统）出现故障的各种方式；理论上，故障模型还能制定出触发组件故障及其持续时间的故障，同时区分短暂的故障（持续时间较短的故障）和永久性故障（一直持续的故障）；故障模型还可以指定更复杂的故障行为，比如故障传播、从属故障等；根据系统模型的不同，可以模型化电子故障、机械故障、时间故障等不同类型的故障。

（4）模型拓展

基于模型的安全性分析不仅需要形式化描述系统模型，同时需要对故障模式进行形式化建模。故障模型与系统模型建立联系得到的扩展系统模型是自动化安全性分析的基础，用于各种模拟和分析。同时，拓展系统允许故障的组合仿真。

（5）执行安全性分析

给定扩展的系统模型，安全分析过程包括以形式化的属性表示系统（非形式化）的安全要求，然后进行形式化的分析验证需求。安全性分析人员可以通过给指定部件添加故障来观察系统的故障行为。对于更严格的分析，可以使用正式的验证工具。诸如故障树和 FMEA 之类的传统安全性分析方法作为形式化分析的副产品可以自动生成。

（6）仿　真

与故障模型一起扩展的系统形式化模型确定后，安全性工程师可以仿真模拟不同失效组合的故障影响。工程师能通过图形用户界面可视化系统的故障影响，在执行更严格的静态分析之前快速发现安全性问题。

（7）安全属性验证

诸如模型检查器等验证工具可以用来证明扩展的系统模型中是否满足安全属性的要求。为此通常要对某些不可能的故障组合进行筛选和排除。这些故障组合在证明过程中以编写的假设或定理表示。如果安全属性存在，安全性分析人员检查假设是否存在及其真实性。如果真实，分析人员就有依据证明故障模型系统满足安全性能。如果没有证明该属性，可能需要重新设计系统或放宽原有的安全需求，使约束可接受和系统处于可用状态。此外，该功能还可以检测系统的容错能力。

5.4　基于 MBSA 的 FHA

基于模型的 FHA 方法中的关键要素为功能失效状态，这一点与传统 FHA 方法相同[40]。当航空发动机控制系统功能发生失效后,功能从正常状态进入失效状态,给航空发动机整机运行带来一定影响。Stateflow 作为一种图形化建模语言,模型中的基本要素也为状态,在转移条件满足时,激活的状态从当前状态跳转到下一状态,在仿真过程中可以直观地看到状态的转移情况。FHA 中涉及失效状态的影响部分往往依赖于专家的检验和工程评审,有时需要支撑材料来支持对于失效影响等级的判断。

5.4.1 基于 MBSA 的 FHA 构建

以功能的失效状态作为有限状态机中的核心元素。当某些输入条件获得满足时,模型就会对其进行响应,活动的状态就从一个功能失效(正常)状态转移到另一个功能失效状态。

Stateflow 的状态机模块代表的是某一个功能的正常状态、所有失效状态以及其中的转移关系。状态机模块的输入 $u_1, u_2, \cdots, u_n$ 是与该功能失效状态相关的预设变量的值,输出集 Y_1 是代表功能所处失效状态的值,输出集中的每一个元素都是输入集的映射,其值可以在模型仿真运行后得到。输出集 Y_1 中的元素能够为失效状态等级分类提供支持的参考量。

基于模型的 FHA 主要包含以下步骤:

① 构建航空发动机控制系统主要功能清单并选择需要分析的功能;

② 依据航空发动机基本功能,建立功能的失效状态;

③ 在 Stateflow 中对功能的正常及失效状态、失效状态影响等级、飞行阶段、以及各个状态间的转移进行建模;

④ 通过程序编写及仿真得到处于期望影响分类的单一和多重功能失效状态,以及处于不同功能失效状态时航空发动机进入的下一状态及失效影响分类。

5.4.2 功能失效状态建立

航空发动机控制系统主要功能清单及功能失效状态已在前面章节中给出,航空发动机控制功能实施主要包括燃油控制、可调放气活门(VBV)控制、可调静子叶片(VSV)控制、高压涡轮主动间隙(HPTACC)控制、点火装置控制、反推解锁控制、起动机控制。依据功能失效状态表进行编码(见表 5-3)。

表 5-3　功能失效状态编码表

功　能	状态编码				
	0	1	2	3	4
燃油控制	正常	输出过高	输出过低	输出振荡	—
VBV 控制	正常	开度过大	开度过小	振荡	—

功　能	状态编码				
	0	1	2	3	4
VSV 控制	正常	开度过大	开度过小	振荡	—
HPTACC 控制	正常	过冷	过热	—	—
点火装置控制	正常	意外打开	无法打开	意外关闭	无法关闭
反推解锁控制	正常	意外打开	无法打开	意外关闭	无法关闭
起动机控制	正常	意外打开	无法打开	意外关闭	无法关闭

5.4.3　层次化模型架构

　　基于 Stateflow 的功能失效状态模型采用层次化建模的形式,如图 5 - 9 所示,模型从顶层到底层可以分为运行阶段层与发动机功能层两个层级。

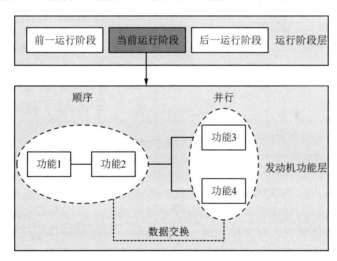

图 5 - 9　层次化模型结构示意图

　　功能失效产生的影响与航空发动机运行阶段关系密切,同一功能失效状态在不同飞行阶段造成的影响及相应的影响等级分类可能有很大差别,因此将飞行阶段层作为模型的最高层级。航空发动机运行阶段在本书前面章节中已有详细描述。
　　模型的最低层级为发动机功能层。在发动机功能层中定义发动机所具有的功能及功能间的相互关系。定义功能具有如下的几种关系:顺序关系、并行关系以及数据交换关系。顺序关系指一个功能的运行在上一个功能的运行之后,比如故障诊断与重构功能的运行在状态监视功能之后才能够进行。并行关系指几项功能可以同时运行,比如在加减速运行过程中,燃油控制功能、VBV 控制功能与 VSV 控制功能同时运行以保证航空发动机安全运行,不发生超温、超转、喘振等危险。数据交换关系指两种功能之间存在数据交换,比如状态监视功能获取发动机转速、排气温度等状态参数,故障诊断与重构功能与之进行数据交换,通过状态参数诊断发动机故障状态,并进行故障隔离与信号重构。根据这几种功能关系对所涉及的功能进行分析,建立航空发动机功能关系图。

5.4.4　Simulink/Stateflow 建模

完成上述步骤后,可在 Simulink/Stateflow 环境下进行 FHA 模型的构建。由 Stateflow 构建的功能状态模型中的基本元素为功能的状态机,每一个状态机由若干个状态图和子状态图组成。每个功能失效状态图有活动和不活动两种状态,一旦进入一个状态,它将一直处于活动状态直到满足某些转移条件,退出此状态为止。

根据航空发动机数控系统功能实施描述,将功能的运行分为与其他功能产生关联的部分及与其他功能无关的部分。如图 5-10 所示,假设某项功能有两个存在关系的关联功能,则该功能的运行可以分解为与关联功能 1 相关的部分,与关联功能 2 相关的部分,以及与其他功能无关、只与自身状态有关的部分。这三部分中每一部分的失效都会对该功能的正常运行产生影响。

图 5-10　功能分解示意图

针对航空发动机控制系统某功能状态,每个正常或失效状态使用数字进行编码,其关联功能可以用该功能状态图下的子状态图进行失效状态建模。运行阶段层中对航空发动机所处运行状态及失效状态影响分类也用数字编码表示。由于在航空发动机不同运行阶段功能失效带来的影响及严重性分类可能有所区别,故使用一个指示变量指示发动机在发生失效前的起始状态。在建立所涉及功能的全部状态图后,将状态图通过转移(有向箭头)连接起来。

另外,可以利用 Simulink 建立失效严重性分类验证模型,通过仿真对特定功能失效情况下的严重性分类结果进行辅助验证。该模型的输入一部分来自发动机参数及环境参数,一部分来自 Stateflow 模型根据其输入参数得出的功能所处失效状态,能够输出不同参数及不同功能失效状态下关系到严重性分类判断的参考量的定量变化,补充或辅助验证严重性分类的结果。

5.4.5　状态图仿真的程序实现与结果分析

分别以航空发动机推力控制、停车控制功能为例,进行基于 MBSA 的 Simulink/

Stateflow 建模与 FHA 分析。

　　首先定义有限状态机模型输入/输出变量表及其含义说明(见表 5 - 4),其中包括 TC_state、EOC_state 等各功能状态变量及运行阶段指示变量 p。0 代表变量处于正常状态。

表 5 - 4　功能失效状态模型输入/输出变量表

序　号	变量名称	变量取值	变量含义
1	TC_state	0,1	1:推力控制功能丧失
2	EOC_state	0,1	1:停车控制功能丧失
3	TC	0,1	1:推力控制自身功能丧失
4	EOC	0,1	1:停车控制自身功能丧失
5	FC_state	0,1,2,3	1:燃油控制输出过高; 2:燃油控制输出过低; 3:燃油控制输出振荡
6	VBVC_state	0,1,2,3	1:VBV 控制开度过大; 2:VBV 控制开度过小; 3:VBV 控制振荡
7	VSVC_state	0,1,2,3	1:VSV 控制开度过大; 2:VSV 控制开度过小; 3:VSV 控制振荡
8	p	1,2	1:慢车状态; 2:慢车以上状态

1. 推力控制功能

　　航空发动机推力控制功能用于保证发动机节流、起飞、最大连续、爬升、巡航等阶段的推力需求,通过使用油门杆与相应的调节计划来完成。推力控制功能主要依赖燃油控制、VBV 控制与 VSV 控制进行具体实施,通过使燃油流量、可调放气活门角度与可调静子叶片角度按照预定控制计划变化,实现发动机在不同运行阶段的推力控制。

　　建立推力控制功能状态流程图(见图 5 - 11)。其输入为燃油控制功能所处状态 FC_state、VBV 控制功能所处状态 VBVC_state、VSV 控制功能所处状态 VSVC_state 及推力控制功能自身状态 TC,输出为推力控制功能所处状态 TC_state。其默认状态为推力控制功能正常状态下的依赖功能正常子状态,此时 TC_state 的值为 0,即推力控制的输出为正常状态。

　　当[FC_state～=0]条件成立时,燃油控制功能故障。若[FC_state==1]成立,即燃油控制输出过大时,推力功能控制受到影响,处于丧失状态,TC_state 的值变为 1。同理,[FC_state==2]或[FC_state==3]成立分别表示燃油控制输出过小或燃油控制输出振荡时,推力控制功能也受到影响处于丧失状态,TC_state 的值变为 1。

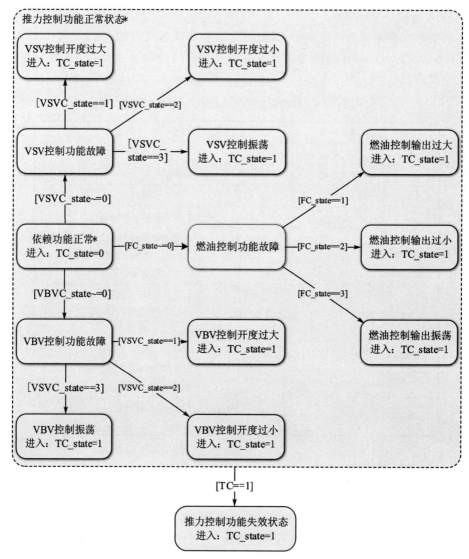

图 5-11　推力控制功能状态流程图

当[VBVC_state～＝0]条件成立时,VBV 控制功能故障。若[VBVC_state＝＝1]成立即 VBV 控制开度过大时,推力功能控制受到影响,处于丧失状态。同理,[VBVC_state＝＝2]或[VBVC_state＝＝3]成立分别表示 VBV 控制开度过小或 VBV 控制振荡时,推力控制功能也受到影响,处于丧失状态,TC_state 的值变为 1。针对 VSV 控制的功能失效状态分析思路与 VBV 控制相同,此处不再赘述。若[TC＝＝1]成立,即自身输入为功能丧失状态,则推力控制功能处于丧失状态。

2. 停车控制功能

　　航空发动机停车控制功能具体分为正常停车控制与紧急停车控制。正常停车控制是指在发动机慢车转速下,由驾驶员指令,通过立即停止向燃烧室供油使发动机停车。紧急停车控制是指在发动机慢车以上状态下,驾驶员发出停车指令后立即执行切断供油操作,VBV、VSV 按照减速规律变化,直至发动机停车。

　　建立停车控制功能状态流程图(见图 5-12)。其输入为燃油控制功能所处状态 FC_state、VBV 控制功能所处状态 VBVC_state、VSV 控制功能所处状态 VSVC_state、运行阶段 p 及停车控制功能自身状态 EOC,输出为停车控制功能所处状态

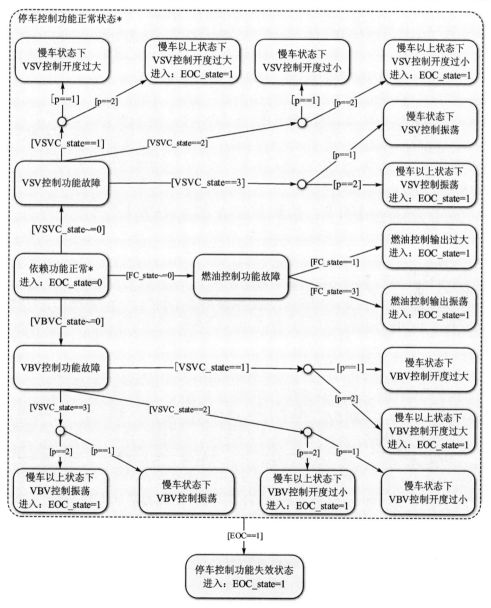

图 5-12　停车控制功能状态流程图

EOC_state。其默认状态为停车功能正常状态下的依赖功能正常子状态,此时 EOC_state 的值为 0,即停车控制的输出为正常状态。

当[FC_state~=0]条件成立时,燃油控制功能故障。若[FC_state==1]或[FC_state==3]成立,即燃油控制输出过大或振荡时,停车功能控制受到影响处于丧失状态,EOC_state 的值变为 1。燃油控制输出过小不会影响停车控制功能的正常实现。

当[VBVC_state~=0]条件成立时,VBV 控制功能故障。当[VBVC_state==1]且[p==2]成立时,紧急停车状态下 VBV 控制开度过大,此时停车功能控制受到影响,处于丧失状态,EOC_state 的值变为 1。同理,可以对 VBV 控制的其他类型失效状态及 VSV 控制失效状态进行分析,建立相关状态转移图模型。若[EOCC==1]成立,即自身输入为功能丧失状态,则停车控制功能处于丧失状态。

对所有航空发动机控制功能失效状态进行建模后,可以以各功能失效状态、运行阶段与环境变量为输入,结合具体航空发动机失效分级原则,建立功能失效危害等级状态转移关系图,从而完成对航空发动机控制系统基于 MBSA 的 FHA 分析。

| 5.5 基于 MBSA 的 FMEA |

能够确定功能或组件的故障模式及其对更高层次的影响,其结果可用于编制故障模式及影响摘要,为 SSA 过程中的其他分析技术提供支持。FMEA 方法已在实践中得到大量应用。本书以控制通道电源调理电路 203A 为对象,进行基于 MBSA 的 FMEA 方法说明与介绍。

5.5.1 名义模型与失效模型的建立

基于 MBSA 的 FMEA 分析首先需要建立系统的名义模型与失效模型。使用 Saber 这一专业级电气仿真软件进行数控电源调理电路 203A 的元器件失效仿真验证。该电路的具体构成在本书前文中已有具体叙述。

由于各个模块的电路图难以获取,元器件的精确参数无法取得及部分电子元器件不存在 Saber 模型等客观条件限制,此处自行搭建了过压保护与+27VKO 供电模块的电路图,并采用 Buck 电路的方式实现了其他供电电路,以此为基础进行元器件级失效仿真验证。

1. 名义模型的建立

(1) 过压保护模块

过压保护电路名义模型如图 5-13 所示。V1 三级管、C19 电容、R17 电阻共同组成了有源滤波电路,其仅在过压保护电路输入电压有杂波时工作。采用直流稳压电源作为输入时,有源滤波电路不工作,因此为减少 Saber 仿真的计算量,针对过压保护电路的 FMEA 建模可以简化过压保护电路模型与有源滤波电路模型。

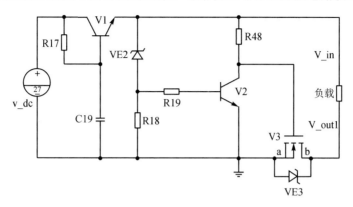

图 5 - 13　过压保护电路名义模型

简化过压保护电路名义模型如图 5 - 14 所示。当输入电压源为直流稳压电源,且输入电压小于等于 27 V 时,稳压二极管 VE2 没有被反向击穿,因此 V2 三极管的基极处于低电平状态,三极管的集电极与发射极截止,使得 V3MOS 管的栅极处于高电平状态,V3MOS 管的漏极与源极之间导通,整个电路导通工作。当输入电压大于27 V 时,稳压二极管 VE2 被反向击穿,因此 V2 三极管的基极处于高电平状态,三极管的集电极与发射极导通,使得 V3MOS 管的栅极处于低电平状态,V3MOS 管的漏极与源极之间截止,整个电路截止断开。

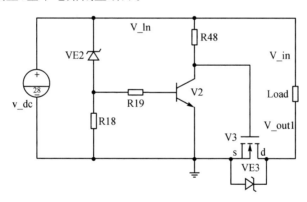

图 5 - 14　简化过压保护电路名义模型

采用电源为 27 V 与 28 V 稳压直流电压源,分别对保护电路正常工作与进行过压保护的工况在 Saber 环境中进行仿真,仿真时间为 10 ms,各部件均正常时,仿真结果如图 5 - 15 所示。输入电压等于 27 V 时,负载两端存在正常的工作电压;输入电压大于 27 V 时,负载两端电压压降极小,保护电路实现过压保护。

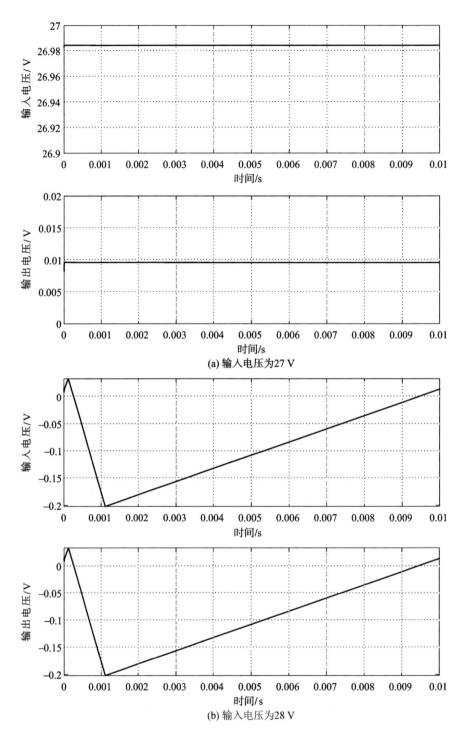

图 5 - 15 过压保护电路正常工作时的仿真结果

有源滤波电路名义模型如图 5-16 所示。R17 电阻、C19 电容组成了 RC 滤波电路,R17 电阻一方面为 V1 三极管的基极提供偏置电流,同时也是滤波电阻。由于流经 R17 电阻的电流是 V1 三极管的基极偏置电流,这一电流很小,故 R17 电阻的阻值可以取较大的值,以保证 R17 电阻与 C19 电容组成的 RC 滤波电路的滤波效果较好。同时 V1 三极管的放大作用也放大了 C19 电容的作用,等效于将原来的电容值放大了 β 倍(β 为三极管的电流放大倍数),故 C19 电容可以取较小的值。

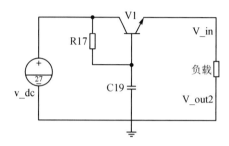

图 5-16　有源滤波电路名义模型

（2）供电模块

控制通道调理电路 203A 中＋5 V 供电模块、±15 V 供电模块属于直流降压 DC-DC 电路。由于控制通道调理电路 203A 所提供的电子元器件表中 HVHF28S5、HTR28D15、HSA28D15 为军用级电源模块,其 Saber 模型难以获取,缺失供电电路的详细电子元器件连接图以及其中的电子元器件参数,故采用 Buck 电路建立＋5 V 供电模块、±15 V 供电模块名义模型。

Buck 电路名义模型如图 5-17 所示,当 V_pulse 产生的方波为高电平时,nmos 管 Q1 导通,储能电感 L1 被充磁,流经电感的电流线性增加,同时给电容 C1 充电,给负载电阻 load 提供能量。当 V_pulse 产生的方波为低电平时,nmos 管 Q1 截止,储能电感 L1 通过二极管 D1 放电,电感电流线性减少,输出电压靠电容 C1 放电以及线性减小的电感电流维持。

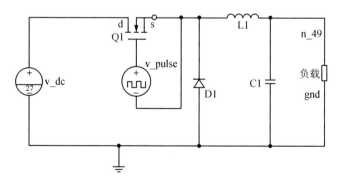

图 5-17　Buck 电路名义模型

供电模块设计要求如表 5-5 所列。

表 5-5 供电模块设计要求表

高压侧直流电源输入电压 V_{in}/V	27 V
低压侧输出电压 V_{out}/V	5/15
输出电压纹波 $V_{out(p-p)}$/mV	25
方波电压频率 f_s/kHz	200
电感电流临界连续时 I_G/A	0.1 A

按照如下步骤确定 Buck 电路设计参数：

① 确定 V_pulse 产生方波的占空比

对于 +5 V 供电模块，有

$$D_1 = \frac{V_{out1}}{V_{in}} = \frac{5}{27}$$

对于 ±15 V 供电模块，有

$$D_2 = \frac{V_{out2}}{V_{in}} = \frac{15}{27}$$

② 确定电感 L1 的电感值

对于 +5 V 供电模块，D_{min1} 取为 0.2，有

$$L_{min1} = \frac{V_{in1}(1-D_{min1})}{2I_G f_s} = 100 \ \mu H$$

由于 $L_1 < L_{min}$，取 $L = 100 \ \mu H$。

对于 ±15 V 供电模块，D_{min2} 取为 0.4，有

$$L_{min2} = \frac{V_{in2}(1-D_{min2})}{2I_G f_s} = 225 \ \mu H$$

由于 $L_2 < L_{min}$，取 $L = 225 \ \mu H$。

③ 确定电容 C1 的电容值

对于 +5 V 供电模块，有

$$C_{max1} = \frac{V_{in1}(1-D_{min1})}{8L_1 f_s^2 V_{out(p-p)}} = 5 \ \mu F$$

由于 $C_1 > C_{max}$，取 $C_1 = 10 \ uF$。

对于 ±15 V 供电模块，有

$$C_{max2} = \frac{V_{in2}(1-D_{min2})}{8L_2 f_s^2 V_{out(p-p)}} = 5 \ \mu F$$

由于 $C_2 > C_{max}$，取 $C_2 = 10 \ \mu F$。

④ 选择 NMOS 管以及二极管

考虑到 Buck 电路的输入电压为 27 V，以及 +5 V 供电电路与 ±15 V 供电电路

选定的负载分别为 5 Ω 以及 15 Ω，选取 IRF460 为 Buck 电路中的 NMOS 管，DLN3880 为 Buck 电路中的二极管。

　　+5 V 供电模块正常状态下的仿真结果如图 5-18 所示。n_49 处电压为负载输入电压，由仿真结果可知，Buck 电路实现了直流电源 27 V 到 5 V 的降压变换。

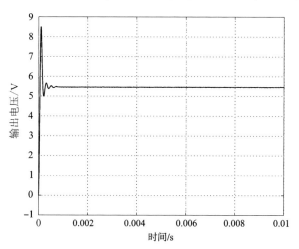

图 5-18　+5 V 供电模块正常工作时的仿真结果

　　±15 V 供电模块正常状态下的仿真结果如图 5-19 所示。n_49 处电压为负载输入电压，由仿真结果可知，Buck 电路实现了直流电源 27 V 到 15 V 的降压变换。

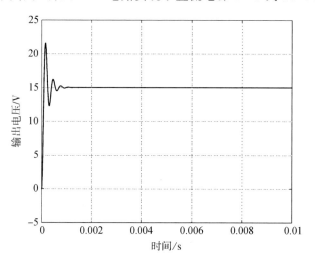

图 5-19　±15 V 供电模块正常工作时的仿真结果

(3) +27VKO 供电模块

　　+27VKO 供电模块名义模型如图 5-20 所示，当 V15MOS 管的栅极处于高电平状态时，V15MOS 管截止，E6 光耦隔离器中的发光二极管无电流流过，无法发光，由此 E6 光耦隔离器中的三极管截止,负载得以输入正常的工作电压。

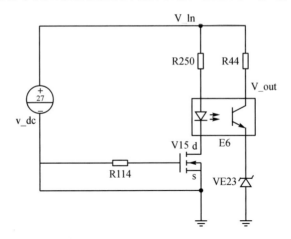

图 5 - 20 ＋27VKO 供电模块名义模型

各部件正常时的仿真结果如图 5 - 21 所示,负载两端存在正常的工作电压。

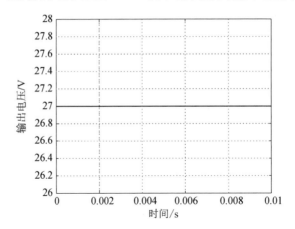

图 5 - 21 ＋27VKO 供电模块正常工作时的仿真结果

2. 失效模型注入

故障的模型化要以尽可能简单但描述足够详细的方式来实现故障仿真和安全性分析的目的,确保包含很多组件的复杂系统可以稳定有效地模拟许多组合故障的正常状态和故障状态。有些故障随着时间的推移逐渐恶化,如机械裂纹或点蚀,在建模时很难实现此类故障。

为便于安全性分析以及避免不必要的建模细节,控制通道调理电路 203A 部件故障目录限于每个元器件的两种故障模式。模式 0 反映完好状态或正常功能;模式 1 代表元器件开路;模式 2 代表元器件短路。部件失效模式定义如表 5 - 6 所列。

表 5 - 6　元器件失效模式定义

模　式	0	1	2
功能状态	功能正常	元器件开路	元器件短路

5.5.2　故障影响形式化

在执行安全性分析之前,首先要对安全性需求和潜在的故障影响进行形式化,以此作为系统安全性分析的判别标准。

过压保护模块中元器件故障可能造成的影响包括:过压保护模块短路、过压保护无电压输出。+5 V 供电模块中元器件故障可能造成的影响包括:+5 V 电压无输出、+5 V 电压输出纹波增大、+5 V 输出电压错误。±15 V 供电模块中元器件故障可能造成的影响包括:±15 V 电压无输出、±15 V 电压输出纹波增大、±15 V 输出电压错误。+27VKO 供电模块中元器件故障可能造成的影响为:+27VKO 电压无输出。

通过对控制通道电源调理电路 203A 各子模块元器件失效模型进行仿真,对不同失效模式下的输出电压进行记录,可将仿真结果对应为相应的子模块故障影响。

5.5.3　结果分析

1. 过压保护模块

(1) 简化过压保护模块
① 若 VE2 稳压二极管开路,则等效电路见图 5 - 22。

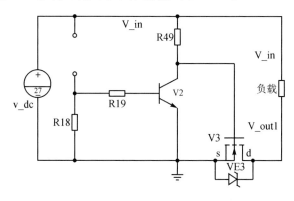

图 5 - 22　VE2 稳压二极管开路等效电路

仿真结果如图 5 - 23 所示。输入电压为 27 V 时,负载两端存在正常的工作电压。输入电压大于 27 V 时,负载两端存在大于 27 V 的电压压降,过压保护电路失效。

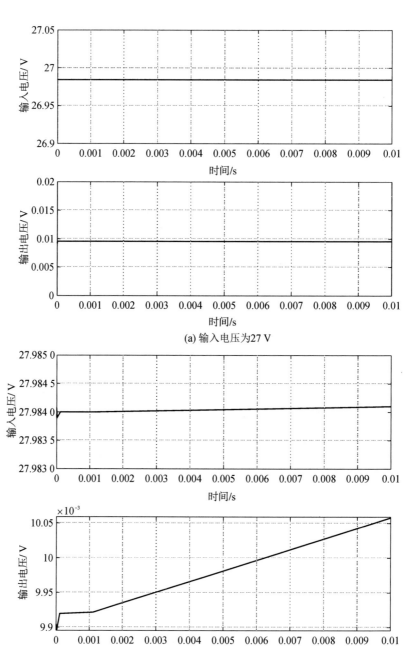

(a) 输入电压为27 V

(b) 输入电压为28 V

图 5 - 23　VE2 稳压二极管开路时的仿真结果

② 若 VE2 稳压二极管短路,则等效电路见图 5 - 24。

仿真结果如图 5 - 25 所示。输入电压为 27 V、28 V 时,负载两端均存在远小于工作电压的电压压降,保护电路失效,过压保护模块无电压输出。

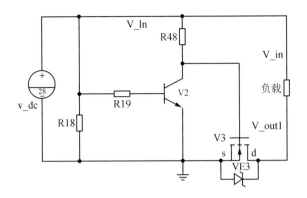

图 5 - 24　VE2 稳压二极管短路等效电路

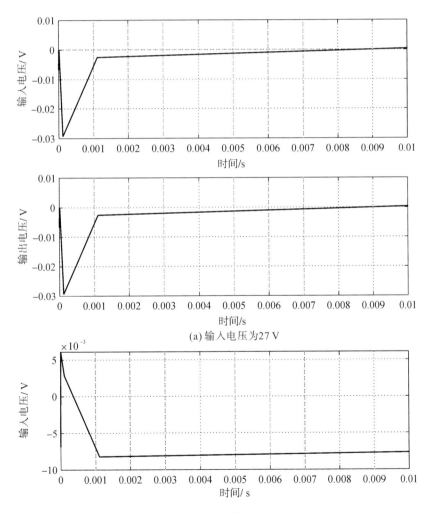

图 5 - 25　VE2 稳压二极管短路时的仿真结果

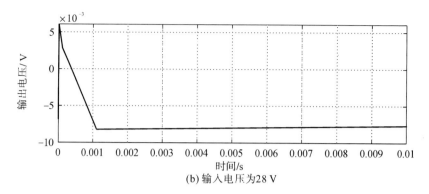

（b）输入电压为28 V

图 5 - 25　VE2 稳压二极管短路时的仿真结果（续）

③ 若 VE3 稳压二极管开路,则等效电路见图 5 - 26。

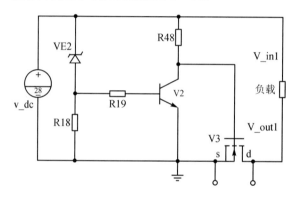

图 5 - 26　VE3 稳压二极管开路等效电路

仿真结果如图 5 - 27 所示。输入电压为 27 V 时,负载两端存在正常的工作电压。输入电压为 28 V 时,负载两端只有极小的电压压降。因此,在 VE3 稳压二极管开路的情况下,过压保护电路可以正常工作。

④ 若 VE3 稳压二极管短路,则等效电路见图 5 - 28。

仿真结果如图 5 - 29 所示。输入电压为 27 V 时,负载两端存在正常的电压压降。

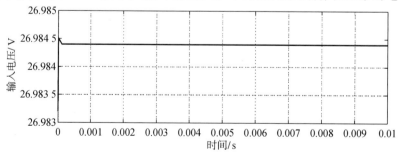

图 5 - 27　VE3 稳压二极管开路时的仿真结果

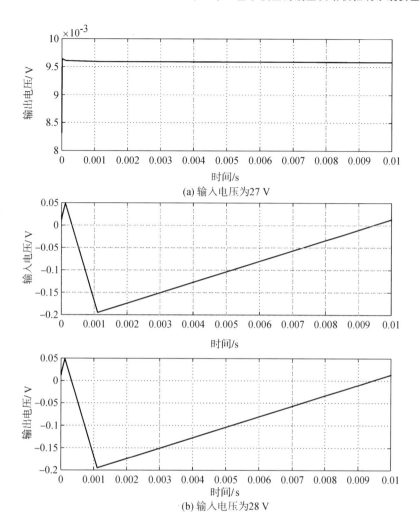

(a) 输入电压为27 V

(b) 输入电压为28 V

图 5 - 27　VE3 稳压二极管开路时的仿真结果(续)

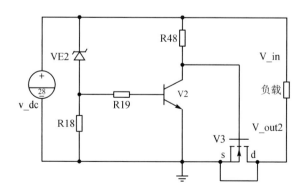

图 5 - 28　VE3 稳压二极管短路等效电路

输入电压为 28 V 时,负载两端存在大于 27 V 的电压压降,过压保护电路失效。

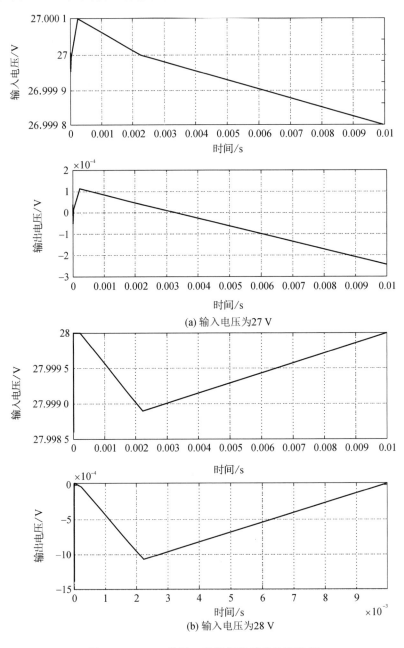

(a) 输入电压为27 V

(b) 输入电压为28 V

图 5 - 29　VE3 稳压二极管短路时的仿真结果

⑤ 若 R18 金属膜电阻器开路,则等效电路见图 5 - 30。

仿真结果如图 5 - 31 所示。输入电压为 27 V 时,负载两端存在正常的工作电压。输入电压大于 28 V 时,负载两端只有极小的电压压降,过压保护电路正常工作。

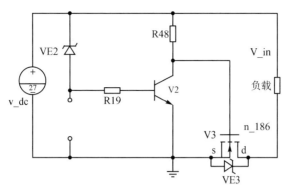

图 5 - 30　R18 金属膜电阻器开路等效电路

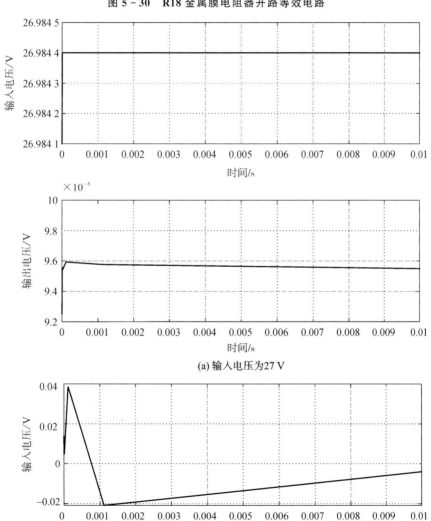

(a) 输入电压为27 V

图 5 - 31　R18 金属膜电阻器开路时的仿真结果

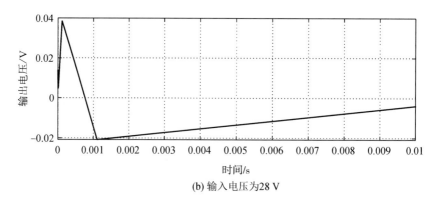

(b) 输入电压为28 V

图 5 – 31　R18 金属膜电阻器开路时的仿真结果(续)

⑥ 若 R18 金属膜电阻器短路,则等效电路见图 5 – 32。

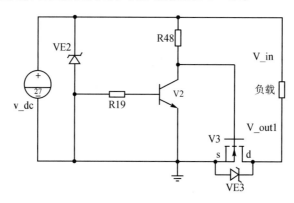

图 5 – 32　R18 金属膜电阻器短路等效电路

　　仿真结果如图 5 – 33 所示。输入电压等于 27 V 时,负载两端存在正常的工作电压。输入电压大于 27 V 时,负载两端的电压压降大于 27 V,无法对过压进行保护。

　　⑦ 若 R19 金属膜电阻器开路,则等效电路见图 5 – 34。

　　仿真结果如图 5 – 35 所示。输入电压为 27 V 时,负载两端存在正常的工作电压。输入电压大于 27 V 时,负载两端的电压压降大于 27 V,无法对过压进行保护。

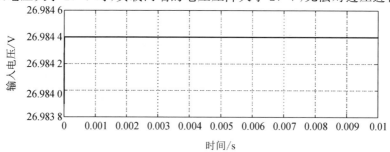

图 5 – 33　R18 金属膜电阻器短路时的仿真结果

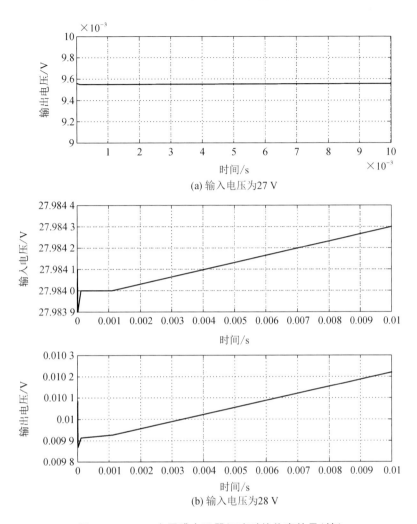

(a) 输入电压为27 V

(b) 输入电压为28 V

图 5 - 33　R18 金属膜电阻器短路时的仿真结果 (续)

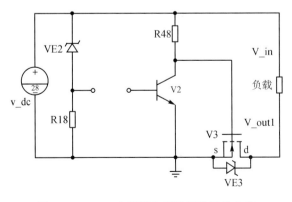

图 5 - 34　R19 金属膜电阻器开路等效电路

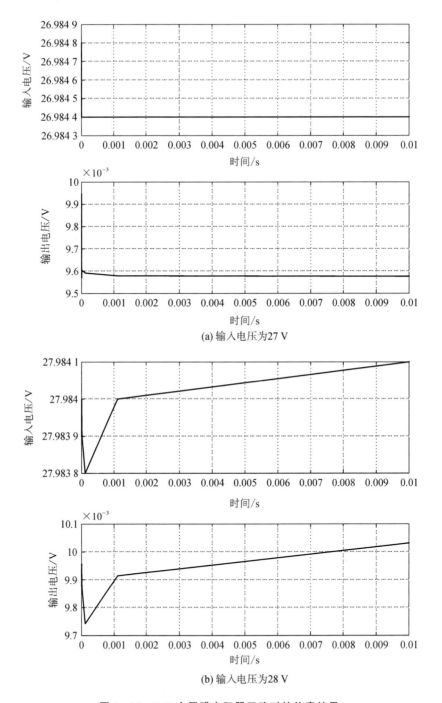

图 5 - 35　**R19 金属膜电阻器开路时的仿真结果**

⑧ 若 R19 金属膜电阻器短路,则等效电路见图 5 - 36。

仿真结果如图 5 - 37 所示。输入电压为 27 V 时,负载两端存在正常的工作电压。输入电压大于 27 V 时,负载两端存在极小的电压压降,过压保护电路正常工作。

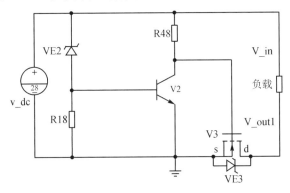

图 5 - 36　R19 金属膜电阻器短路等效电路

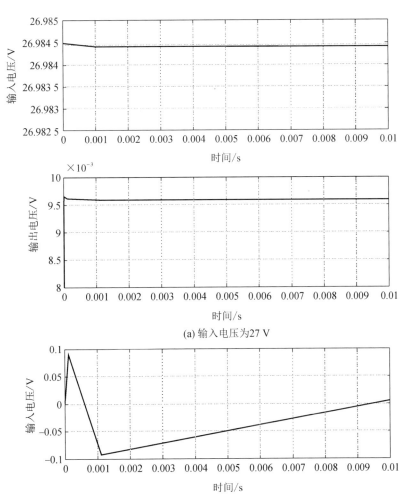

图 5 - 37　R19 金属膜电阻器短路时的仿真结果

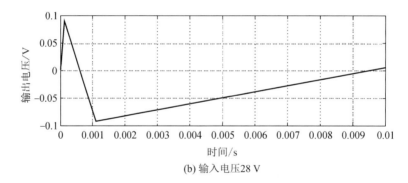

(b) 输入电压28 V

图 5 – 37 R19 金属膜电阻器短路时的仿真结果(续)

⑨ 若 R48 金属膜电阻器开路,则等效电路见图 5 – 38。

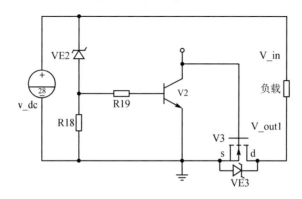

图 5 – 38 R48 金属膜电阻器开路等效电路

仿真结果如图 5 – 39 所示。输入电压为 27 V、28 V 时,负载两端均仅存在极小的电压压降,保护电路失效,过压保护模块无电压输出。

⑩ 若 R48 金属膜电阻器短路,则等效电路见图 5 – 40。

仿真结果如图 5 – 41 所示。输入电压等于 27 V 时,负载两端存在正常的工作电压。输入电压大于 27 V 时,负载两端存在大于 27 V 的电压压降,无法对过压电路进行保护。

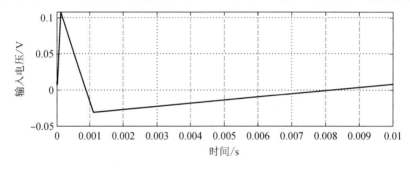

图 5 – 39 R48 金属膜电阻器开路时的仿真结果

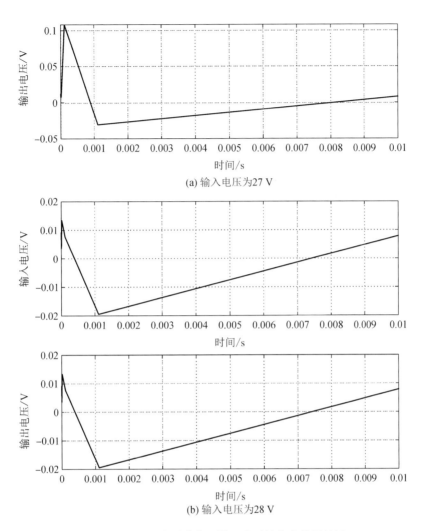

(a) 输入电压为27 V

(b) 输入电压为28 V

图 5－39　R48 金属膜电阻器开路时的仿真结果(续)

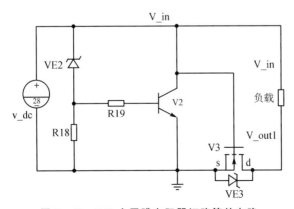

图 5－40　R48 金属膜电阻器短路等效电路

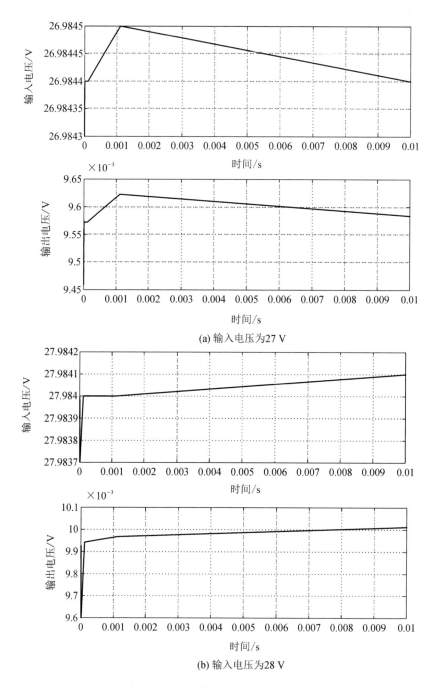

(a) 输入电压为27 V

(b) 输入电压为28 V

图 5 - 41　R48 金属膜电阻器短路时的仿真结果

⑪ 若 V2 三极管开路,则等效电路见图 5 - 42。

仿真结果如图 5 - 43 所示。输入电压为 27 V 时,负载两端存在正常的工作电压。输入电压大于 27 V 时,负载两端的电压压降大于 27 V,保护电路失效,无法对过压进行保护。

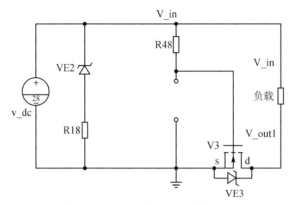

图 5 - 42　V2 三极管开路等效电路

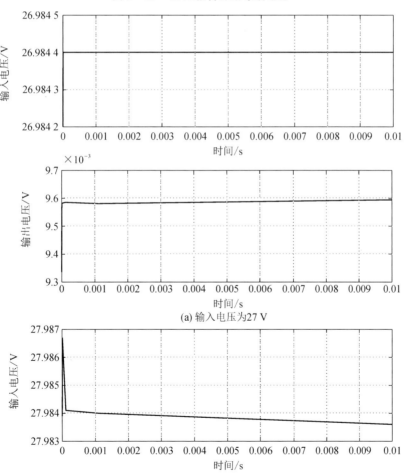

(a) 输入电压为27 V

图 5 - 43　V2 三极管开路时的仿真结果

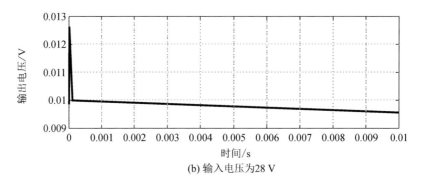

(b) 输入电压为28 V

图 5 - 43　V2 三极管开路时的仿真结果(续)

⑫ 若 V2 三极管短路,则等效电路见图 5 - 44。

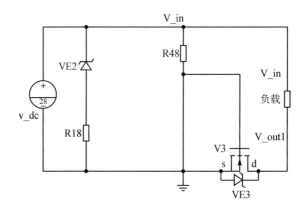

图 5 - 44　V2 三极管短路等效电路

仿真结果如图 5 - 45 所示。输入电压为 27 V、28 V 时,负载两端均仅存在极小的电压压降,保护电路失效,过压保护无电压输出。

⑬ 若 V3MOS 管开路,则等效电路见图 5 - 46。

仿真结果如图 5 - 47 所示。输入电压为 27 V 时,负载两端无电压压降,过压保护无

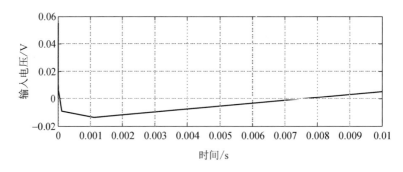

图 5 - 45　V2 三极管短路时的仿真结果

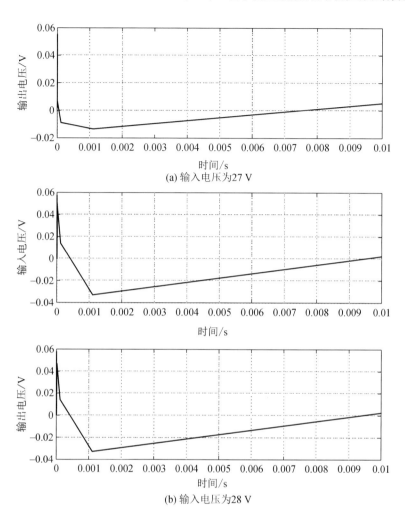

(a) 输入电压为27 V

(b) 输入电压为28 V

图 5－45　V2 三极管短路时的仿真结果（续）

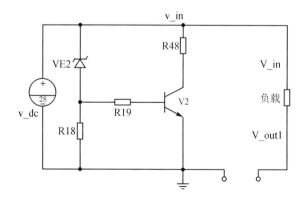

图 5－46　V3MOS 管开路等效电路

电压输出。输入电压大于 27 V 时,负载两端无电压压降,无法对过压进行保护。

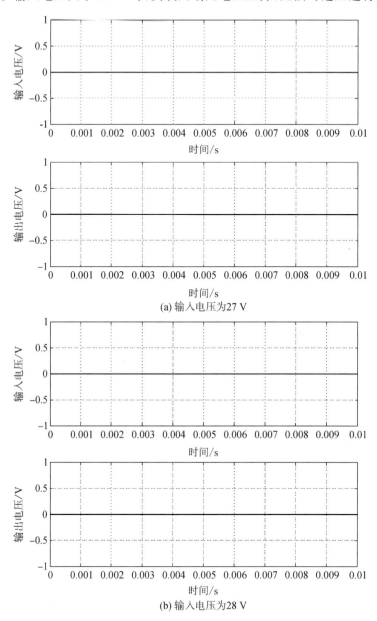

(a) 输入电压为27 V

(b) 输入电压为28 V

图 5 - 47 V3MOS 管开路时的仿真结果

⑭ 若 V3MOS 管短路,则等效电路见图 5 - 48。

仿真结果如图 5 - 49 所示。输入电压为 27 V 时,负载两端无电压压降,过压保护无电压输出。输入电压大于 27 V 时,负载两端无电压压降,无法对过压进行保护。

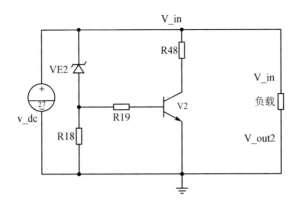

图 5 - 48　V3MOS 管短路等效电路

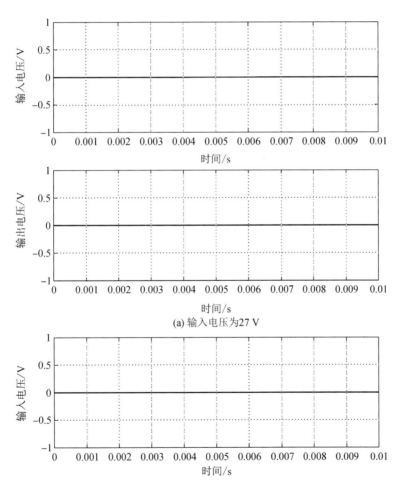

(a) 输入电压为27 V

图 5 - 49　V3MOS 管短路时的仿真结果

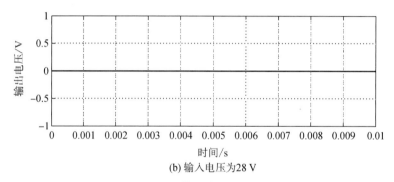

(b) 输入电压为28 V

图 5 - 49　V3MOS 管短路时的仿真结果(续)

（2）有源滤波模块

① 若 R17 金属膜电阻器开路,则等效电路见图 5 - 50。

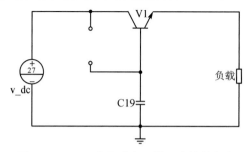

图 5 - 50　R17 金属膜电阻器开路等效电路

仿真结果如图 5 - 51 所示。R17 金属膜电阻器开路时,负载无电压输入,过压保护无电压输出。

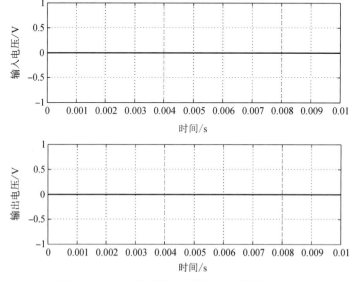

图 5 - 51　R17 金属膜电阻器开路时的仿真结果

② 若 C19 固体钽电解电容器短路,则等效电路见图 5 - 52。

此时,过压保护模块短路,仿真失败。

③ 若 V1 三极管开路,则等效电路见图 5 - 53。

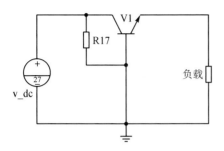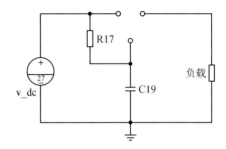

图 5 - 52　C19 固体钽电解电容器短路等效电路　　　　**图 5 - 53　V1 三极管开路等效电路**

仿真结果如图 5 - 54 所示。V1 三极管开路时,负载无电压输入,过压保护无电压输出。

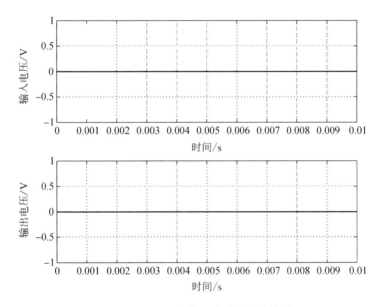

图 5 - 54　V1 三极管开路时的仿真结果

2. ＋5 V 供电模块

若电感 L1 开路,则等效电路见图 5 - 55。

仿真结果如图 5 - 56 所示。电感 L1 开路时,负载输入电压为 0 V,＋5 V 电压电路无输出。

② 若电感 L1 短路,则等效电路见图 5 - 57。

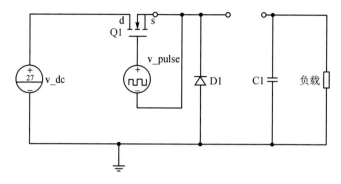

图 5-55　电感 L1 开路等效电路

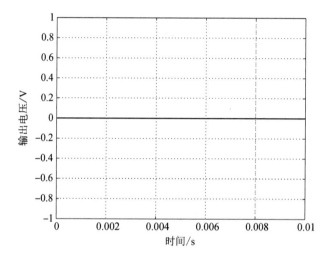

图 5-56　电感 L1 开路时的仿真结果

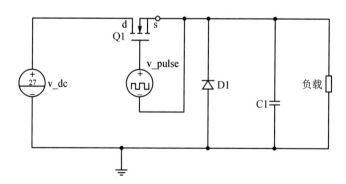

图 5-57　电感 L1 短路等效电路

仿真结果如图 5-58 所示。电感 L1 短路时,负载输入电压为 23.5 V,且输入电压有较为明显的波动,+5 V 输出电压错误。

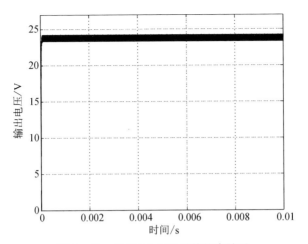

图 5-58　电感 L1 短路时的仿真结果

③ 若电容 C1 开路,则等效电路见图 5-59。

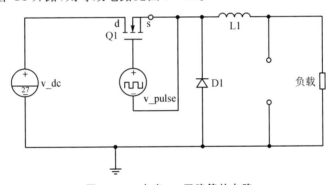

图 5-59　电容 C1 开路等效电路

仿真结果如图 5-60 所示。电容 C1 开路时,负载输入电压在 4.2～6.7 V 之间

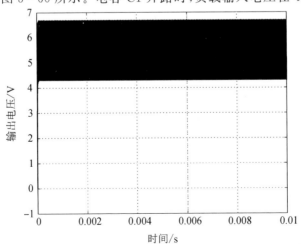

图 5-60　电容 C1 开路时的仿真结果

剧烈摆动，+5 V 电压输出纹波增大。

① 若电容 C1 短路，则等效电路图见图 5-61。

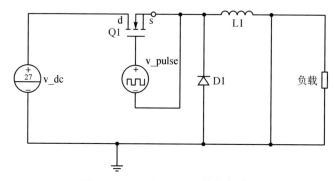

图 5-61　电容 C1 短路等效电路图

仿真结果如图 5-62 所示。电容 C1 短路时，负载被短路，输入电压为 0 V，+5 V 电压电路无输出。

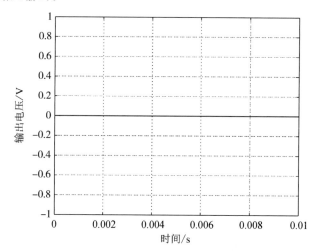

图 5-62　电容 C1 短路时的仿真结果

⑤ 若二极管 D1 开路，则等效电路见图 5-63。

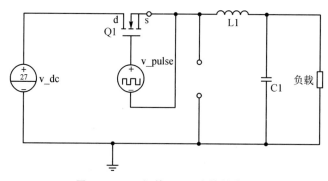

图 5-63　二极管 D1 开路等效电路

仿真结果如图 5 - 64 所示。二极管 D1 开路时,负载两端输入电压几乎为 0 V,
＋5 V 电压电路无输出。

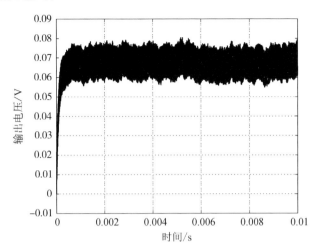

图 5 - 64　二极管 D1 开路时的仿真结果

⑥ 若二极管 D1 短路,则等效电路见图 5 - 65。

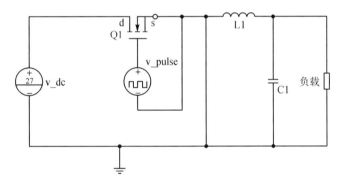

图 5 - 65　二极管 D1 短路等效电路

仿真结果如图 5 - 66 所示。二极管 D1 短路时,负载被短路,输入电压为 0 V,
＋5 V 电压电路无输出。

3. ±15 V 供电模块

① 若电感 L1 开路,则等效电路见图 5 - 67。

仿真结果如图 5 - 68 所示。电感 L1 开路时,负载输入电压为 0 V,±15 V 电压
电路无输出。

② 若电感 L1 短路,则等效电路见图 5 - 69。

仿真结果如图 5 - 70 所示。电感 L1 短路时,负载输入电压为 27 V,且输入电压
有较为明显的波动,±15 V 输出电压错误。

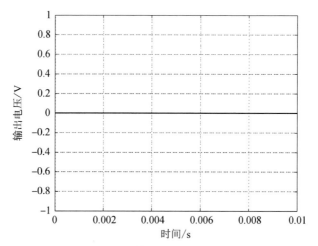

图 5 - 66　二极管 D1 短路时的仿真结果

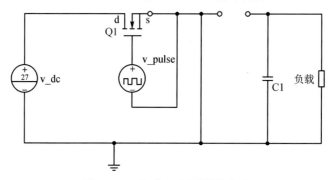

图 5 - 67　电感 L1 开路等效电路

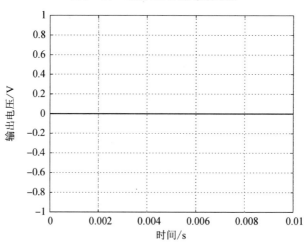

图 5 - 68　电感 L1 开路时的仿真结果

③ 若电容 C1 开路,则等效电路见图 5 - 70。

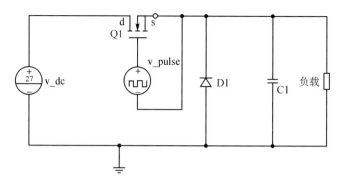

图 5 - 69　电感 L1 短路等效电路

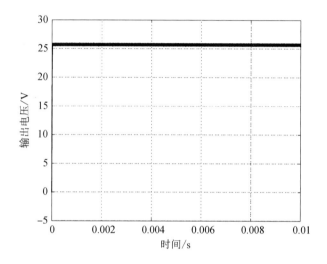

图 5 - 70　电感 L1 短路时的仿真结果

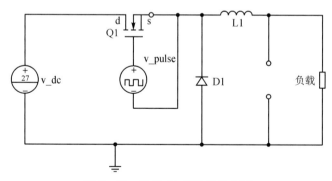

图 5 - 71　电容 C1 开路等效电路

　　仿真结果如图 5 - 72 所示。电容 C1 开路时,负载输入电压为 15 V,且输入电压波动较大,±15 V 电压输出纹波增大。

　　④ 若电容 C1 短路,则等效电路见图 5 - 73。

　　仿真结果如图 5 - 74 所示。电容 C1 短路时,负载被短路,输入电压为 0 V,

± 15 V 电压电路无输出。

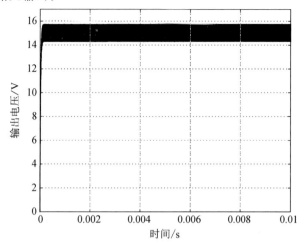

图 5 - 72　电容 C1 开路时的仿真结果

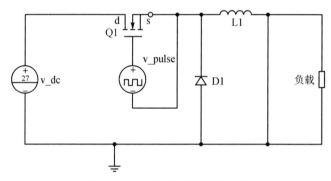

图 5 - 73　电容 C1 短路等效电路

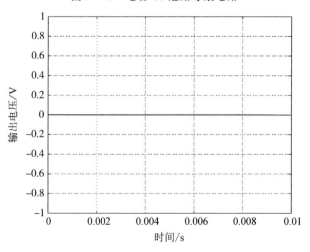

图 5 - 74　电容 C1 短路时的仿真结果

⑤ 若二极管 D1 开路,则等效电路见图 5 - 75。

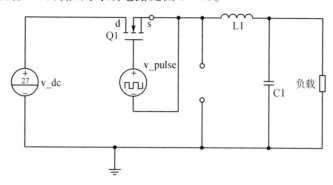

图 5 - 75　二极管 D1 开路等效电路

仿真结果如图 5 - 76 所示。二极管 D1 开路时,负载两端输入电压几乎为 0 V,±15 V 电压电路无输出。

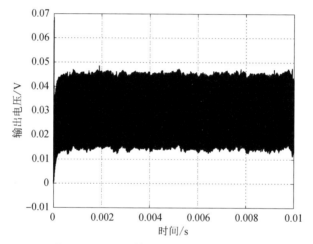

图 5 - 76　二极管 D1 开路时的仿真结果

⑥ 若二极管 D1 短路,则等效电路见图 5 - 77。

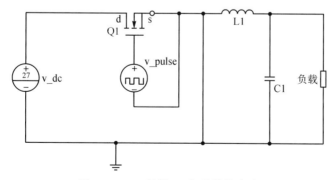

图 5 - 77　二极管 D1 短路等效电路

仿真结果如图 5-78 所示。二极管 D1 短路时，负载被短路，输入电压为 0 V，±15 V 电压电路无输出。

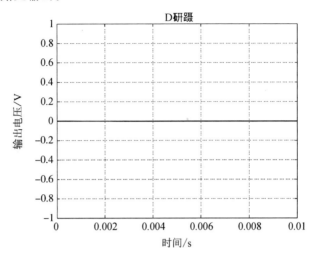

图 5-78　二极管 D1 短路时的仿真结果

4．＋27VKO 供电模块

① 若 R250 金属膜电阻器开路，则等效电路见图 5-79。

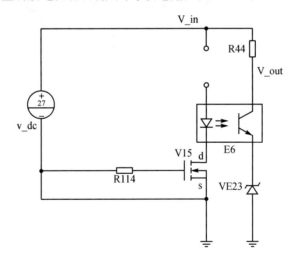

图 5-79　R250 金属膜电阻器开路等效电路

仿真结果如图 5-80 所示。R250 金属膜电阻器开路时，发光二极管无电流流过，三极管截止，负载两端存在正常工作电压，＋27VKO 供电模块正常工作。

② 若 R114 金属膜电阻器开路，则等效电路见图 5-81。

仿真结果如图 5-82 所示。R114 金属膜电阻器开路时，发光二极管无电流流过，三极管截止，负载两端存在正常工作电压，＋27VKO 供电模块正常工作。

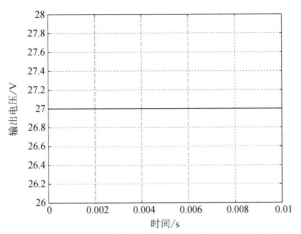

图 5－80　R250 金属膜电阻器开路时的仿真结果

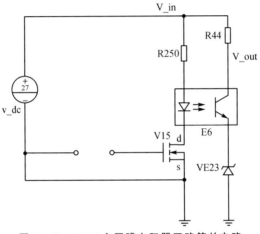

图 5－81　R114 金属膜电阻器开路等效电路

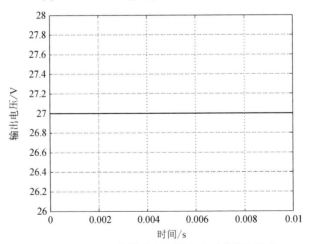

图 5－82　R114 金属膜电阻器开路时的仿真结果

③ 若 R250 金属膜电阻器开路,则等效电路见图 5-83。

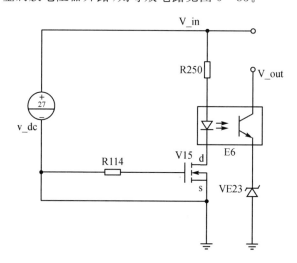

图 5-83　R250 金属膜电阻器开路等效电路

仿真结果如图 5-84 所示。R44 金属膜电阻器开路时,电路输出电压几乎为 0 V,+27VKO 电压电路无输出。

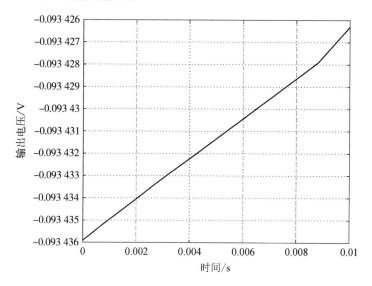

图 5-84　R250 金属膜电阻器开路时的仿真结果

④ 若 V15MOS 管开路,则等效电路见图 5-85。

仿真结果如图 5-86 所示。V15MOS 管开路时,发光二极管无电流流过,三极管截止,负载两端存在正常工作电压,+27VKO 供电模块正常工作。

⑤ 若 V15MOS 管短路,则等效电路图见图 5-87。

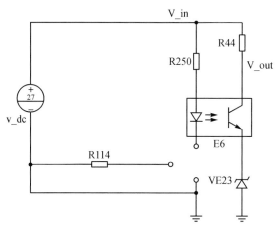

图 5 – 85　V15MOS 管开路等效电路

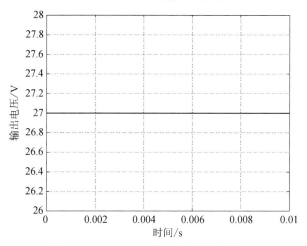

图 5 – 86　V15MOS 管开路时的仿真结果

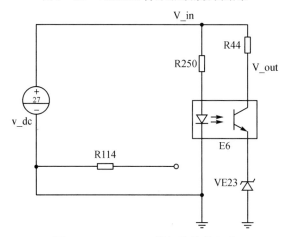

图 5 – 87　V15MOS 管短路等效电路

仿真结果如图 5 - 88 所示。V15MOS 管短路时,发光二极管导通,但 VE23 稳压二极管未被反向击穿,由次三极管截止,负载两端存在正常工作电压,+27VKO 供电模块正常工作。

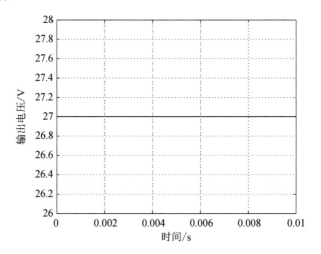

图 5 - 88　V15MOS 管短路时的仿真结果

⑥ 若 VE23 稳压二极管开路,则等效电路见图 5 - 89。

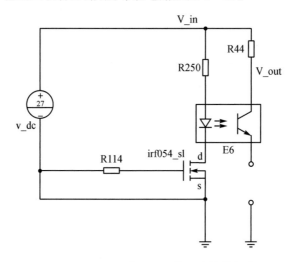

图 5 - 89　VE23 稳压二极管开路等效电路

仿真结果如图 5 - 90 所示,负载两端存在正常工作电压,+27VKO 供电模块正常工作。

⑦ 若 VE23 稳压二极管短路,则等效电路见图 5 - 91。

仿真结果如图 5 - 92 所示,负载两端存在正常工作电压,+27VKO 供电模块正常工作。

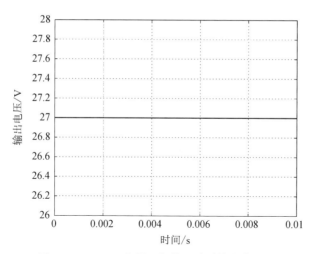

图 5 - 90　VE23 稳压二极管开路时的仿真结果

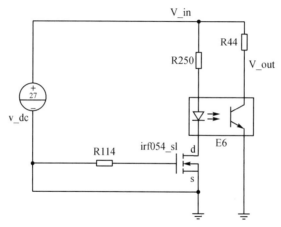

图 5 - 91　VE23 稳压二极管短路等效电路

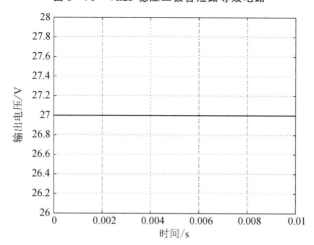

图 5 - 92　VE23 稳压二极管短路时的仿真结果

基于 MBSA 的 FMEA 分析能够对系统进行定量分析,更清楚地确定元器件级失效故障影响,尤其适合于对航空发动机控制系统等具有复杂、高耦合特性的系统进行安全性分析。

┃5.6 基于复杂网络模型的系统故障传播分析┃

5.6.1 复杂网络

1. 图论与初期网络理论

现实世界中的大多数复杂系统可以用网络的形式来描述,网络是一个大量个体和个体间相互作用的系统。研究复杂网络首先要有一个描述网络的统一工具,这个工具最初在数学上被称之为图(Graph)。任何一个典型的网络都是由数目众多的节点与连接两个节点之间的边组成的,其中节点用来代表真实系统中不同的个体,而边则用来表示个体之间的关系。

将网络作为一门科学,将实际网络用图表示的方法则可以追溯到 1736 年,瑞士数学家列昂哈德•欧拉(Leonhard Euler)提出了著名的哥尼斯堡(Konigberg)七桥问题,他用抽象分析法和论证思想将这个问题转化为历史上第一个图论问题,欧拉证明了此问题无解,进而将该问题进行了推广,并发表了图论(Graphtheory)的首篇论文。

在最初的一百多年时间里,当时的科学家们认为真实系统各因素之间的关系可以用一些规则的结构表示,因此图论的早期工作也主要集中在规则图上,涉及一些可以利用简单规则网络来研究的问题,如数学上传统的"一笔画问题""邮递员问题"等二维平面上的欧几里得格网。但是由于规则网络在结构上的明显特殊性,使得被研究图的规模不能很大,导致规则网络所能描述系统的范围非常有限。

无论是初期的网络研究还是后来的复杂网络理论,在传统上都属于图论的范畴。以下首先介绍几个最为基本,但也最为重要的网络参数概念:

节点:是网络的最基本单元,有时亦称为顶点(Vertex)。物理学上习惯于称之为 site,信息和计算机科学一般称之为 node,社会学上则形象地将其称为社会舞台上的"演员"(Actor)[41]。

边:表示两个节点之间的直接作用或连接。物理学称其为 bond,信息科学和计算机科学中一般称之为 link,社会学上则将其称为 tie[41]。

度:也称度数,表示与网络中某节点相连接的其他节点的数量,一般用变量 d 表示,网络中节点的度分布情况一般用分布函数描述。度是单独节点属性中简单而又重要的概念,是贯穿整个复杂网络理论研究的关键性基础概念之一,复杂网络的拓扑结构性质以及复杂网络上的动力学行为等均紧密依赖于复杂网络的度分布。

2. 复杂网络理论

复杂网络无处不在,复杂网络研究的内容也非常丰富,可以说自然界和整个人类社会都被包围在各种类型的复杂网络之中。对复杂网络的分类也因为考虑问题角度的不同而有多种分类方式:

① 从网络边是否有权值的角度,可以将复杂网络分为无权网络和有权网络。例如:对于学者合作网,节点为学术论文的作者,边的权重则可以表示两个合作者合作完成论文的数量;对于交通网络,节点间连线的权重可以表示两个机场、车站等节点之间的客流量。

② 从节点间连接边是否具有方向性的角度,可以将复杂网络分为有向网络和无向网络。例如:人与人之间的电话网和电子邮件网就是典型的有向网,对于每一次通话和每一个邮件的发送而言,信息都是单方向传递的;此外,公路网中的单行道也是非常直观的有向边。

③ 美国密歇根大学安娜堡分校的 M. E. J. Newman 是研究复杂网络的著名科学家,他根据网络功能,将现实网络归纳为四个类型:社会网络、信息网络、技术网络和生物网络[41]。

④ 国内有学者从生成方式角度,将网络分为随机性网络、确定性网络和混合网络,其中确定性网络是指生成方式确定、拓扑特性易于精确求解的网络,真实世界的网络基本都是介于随机性网络和确定性网络之间的混合网络。

⑤ 从网络节点度分布的角度,Amaral L. A. N. 等人提出现实世界的网络可分为无标度(Acale Free)网、广标度(Broad Scale)网和单标度(Single Scale)网三种[42],也有学者提出可将网络分为指数网络和无标度网络两种,但是这两种分类方式在本质上是统一的。

目前,复杂网络已经成为科学界研究的前沿和热点,其研究者来自数学、物理学、化学、生命科学、工程科学、材料科学、计算机科学、社会学、管理学以及经济学等多个不同领域。近年来复杂网络研究工作的迅猛发展表明:非线性、连接性以及复杂性问题的研究已经使人类对自然界的认识产生了新的飞跃,并已取得了重要的进展。有学者预言 21 世纪是复杂性的世纪,复杂性研究将会展示更为美好的应用前景,它将是新世纪科学研究的最前沿的课题之一。

(1) 复杂网络特性

一般而言,网络的复杂性体现在以下几个方面:

1) 结构复杂性

网络连接结构看上去复杂、极其混乱,而且网络连接结构可能随时间变化,例如,万维网上每天都不停地有页面和链接的产生和删除。此外,节点之间的连接可能具有不同的权重和方向,例如,神经系统中的突触有强有弱,可以是抑制的也可以是兴奋的。

2）节点复杂性

网络中的节点可能是具有分岔和混沌等复杂非线性行为的动力系统,而且一个网络中可能存在多种不同类型的节点。

3）各种复杂性因素的相互影响

实际的复杂网络会受到各种各样的因素的影响和作用。例如,耦合神经元重复地被同时激活,那么它们之间的连接就会加强,这被认为是记忆和学习的基础。此外,各种网络之间也存在密切的联系,这使得对复杂网络的分析变得更为困难。

（2）三个基本概念

近年来,人们在刻画复杂网络结构的统计特性上提出了许多概念和方法,其中有三个基本概念:平均路径长度 L（Average Path Length）、聚类系数 C（Clustering Coefficient）和度 d（Degree）（分布）[43]。

网络的图表示:一个具体网络可以抽象成一个由点集 V 和边集 E 组成的图 $G = (V, E)$。节点数记为 $N = |V|$,边数记为 $M = |E|$。E 中每条边都有 V 中一对点与之相对应。如果任意点对 (i, j) 与 (j, i) 对应相同的边,则该网络称为无向网络,否则称为有向网络。如果给每条边都赋予相应的权值,那么该网络就称为加权网络,否则称为无权网络（见图 5 - 93）。

(a) 单一类型节点和　　(b) 不同类型节点和　　(c) 节点和边权重　　(d) 有向网络
　　边的无向网络　　　　　边的无向网络　　　　变化的无向网络

图 5 - 93　不同的网络图表示

1）平均路径长度

网络中两个节点 i 和 j 之间的距离 d_{ij} 定义为连接这两个节点的最短路径上的边数,网络中任意两个节点之间的距离的最大值称为网络的直径 D,即

$$D = \max_{i, j} d_{ij} \tag{5-1}$$

网络的平均路径长度 L 定义为网络中任意两个节点之间的最短距离的平均值,即

$$L = \frac{1}{\frac{1}{2}N(N+1)} \sum_{i \geqslant j} d_{ij} \tag{5-2}$$

其中,N 为网络节点数。网络的平均路径长度也称为网络的特征路径长度。其描述了网络中节点间的分离程度。为了便于数学处理,式(5-2)中包含了节点到自身

的距离(该距离为零)。如果不考虑节点到自身的距离,那么要在式(5-2)的右端乘以因子$(N+1)/(N-1)$。在实际应用中,如此小的差别是可以忽略不计的。一个含有 N 个节点和 M 条边的网络的平均路径长度可以用时间量级为 $O(MN)$ 的广度优先搜索算法来确定,如狄杰斯特拉(Dijkstra)算法。

例如,对于图 5-94 所示的一个包含 5 个节点和 5 条边的网络,有 $D=d_{45}=3$,$L=1.6$。在朋友关系网络中,L 是连接网络内两个人之间最短关系链中的朋友的平均个数。近期研究发现,尽管许多实际的复杂网络的节点数巨大,网络的平均路径长度却小得惊人,这种效应被称为小世界效应。

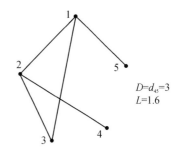

图 5-94　某网络的参数表示

2) 聚类系数

在某人的朋友关系网络中,他的两个朋友很可能彼此也是朋友,这种属性称为网络的聚类特性。一般地,假设网络中的一个节点 i 有 k_i 条边将它和其他节点相连,这 k_i 个节点就称为节点 i 的邻居。显然,在这 k_i 个节点之间最多可能有 $k_i(k_i-1)/2$ 条边。而这 k_i 个节点之间实际存在边数 t_i 和总的可能的边数 $k_i(k_i-1)/2$ 之比就定义为节点 i 的聚类系数 C_i,即

$$C_i = \frac{2t_i}{k_i(k_i-1)} \tag{5-3}$$

整个网络的聚类系数 C 就是所有节点 i 的聚类系数 C_i 的平均值。其衡量了近邻节点联系紧密程度。显然,$0 \leqslant C \leqslant 1$。$C=0$ 当且仅当所有的节点均为孤立节点,即没有任何连接边;$C=1$ 当且仅当网络是全局耦合的,即网络中任意两个节点都直接相连。对于一个含有 N 个节点的完全随机的网络,当 N 很大时,$C=O(N^{-1})$。而许多大规模的实际网络都具有明显的聚类效应,它们的聚类系数尽管远小于1,但却比 $O(N^{-1})$ 要大得多。实际上,在很多类型的网络(如社会关系网络)中,某人朋友的朋友同时也是他的朋友的概率会随着网络规模的增加而趋向某一个非零常数,即当 $N \to \infty$ 时,$C=O(1)$。这意味着这些实际的复杂网络并不是完全随机的,而是在某种程度上具有类似于社会关系网络中的"物以类聚,人以群分"的特性。

3) 度(度分布)

度是单独节点的属性中简单而又重要的概念。节点 i 的度 k_i 定义为与该节点连接的其他节点的数目。有向网络中的一个节点的度分为出度和入度。节点的出度是指从该节点指向其他节点的边的数目,入度则是指从其他节点指向该节点的边的数目。直观上看,一个节点的度越大就意味着这个节点在某种意义上越"重要"。网络中的所有节点的度的平均值称为网络平均度,记为 $\langle k \rangle$。相应的度数分布(度分布)用于描述网络类型。

3. 小世界网络对系统故障传播的影响

小世界网络是一种介于规则网络和随机网络之间的应用最广的复杂网络。它所描述的小世界现象广泛存在于自然界和人类社会,万维网、Internet 网、演员合作网、科学家合作网、电力网、地铁网、世界航空网、新陈代谢网等都具有小世界特性,可以说小世界特性是整个世界系统组织的基本原则之一,具有十分重要且深远的研究意义。

(1) 小世界网络模型

在社会上由个人、群体、或组织所构成的某一类型的网络有着与规则网络和随机网络所不同的网络属性,即这种网络同时具有与典型的规则网络与随机网络相似和相异的性质。首先,社会网络有着良好的局部性特征,例如,从人群中随机的挑选出两个人 A 与 C,调查他们相互之间是否熟悉,如果 A 与另外一人 B 熟悉,而 B 又与 C 熟悉,则很有可能 A 与 C 也相互认识。在这一方面,社会网络显示出了与规则网络相似的特性,它们都显示了良好的局部性。另一方面,在社会网络中,某一个人可以通过一系列的中介(可以是人,也可以是媒体)与相隔很远的另一个人相互联系,这就是 20 世纪 60 年代末由美国科学家 Milgram 所提出的有名的"六度分离理论"[43]。用图论与网络学的术语就是两个相距很远的节点是可以相连的,这两个节点之间的连接称为长程连接。这个特性在规则网络中是没有的,却是随机网络的一个重要特征。因此,社会网络有着规则网络与随机网络两者的共性,又有着两者所没有的其他重要特性。

物理与数学家 Watts 以及 Strogatz 通过研究,将社会网络抽象为一种介于规则网络与随机网络两者之间的一种新的网络——小世界网络。小世界网络由拓扑结构为规则网络的底层网络出发,在底层网络的任意两个选定的节点之间添加连接(即添加两节点连通的长程连接),使之向随机网络过渡。当长程连接增加到了一定程度时,即产生了小世界网络的形态。小世界网络和规则网络、随机网络的主要区别如表 5-7 所列。

表 5-7　三种网络的参数比较

网络参数	规则网络	随机网络	小世界网络
聚类系数	高	低	较高
平均路径长度	大	小	较小

图 5-95 所示为以一维环状点阵为例来说明小世界网络的构造方法,在一个有 N 个节点的环状规则网络中,通过调节随机重新连线过程的概率 P 来实现规则网络向小世界网络和随机网络的转变。

一个完全规则的最近邻耦合网络(对应于 $P=0$)是高度聚类的($C(0) \approx 3/4$)但平均路径长度很大($L(0) \approx N/(2K) \gg 1$)。当 P 较小时($0 < P \ll 1$),重新连线后得到的网络与原始的规则网络的局部属性差别不大,从而网络的聚类系数变化也不大,但其平均路径长度却下降很快。这类具有较短的平均路径长度又具有较高的聚类系

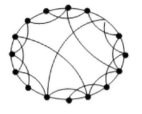

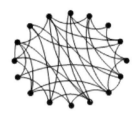

(a) 规则网络(P=0)　　　　　(b) 小世界网络(1>P>0)　　　　(c) 随机网络(P=1)

图 5 - 95　小世界网络构造方法示意图

数的网络就称为小世界网络。例如,在小世界网络中,各个单位或元素之间的消息传播得更快,流通得更顺畅,之间的联系更紧密。而从小世界网络的构造过程来看,小世界网络之所以具有独特的几何性质,是因为边的重连过程为网络引入了极少量长程连接,其他节点对之间的最短路径通常会优先经过这些节点,从而缩短了节点间的距离,使得整个网络的平均距离变小。也就是说,长程连接在提高网络中信息流通的效率的同时,使网络的几何性质发生了变化。

小世界网络模型是近年来科学研究的一个新成果,已经在生物学、社会关系学以及电力网络等很多领域得以应用。从小世界网络的构造过程中可以看到,只须改变很少的几个连接,就可以很明显地改变网络的性能。自小世界网络模型提出以来,越来越多的科学家开始投入到复杂网络理论的研究中,并通过大量的实例证明真实网络几乎都具有小世界效应。

(2) 小世界特性对机电系统故障传播的影响

复杂机电系统通过各种介质(流体、电力、信号)传递[44],将离散的设备装置连接成一个相互关联、高度耦合的复杂机电系统网络。在这种复杂网络环境下,大多数单点故障都具有多重传播路径,任何一个局部细小的差错会通过网络进行传播、扩散、积累和放大,从而酿成重大安全事故。传统的安全分析方法(如安全检查表法、危险与可操作分析、故障模式与影响分析、故障树分析等)更多地从环境因素、设备故障、操作失误、维修不当等方面分析事故发生的原因,偏重于系统故障过程中的各种暂态问题,很少从系统自身固有的网络拓扑结构出发来分析其安全特性。

从系统工程的观点来看,机电系统是由大量基本单元(可以是设备、子系统,也可以是零部件等)所构成的复杂网络[44],同一个系统内的基本单元之间连接比较紧密,不同系统之间的连接相对比较稀疏。将机电系统中的基本单元看成网络的节点,把它们之间的连接关系表示为节点间的连接边,将系统模型转化为线图的形式,对其拓扑结构的统计特征进行分析。如果系统网络具有大聚类系数和小特征路径长度,则认为该系统具有小世界特性。

通过对疾病传播网络以及电力系统网络的研究发现,如果一个网络具有较小的路径长度和较高的聚类系数,那么对疾病(故障)的传播扩散有着很大的促进作用,对于那些具有小世界特性的机电系统网络也是如此。一般地,聚类系数对应着故障传播的广度,特征路径长度代表着故障传播的深度,由于小世界网络兼具有大的深度和宽的广度,所以在传播强度相同的情况下,其传播速度和影响范围大大高于相应的规则网络(随机网络),如图 5 - 96 所示。

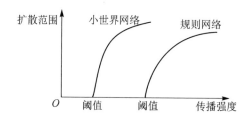

图 5 - 96　平均扩散范围和传播强度的关系

在具有小世界特性的机电系统网络中,网络节点的度数对故障的扩散起重要的作用,某个节点的度数越大,它对应的传播路径就越多,扩散范围就越大。同时,考虑到小世界网络所具有的独特几何性质,是因为边的重连过程为网络引入了极少量长程连接,因此,在资源有限的情况下,优先保护度数比较大的节点比随机选择节点进行保护效果要好得多,而优先保护那些"远边"的节点,还可以获得更好的效果。

复杂机电系统中的各个基本单元(包括设备、分系统等)之间存在错综复杂的相互作用关系,构成复杂的网络结构。通过对电力系统网络以及疾病传播网络的研究发现,网络的拓扑结构决定了网络的一些很重要的性质。需要说明的是,并不是所有的机电系统网络都一定具有小世界特性,需要根据其网络拓扑结构的统计特征进行判断[45]。考虑到很多时候人们无法了解和掌握故障之间准确的因果逻辑关系,在构建复杂机电系统网络模型时,做如下假设:如果两个基本单元间存在介质传递关系,则这两个单元间存在故障传播关系,且故障影响是相互的。

用集合 $S = \{S_1, S_2, \cdots, S_n\}$ 表示系统 S 中的基本单元(称之为元素),用 R 表示基本单元之间的故障传播关系,则系统的网络结构模型可记作 $\{S, R\}$。为了便于计算机处理,采用邻接矩阵对结构模型 $\{S, R\}$ 进行表示,邻接矩阵 A 中的元素 a_{ij} 规定为

$$a_{ij} \begin{cases} 1 & \text{元素 } i \text{ 和 } j \text{ 存在直接故障传播关系} \\ 0 & \text{元素 } i \text{ 和 } j \text{ 不存在直接故障传播关系} \end{cases} \tag{5-4}$$

通过邻接矩阵可以对网络的拓扑结构特性进行统计分析,如果网络既具有较短的平均路径长度,又具有较高的聚类系数,则可认为该网络具有小世界特性[45]。具有小世界特性的网络一般满足下面的几何性质:

$$C \gg C_r, \qquad L \gg L_r \tag{5-5}$$

式中,$C_r \propto K/n$,$L_r \propto \ln n / \ln K$。$C_r$ 和 L_r 分别是与小世界网络具有相同节点数和平均度数的随机网络的聚类系数和平均路径长度。

一般地,聚类系数对应着故障传播的广度,平均路径长度代表着故障传播的深

度。由式(5-5)可知,小世界网络兼具大的深度和宽的广度,如果工业系统网络具有小世界特性,那么将对故障的传播扩散起着很大的促进作用,其故障传播的速度和影响范围将高于相应的规则网络和随机网络。

网络环境为故障传播和扩散提供了便利,其中脆弱和敏感环节加剧了这种现象。在具有小世界特性的复杂机电系统网络中,网络节点的度数对故障扩散起着重要的作用,某个节点的度数越大,它对应的传播路径就越多,扩散范围就越大。同时考虑到小世界网络之所以具有独特的几何性质,是因为边的重连过程为网络引入了极少量长程连接(远边)的缘故。在复杂网络中,当某个节点具有长程连接时,其他节点对之间的最短路径通常会优先经过这类节点。换言之,节点介数(指网络中经过该节点的最短路径的数目。在很多相关研究中,节点介数可以看作节点的负荷)越高,其具有长程连接的可能性就越大,故障也越容易通过这些节点得到快速传播。因此,识别这些高介数节点,对改善和提高网络的安全稳定性具有重要意义。

5.6.2　基于拓扑结构的网络建模与故障传播分析

1. 网络建模

将机电系统中的基本单元看成网络的节点,把它们之间的连接关系表示为节点间的连接边,即可将系统模型转化为线图的形式,然后对其拓扑结构的统计特征进行分析。

真实的发动机拓扑模型经合并简化后,仍有 18~20 个节点,若用关系矩阵存储该结构的话,需要 20×20 的矩阵,计算较为复杂。为了验证正确的分析方法,可以将网络建模过程分为三个阶段:

第一阶段,采用一个简单的单向开放式 6 点结构图(见图 5-97),验证两个小世界网络参数的计算,确定故障传播的范围、和权系数。

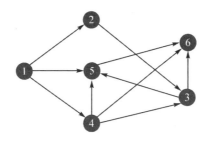

图 5-97　6 点结构图(见彩插)

第二阶段,采用一个较复杂的单向开放式 12 点结构图(见图 5-98),计算传播强度和确定最优路线,分析故障传播薄弱环节。

第三阶段,将上述方法用于实际模型,并讨论双阈值问题。

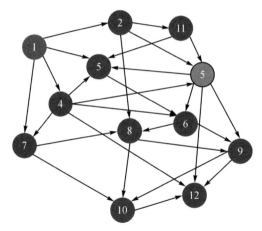

图 5 - 98　12 点结构图(见彩插)

2. 两个小世界网络参数的计算

平均路径长度和聚类系数是判断一个网络结构是否具有小世界网络性质的标准,而故障传播分析基于小世界网络,故本节将针对这两个参数的得来方法进行讨论。

(1) 平均路径长度

平均路径长度 L 的式(5-2),其中, $\sum_{i \geqslant j} d_{ij}$ 的含义是求整个结构内所有两点之间最短拓扑距离的和。此处,拓扑距离是指经过某两个节点之间的连接边数。

目前,求解最短路径问题的方法很多,有狄杰斯特拉算法(Dijkstra)、福特算法、弗洛伊德算法、但茨希算法等,表 5 - 8 给出以上各种方法的计算复杂性和适用范围。可以看出,狄杰斯特拉算法(Dijkstra)在求解连接边的权值为正时[46],是适于此问题的最优方法。

表 5 - 8　四种求最短路径算法的比较

算　法	计算复杂性	适用范围
狄杰斯特拉算法	$\frac{3}{2}N^2$ 次运算	正权网络
福特算法	$\frac{3}{2}N^3$ 次运算	正、负权网络
弗洛伊德算法	$2N^3$ 次运算	正、负权网络
但茨希算法	$2N^3$ 次运算	正、负权网络

给定一个赋权有向图 $D=(V,A)$,对每一个边 $a_{ij}=(v_i,v_j)$,相应地有权 $\omega(a_{ij})=\omega_{ij}$,设 μ_{st} 为 D 中的一条路,即

$$\mu_{st}=\{(v_{i1},v_{i2}),(v_{i2},v_{i3}),\cdots,(v_{i_{m-1}},v_{i_m})\} \tag{5-6}$$

其中，μ_{st} 为从点 v_{i1} 到 v_{i_m} 的一条路，点 v_{i1} 为起始点 v_s，v_{i_m} 称为终点 v_t。

构成路 μ_{st} 中所有有向边的权之和称为路 μ_{st} 的权，即

$$W_{st} = \sum_{t=1}^{m-1} \omega_{i_t i_{t+1}} \qquad (5-7)$$

从 v_s 到 v_t 的所有路中权最小的路 μ^* 称为从 v_s 到 v_t 的最短路，即

$$W(\mu^*) = \min_{\mu_{st}} W_{st} \qquad (5-8)$$

此处，$\omega_{ij} \geqslant 0$。

设想已求出从 v_s 到 v_t 的最短的路 μ^* 如下：$v_s, \cdots, v_j, \cdots, v_k, \cdots, v_t$，则狄杰斯特拉算法思想即为根据最短路的性质，从 v_s 沿 μ^* 到 v_j 或 v_k 的路，就是 v_s 到 v_j 或 v_k 的最短路。这就是说，μ^* 不仅是起点 v_s 到终点 v_t 的最短路，而且由 v_s 到 μ^* 上任意中间点的最短路也在 μ^* 上。为了求得 v_s 到 v_t 的最短路，可先求 v_s 到某中间点的最短路，然后再逐渐扩展到终点 v_t。

在狄杰斯特拉算法计算过程中，须将已求出到起点最短路的点与尚未求出到起点最短路的点区别开来，以正确执行迭代。为此，用标点法求解，即从 v_s 开始，对每个顶点给以标号。有两类标号：临时标号 L_j 和永久标号 d_j。L_j 表示从 v_s 开始到被标号点 v_j 的最短路权的一个上界，d_j 表示 v_s 开始到被标号点 v_j 的真正最短路权。开始时，对 v_s 有 $d_s = 0$，其余各顶点 $v_j (j \neq s)$ 则一律有 $L_j = \omega_{st}$。算法的每一轮迭代都得到一个永久性标号，直到所有点都得到永久标号位置。具体步骤如下：

① $k=1$，$d_s^{(1)} = 0$，$L_j^{(1)} = \omega_{st} (j \neq s)$。$N = \{v_s\}$，这里 N 为永久性标号集合。

② 将各 $L_j^{(k)}$ 中最小者对应的顶点 v_x 的标号改成永久性标号，即

$$d_x^{(k)} = \min_j \{L_j^{(k)}\} \qquad (5-9)$$

③ 若 $N = \{v_s, \cdots, v_t\}$，则算法终止，$d_t^{(k)}$ 就是从 v_s 到 v_t 的最短路权，转步骤⑤，否则转下一步。

④ $k = k+1$，对每一个 $v_t \in N$ 的顶点有下述方法修改其标号，即对每条边 (v_s, v_t)，令

$$L_l^{(k)} = \min \{L_l^{(k-1)}, d_x^{(k-1)} + \omega_{st}\} \qquad (5-10)$$

⑤ 反向追踪

从最后顶点 v_t 开始，寻求一点 v_j，使满足

$$d_j + \omega_{jt} = d_t \qquad (5-11)$$

记下有向边 (v_j, v_s)，然后再从 v_j 开始，寻求一点 v_i，使

$$d_i + \omega_{ij} = d_j \qquad (5-12)$$

再记下有向边 (v_i, v_j)，依次继续，直到得到有向边 (v_s, v_k) 为止，于是得到从 v_s 到 v_t 的最短路，即

$$\mu^* = \{(v_s, v_k), \cdots, (v_i, v_j), (v_j, v_s)\} \qquad (5-13)$$

将求最短路径的问题转化成求距离矩阵 data[i,j]（见下文）的最小值问题。算法有着深度优先搜索的特征，并采用递归思想[47]，算法的具体步骤如图 5-99 所示。

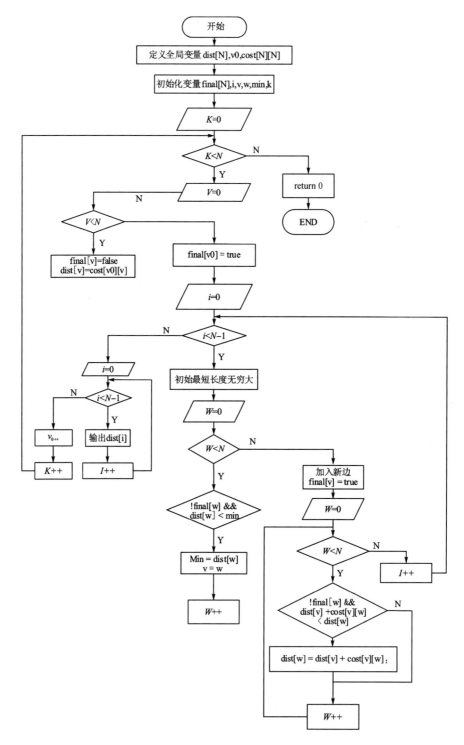

图 5 - 99   Dijkstra 算法流程图

上述方法用于求图 5-97 的平均路径长度,可设置起点 1~6,所有的长度求和得到 $\sum\limits_{i\geqslant j}d_{ij}$,用式(5-2)算得 $L=1.40$。

(2) 聚类系数

从前文知道聚类系数计算式(5-3),处理难点就是 t_i 和 k_i 的获得。

k_i 是与 i 连接的点,如果定义 i 指向其他点的边数为出度 W_{out} 的话,那么其他点指向 i 点的边数则为入度 W_{in}。假设所有的结构图都是单向的,那么就有

$$k_i = W_{out} + W_{in} \qquad\qquad (5-14)$$

其中,出度可以通过行检索,即在第 i 行查找所有为 1 的项,累计计算数目得到;同样地,入度可以通过列检索,即在第 i 列查找所有为 1 的项,并累计计算数目得到。

求 k_i 的流程见图 5-100。

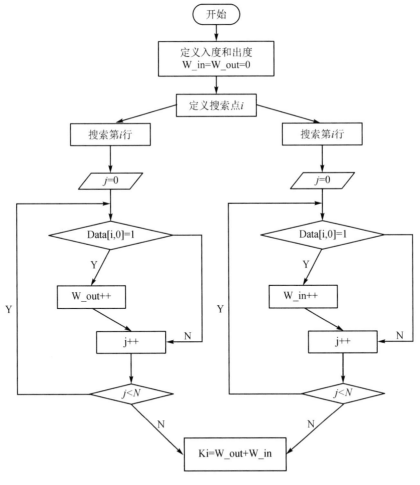

图 5-100　求 k_i 的流程图

t_i 是与 i 相连的若干点之间连接的边数,可以通过两轮搜索计算得到:第一轮首先检索所有与 i 点相连的点,同上述 k_i 得到方式相同,在第 i 行(列)查找所有为 1 的项并存储其列号(行号),得到所有邻居点数列 $\{x_1, x_2, \cdots, x_j\}$;再在这个邻居点数列里依次寻找,即从第 x_1 行(列)开始,若在第 x_j 列(行)位置数字为 1,则累计计数 (num++),最后得到 $t_i = \text{num}$。

将 t_i 和 k_i 代入式(5-3)得到图 5-97 的聚类系数为 $C = 0.527\,8$。

求 t_i 的流程图见图 5-101。

3. 故障传播范围的确定

(1) 传播概率的概念

当机电系统内的某个节点出现故障的时候,故障会沿着关系弧(连接边)以概率传播。此时,假设故障一旦传至某点,则某点一定故障,则此概率被定义为节点间故障传播概率,简称传播概率。

以实际发动机模型为例,供油组件和燃烧室通过一系列油路电路连接,把这个连接关系拓扑成从供油组件指向燃烧室的单向连接边,当供油组件出现故障时,可能油路电路系统能克服这个故障传播的过程,所以供油组件的故障不一定能造成故障的传播,而是遵守一定的概率。这里所说的传播并不是过程概念,而是结果的表示,即 A 故障导致了 B 故障,便称故障通过了 $A \rightarrow B$ 传播。类似 $A \rightarrow B$ 这样的路径被称为子路径。

机电系统里部件故障传播概率可由相关机电系统可靠性手册查到,一般的,机械之间是 10^{-5} 级别,而机械、电子之间是 $10^{-5} \sim 10^{-3}$ 级别。

而且,当 A、B、C 三个节点在同一个路径时,若 $A \rightarrow B$ 的概率是 P_{AB},$B \rightarrow C$ 的概率是 P_{BC},那么由概率论相关原理,此路径上的 $A \rightarrow C$ 的概率是 $P_{AC} = P_{AB} \cdot P_{BC}$。

相应地,当 A、B、C 为一个路径,A、D、C 为另一个路径,那么全局的 $A \rightarrow C$ 的概率是 $P_{AC} = P_{AB} \cdot P_{BC} + P_{AD} \cdot P_{DC}$。

此时,约定某点故障传至 X 点的概率为全局概率,即

$$P_X = \sum_{i=1}^{n} P_{l_i} \qquad (5-15)$$

其中,l_i 是从故障点传至 X 点的若干路径中的一条。

(2) 传播阈值和传播范围的确定

当某节点出现故障时,按照一定概率,故障将顺着连接边一直传下去,直至逻辑上最后一个节点,故障传到此处在概率上是可能的。这样的话,故障传播最优路径的分析量会很大,而且传播范围的分析也会失去意义[48]。

设置一个全局的传播概率阈值 P_Gate,并约定当概率

$$P_X < \text{P\_Gate} \qquad (5-16)$$

时,故障不能传至 X 点。该阈值根据机电系统可靠性手册,设定为 10^{-8} 数量级。

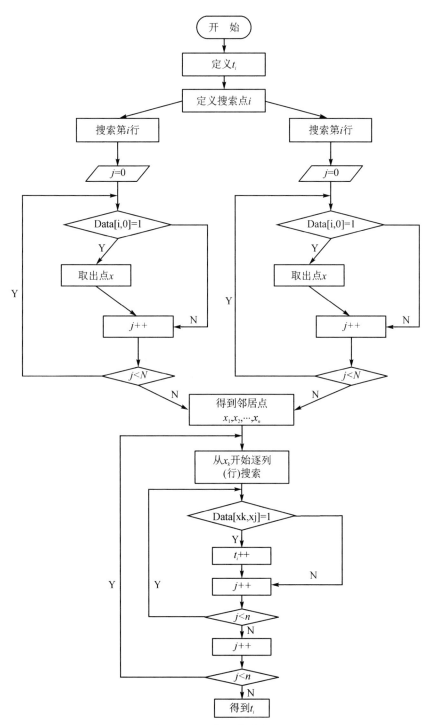

图 5 - 101　求 t_i 的流程图

这样，故障传播范围的数学模型表示为

$$
\begin{cases}
P_{l_i} = \prod_{k \in l_i} P_k \\
P_X = \sum_{i=1}^{n} P_{l_i} \\
P_X < \text{P\_Gate} \approx 10^{-8}
\end{cases}
\tag{5-17}
$$

如此，所有节点概率的大于阈值的节点组成一个节点集合，这个节点集合便被称为故障传播范围。

以图 5-97 为例，设定阈值为 0.000 09，应用前述方法进行分析计算，就可以得到传播范围，其中起始点为节点 1，点 2~点 5 均在范围之内，点 6 是安全点，如图 5-102 所示。

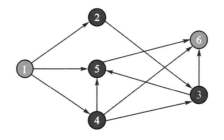

图 5-102　6 点图传播范围示意图(见彩插)

相同的方法用在图 5-98 结构上，分析结果如图 5-103 所示。设定阈值为 10^{-8}，起始点为点 1，可以看出，节点 9 是安全点，在进行从节点 1 出发的最优分析时，就可以绕过节点 9。

另外，还需要设置其他点为起始点，才能进行综合分析。以节点 3 为起始点为例进行传播范围分析。如图 5-104 所示，点 1、点 2、点 4、点 7、点 11 位于点 3 的上游，不参与范围讨论，安全点是节点 8。和以节点 1 为起点比较，不同的故障点造成的传播范围一般不同。

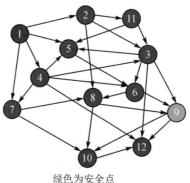

绿色为安全点

图 5-103　以 1 为故障点的故障传播范围(见彩插)

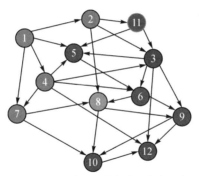

绿色为安全点，浅蓝色为故障点上游

图 5 - 104　以 3 为故障点的故障传播范围(见彩插)

以其余节点作为起始点的故障传播范围分析方法类同,此处不再赘述。

(3) 双阈值问题

当结构中节点数、连接边较多时,会出现环状连接的复杂情况,即可能有 $A \rightarrow B \rightarrow C \rightarrow D \rightarrow A$ 的情况出现,这时可能会出现传播概率叠加的情况,如图 5 - 105 所示,即

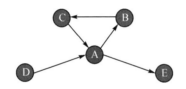

图 5 - 105　传播概率出现循环叠加(见彩插)

$$P_{A\_out} = P_{A\_in} + P_{A\_in} P_{AB} P_{BC} P_{CA} \qquad (5-18)$$

经过循环后,A 点的输出概率就增长了 $P_{AB}P_{BC}P_{CA}$ 倍,而在实际时间尺度下,概率的增长时间之短可以忽略,也即 A 点的故障传播输出概率经过传播循环之后几乎呈爆炸性增长。事实上,很多机电系统都有这样的拓扑循环,故概率爆炸似乎是不可能的。

为了消除这种理论上的可能,需要重新设定一种新的阈值,用于限制这种循环的发生,这种阈值被称为限环阈值。限环阈值在数量级上会略大于全局阈值,作用是为了使传播分析更加流畅。若系统中仅存在节点数目较大的循环,限环阈值的作用不明显,采用全局阈值即可满足要求。

4. 故障传播波次和传播强度

(1) 故障分步扩散问题

实际中的复杂机电系统,特别是流程工业分布式复杂机电系统,考虑到经济效益,很多情况下会处于"带病运行"的状态,如何针对系统中的薄弱环节制订合理的预

防性维修计划是防止系统级联故障发生的根本保障。完全消除系统中存在的危险是不现实的,但是如果系统只存在低风险的危险状态,则此系统的危险是"可接受"的。为消除高风险危险状态,有必要找到能导致高风险危险状态的故障传播路径,并采取一定的预防措施,进而避免系统从初始故障状态到达高风险状态的可能[48]。

当机电系统网络中的某节点性能出现劣化趋势时(如性能达不到指定要求),会导致与其关联的近邻节点的性能逐步恶化或直接失效,这种失效通过网络进行扩散,逐步波及其他非近邻节点,引起系统连锁反应。为描述该扩散过程,引入小世界聚类特性来分析和构建故障分步扩散模型(见图 5 – 106)。

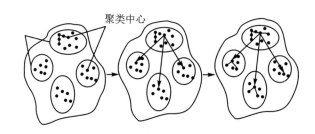

图 5 – 106　故障分布扩散模型

图 5 – 106 中用簇的形式对系统网络模型进行描述,节点代表被忽略了实际物理意义的设备装置。通过计算网络节点的聚类系数,可将相互之间联系较紧密的节点归为同一个簇,并将簇内聚类系数最高的节点定义为聚类中心。不同簇之间通过远边进行连接,这些远边对应的节点通常具有较高的介数。根据邻接矩阵可确定出不同节点之间是否存在连接关系,从而进一步计算节点的聚类系数、度数和介数。

故障从起点开始,若考虑节点(零部件)对传播的响应,整个传播的过程应该是分步骤的:以故障点为辐射中心向四周分步依次扩散的,故障的最可能传播也是像做选择,在进行每步前,都选择最可能的路径传播。故可以作出假设:故障依据概率依次地、分步地从概率起点向被阈值限定后的概率终点传播,只要是上一传播步骤任意节点的箭头下游节点,都属于新的一个传播步骤。为方便起见,故障按波次传播。

以 12 节点图 5 – 98 为例,假设起点是节点 1,能得到图 5 – 107。

(2) 传播强度

当机电系统网络中的某个节点发生故障时,会逐步向其他相关节点扩散。在扩散过程中,故障优先选择传播概率较大的边进行扩散(传播概率可以从故障历史数据中提取,也可以根据系统参数进行估计)。对于具有小世界特性的机电系统网络,除了考虑节点之间的故障传播概率外,还需要考虑节点的度数以及节点之间是否存在长程连接,因为在实际生产中,那些低频大规模故障的风险足以与高频小规模故障的风险总和相提并论。因此,在对故障传播过程进行分析时,引入故障传播强度来综合这两方面的因素,并以该强度作为连接边的权值,传播强度越大,则表示故障通过此边越容易进行扩散,波及的范围也就越大[48]。将传播强度定义为该连边的负荷,连

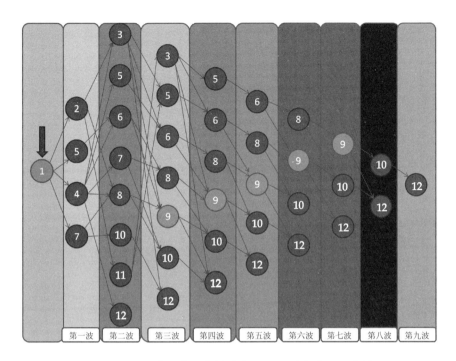

图 5 - 107　12 点结构图传播波次图(以 1 为起点)(见彩插)

边的负荷越大,节点对之间最短路径通过该边的几率就越大,故障越容易通过该边快速扩散。

设网络总节点数为 N,在第 k 步的扩散过程中,故障由节点 V_i 直接传播到节点 V_j 的概率为 Pk_{ij},若两个节点之间没有连接边,则 $Pk_{ij}=0$。故障传播强度为

$$I_{ij}=w_s(w_p Pk_{ij}+w_d dk_j / \sum_{j \in F_k} dk_j), \quad i \in F_{k-1} \qquad (5-19)$$

其中,w_s(不小于 1)是跨簇传播系数,w_p 是传播概率权值系数,w_d 是节点度数权值系数,Pk_{ij} 代表某一波次的从 i 到 j 的子路径传播概率,d_j^k 则是 j 点的节点度数。

此处先设置三个系数为常数 1,其具体数值设置对强度以及寻优的影响将在后文讨论,则式(5-7)简化为

$$I_{ij}=Pk_{ij}+dk_j / \sum_{j \in F_k} dk_j, \quad i \in F_{k-1} \qquad (5-20)$$

根据上式就能依次求得每个子路径的故障传播强度。

故障传播经过的节点和边构成一个复杂网络,由于需要找到对故障扩散起重要促进作用的传播路径及关键节点,因此要对它采取预防和改进措施。

可以得到扩散能力最强的故障传播路径的求取问题的数学模型,即

$$\begin{cases} \max_k I_{ij}^k \\ \text{s. t.} \begin{cases} P_{l_i} = \prod_{k \in l_i} P_k \\ P_X = \sum_{i=1}^{n} P_{l_i} \\ P_X < P\_Gate \approx 10^{-8} \end{cases} \end{cases} \tag{5-21}$$

以 12 节点图为例(见图 5-98),假设故障点为节点 1,先求出故障扩散范围,然后建立分步扩散模型,再求出按照以上方法计算出的每个子路径的传播强度,依照式(5-9),可以得到图 5-108。

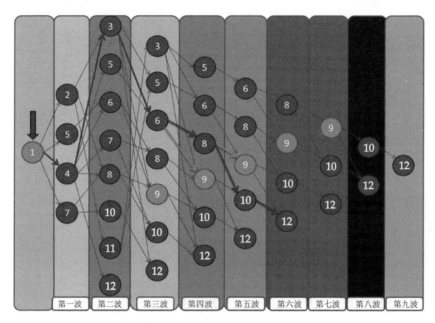

图 5-108　12 点结构图传播波次图(以点 1 和点 3 为起点)(见彩插)

其中红色箭头代表最佳传播路径。可以看出,当故障从第三波的节点 6 传到第四波时,因为节点 9 是理论的安全点,可以不列入寻优的范围,故在此改为次强传播强度,即从第三波节点 6 传至第四波节点 8。

在 12 节点图中进行标记,结果见图 5-109。

(3) 两个权值系数的影响

此前讨论的每一波中的子路径故障传播强度(Sub-path Fault Propagation Intensity,SFPI)没有考虑到两个权系数 w_d 和 w_p 的影响,即把两个权系数设置成常数 1,这两个权系数是综合考虑节点度数和节点间传播概率的量化表现。并结合小世界网络有关知识,当小世界网络趋于规则时,节点间传播概率 P 会占支配地位;反之,当小世界网络趋于复杂和不规则时,节点度数 d 会占支配地位。其中,小世界网

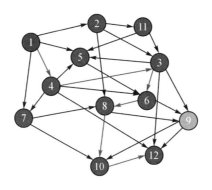

图 5 - 109　最佳路径传播示意图(见彩插)

络的规则度可以参考平均路径长度 L 和聚类系数 C 的值。

以 6 点结构图为例,经计算,该结构的平均路径长度 $L = 1.28$,聚类系数 $C = 0.528$,具有小世界网络性质。接下来设置不同的 w_d 和 w_p,以分析这两个权系数对最佳传播路径(Best Fault Propagation Path)的影响。

讨论以下几种情况:

① $w_d = w_p = 0.5$,即上文中的 $w_d = w_p = 1$ 的情况,根据式(5 - 19)能够得到每一个 SFPI。假设从 1 出发时,得到最佳传播路径为 1—4—3—5—6。

② 弱化度数影响 $w_d = 0.1$,$w_p = 0.9$ 时,还是假设从 1 出发得到最佳路径 1—4—3—5—6。

③ 再次弱化,$w_d = 0.01$,$w_p = 0.99$ 时,得到最佳路径 1—2—3—5—6。

④ 完全忽略节点度数影响即 $w_d = 0$,$w_p = 1$ 时,最佳路径为 1—2—3—5—6。

⑤ 强化度数影响 $w_d = 0.9$,$w_p = 0.1$ 时,最佳路径是 1—4—6,趋于简单。

⑥ 完全忽略传播概率的影响,即 $w_d = 1$,$w_p = 0$ 时,最近路径有多条,分别是 1—4—6,1—4—3—5—6,1—4—3—6。仍然出现最简单的传播路径。

从以上结果可以分析,当节点度数影响较大时,故障传播会优先考虑大度数节点,而网络里最短路径里往往会含有大度数节点,故可能出现最佳路径同时也是最短路径的情况。

因缺乏这两个权系数取值的具体量化参考资料,无法具体设置,故在实例分析时,可等同节点度数和节点间传播概率的影响,设置 $w_d = w_p = 1$。

5. 传播路径寻优方法

由上文可得出每一传播波次的子路径传播强度,以及求出以某点为故障点的故障最优传播路径。但该最优路径仅针对某一故障点,对全局不具有代表性。机电系统在运行过程中零部件或元器件是单个或多个随机故障,最优故障传播路径有多种描述。为了考察整个系统的薄弱环节,需要寻找全局的故障最优传播路径。采用以不同节点作为故障源,通过累加最佳传播路径中的子路径的权重,即累积分布法,来判断全局故障最佳路径。

5.6.3　某型航空发动机系统故障传播实例分析

1. 航空发动机故障传播模型

图 5-110 所示为某型航空发动机拓扑结构,其节点如表 5-9 所列。

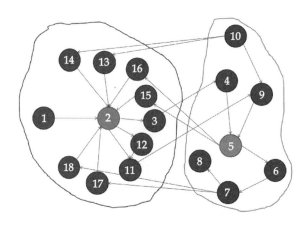

图 5-110　某型航空发动机拓扑模型(见彩插)

表 5-9　某型航空发动机系统网络拓扑结构中各节点对应的部件编号

节　点	名　称	节　点	名　称
1	PLA	10	风扇
2	EEC	11	起动控制装置
3	供油调节器	12	交流发电机
4	供油组件	13	发动机风扇出口温度传感器
5	燃烧室	14	发动机风扇出口压力传感器
6	高压涡轮	15	燃烧室压气机出口温度传感器
7	低压涡轮	16	燃烧室压气机出口压力传感器
8	内涵尾喷管	17	低压涡轮出口温度传感器
9	压气机	18	低压涡轮出口压力传感器

可以看到,图 5-110 可以分为两个有着长程连接关系的簇,其簇心节点 2 和节点 5 分别代表 EEC 和燃烧室。EEC 和燃烧室分别是控制系统和发动机的核心部件,说明拓扑建模与实际相吻合。

2. 对该模型的分析和计算

根据式(5-2)和式(5-3),以及表 5-10 中的节点度数与上文介绍的计算方法,算得平均路径长度 $L=2.389$,聚类系数 $C=0.075\,3$,符合式(5-5)的要求,说明该模型具有小世界网络的性质。

表 5-10　发动机拓扑模型各节点度数

节　点	度　数	节　点	度　数	节　点	度　数
1	1	7	4	13	2
2	10	8	1	14	2
3	2	9	3	15	2
4	2	10	3	16	2
5	5	11	3	17	2
6	2	12	2	18	2

接着依据机械-机械、机械-电子可靠性关系,假设各个子路径的传播概率:

$P=\{0.001, 0.005, 0.001, 0.002, 0.001, 0.005, 0.002, 0.0001, 0.005, 0.000\,2, 0.002, 0.0015, 0.001, 0.002, 0.000\,1, 0.003, 0.005, 0.002, 0.001, 0.005, 0.002, 0.009, 0.005, 0.001\,7, 0.002\,8\}$

以及全局阈值 $P\_Gate=10^{-8}$,和限环阈值 $P\_Circle=10^{-6}$。

依次设定故障起始点,算出每个点的终止概率,与以上两个阈值相比较之后可以得到故障传播范围。再计算故障扩散范围内每个子路径的故障传播强度,依照式(5-9)求得单故障源的传播最佳路径,如图 5-111 所示。18 幅图分别为故障源从 1 到 18 的最佳传播路径示意图,每幅图中红色节点是故障源,橙色为扩散范围,红色箭头是单故障源故障传播最佳路径。

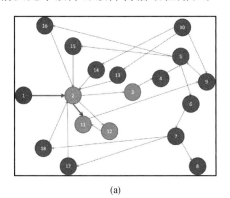

(a)

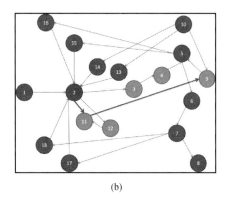

(b)

图 5-111　以不同节点为故障源的最佳传播路径

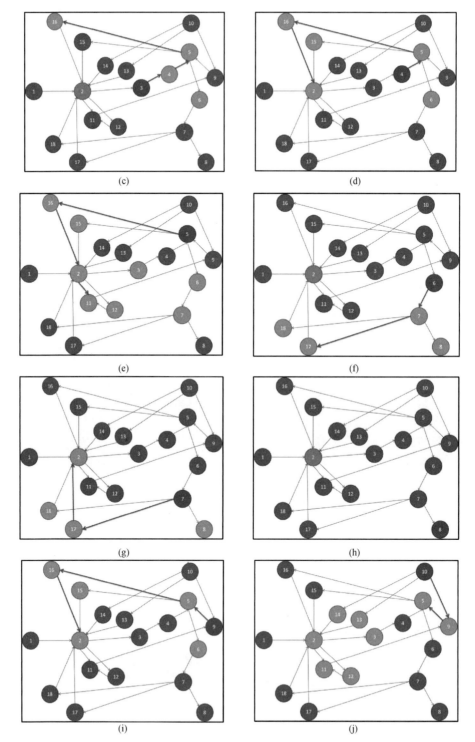

图 5 - 111　以不同节点为故障源的最佳传播路径(续)

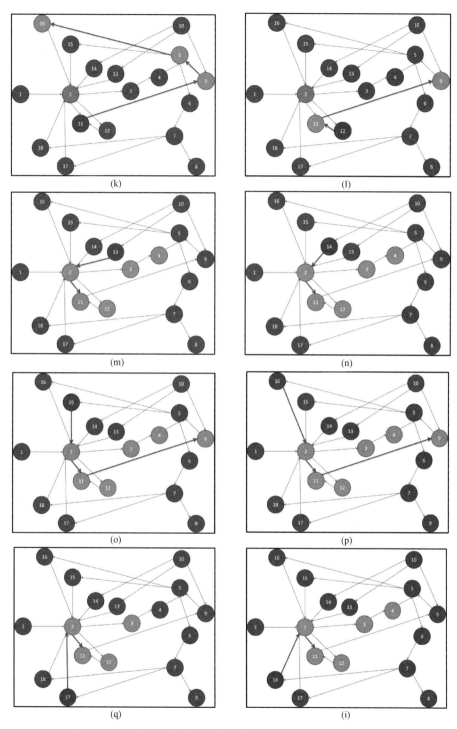

图 5 - 111　以不同节点为故障源的最佳传播路径(续)(见彩插)

航空发动机控制系统适航安全性

给每一个子路径赋予权值,也即传播强度值,然后将上述 18 幅图的所有最佳传播路径的子路径权值累加后,能够分析得到一条全局最优路径,如图 5-112 所示,即路径 2—11—9—5—16—2,这条路径实际为"EEC—起动控制装置—压气机—燃烧室—燃烧室压气机出口压力传感器—EEC"。事实上,在发动机运行过程中,这条线路上的节点不仅自身故障率比较高,且易造成其他相关节点故障。另外,由燃烧室、压气机故障引起的连锁反应时有发生,可以说这条路径是整个系统的薄弱环节,所以欲提高系统整体的工作效率和寿命,针对此传播回路,需要设计和维护人员引起较多重视。

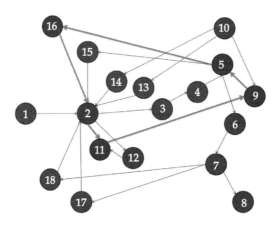

图 5-112　全局最可能传播路径(见彩插)

如果调节两个权值参数,弱化传播概率对最优路径选择的影响时,得到的最优路径将会包含节点度数较多点,如节点 2 和节点 5,而对比之前权值参数置 1 的情况,节点 2 和 5 不可避免地被包含在这个最优路径中。也就是说,EEC 和燃烧室将会是整个系统最值得关注的节点,而恰好这两个节点又分别是控制系统簇和发动机簇的簇心,其在整个系统的核心地位得以体现。

本节通过对某型燃气轮机系统建立拓扑模型,得到故障传播过程、故障传播通路以及相应的关键节点,并得到航空发动机系统运行过程中应该加强保护和防范的关键节点,进而降低航空发动机大规模故障的发生概率,对提高航空发动机的安全性与适航性具有重要意义。

| 参考文献 |

[1] WILKINSON P J, KELLY T P. Functional Hazard Analysis for Highly Integrated Aerospace Systems[C]//IEE Certification of Ground/Air Systems Seminar. London: IET,1998: 1-4.

［2］DAWKINS S K，KELLY T P，MCDERMID J A，et al. Issues in the Conduct of the PSSA［C］// Proceedings of the 17th International System Safety Conference. Orlando：System Safety Society，1999：77-86.

［3］XU K，ZHU M，FAN Z. FMEA of Turbocharged Diesel Engine System using Fuzzy Inferencing［J］. SAE Transactions，2000，109（3）：529-35.

［4］XUK，TANG L C，XIE M，et al. Fuzzy Assessment of FMEA for Engine Systems［J］. Reliability Engineering&System Safety，2002，75：17-29.

［5］鲍梦瑶，李果，丁水汀. 基于模型的航空发动机系统安全性研究［J］. 航空动力学报，2016，31（8）：2029-2039.

［6］Federal Aviation Administration. Advisory Circular 33.751A：Guidance Material for 14 CFR 33.75，Safety Analysis［EB］. 2007.

［7］FENELON P，MCDERMID J A，NICOLSON M，et al. Towards Integrated Safety Analysis and Design［J］. ACM SIGAPP Applied Computing Review，1994，2（1）：21-32.

［8］WANG Y. Development of a Computer-aided Fault Tree Synthesis Methodology for Quantitative Risk Analysis in the Chemical Process Industry［D］. Texas：Texas A&M University，2005.

［9］LISAGOR O，MCDERMIDJ A，PUMFREY D J. Towards a Practicable Process for Automated Safety Analysis［C］//International System Safety Conference. New Mexico：International System Safety Conference，2006：607.

［10］JOSHI A，MILLER S P，WHALEN M，et al. A Proposal for Model-based Safety Analysis［C］//Proceedings of the Digital Avionics Systems Conference. Washington D C：IEEE，2005：8. C. 2. 1-8. C. 2-13.

［11］JOSHI A，WHALEN M，HEIMDAHL M P E. Model-based Safety Analysis Final Report［R］. Nasa Langley Research Center，2006.

［12］陈磊，焦健，赵廷弟. 基于模型的复杂系统安全分析综述［J］. 系统工程与电子技术，2017，39（6）：1287-1291.

［13］WHALEN M，COFER D，MILLER S，et al. Integration of Formal Analysis into a Model-based Software Development Process［C］//Proceedings of the 12th International Conference on Formal Methods for Industrial Critical Systems. Berlin，2008：4916.

［14］BERRY G. Synchronous Design and Verification of Critical Embedded Systems using SCADE and Esterel［J］. Lecture Notes in Computer Science，2008，4916：2-2.

［15］HINCHEY M G，BOWEN J P. Industrial-strength Formal Methods in Practice［M］. Berlin：Springer Science&Business Media，2012.

[16] TOPPER J S, HORNER N C. Model-based Systems Engineering in Support of Complex Systems Development [J]. Johns Hopkins APL Technical Digest, 2013, 32(1): 419-432.

[17] 冯臻. 一种新兴的基于模型的民机安全性分析方法[J]. 科技创新导报, 2012, 2: 44-45.

[18] JOSHI A, HEIMDAHL M. Model-based Safety Analysis of Simulink Models Using SCADE Design Verifier[C]// Proceedings of the 24th International Conference on Computer Safety, Reliability, and Security. Fredrikstad: Springer, 2005:122-135.

[19] 韩俊刚, 杜慧敏. 数字硬件的形式化验证[M]. 北京: 北京大学出版社, 2001.

[20] 董力. 基于模型的飞行控制系统安全性分析方法研究[D]. 南京: 南京航空航天大学, 2020.

[21] ARNOLD A, POINT G, GRIFFAULT A, et al. The AltaRica Formalism for Describing Concurrent Systems[J]. Fundamenta Informaticae, 1999, 40(2-3): 109-124.

[22] BOZZANO M, VILLAFIORITA A. The FSAP/NuSMV-SASafety Analysis Platform[J]. International Journal on Software Tools for Technology Transfer, 2007, 9(1): 5-24.

[23] CAVADA R, CIMATTI A, DORIGATTI M, et al. The nuXmv Symbolic Model Checker[C]//Proceedings of Computer Aided Verification: 26th International Conference. Berlin: Springer International Publishing, 2014: 334-342.

[24] 杜德慧, 程贝, 刘静. 面向安全攸关系统中小概率事件的统计模型检测[J]. 软件学报, 2015, 26(2): 305-320.

[25] 马径梁, 吴海桥, 王华伟, 等. 形式化模型检验在飞机系统演绎式安全分析中的应用研究[J]. 飞机设计, 2014, 34(1): 47-51.

[26] PASQUINI A, PAPADOPOULOS Y, MCDERMID J A. Hierarchically Performed Hazard Origin and Propagation Studies[C]//Proceedings of Computer Safety, Reliability and Security: 18th International Conference. Berlin: Springer Berlin Heidelberg, 1999: 139-152.

[27] PAPADOPOULOS Y, WALKER M, PARKER D, et al. Engineering Failure Analysis and Design Optimization with HiP-HOPS[J]. Engineering Failure Analysis, 2011, 18(2): 590-608.

[28] 丁璐. 基于模型的飞机系统 FMEA 方法与应用研究[D]. 上海: 上海交通大学, 2020.

[29] JACKSON D, TANNENBAUM B, JACHIMCZYK W. Adoption, Impact,

and Vision of Model-based Design[C]//Proceedings of SPIE, the International Society for Optical Engineering. Bellingham：Society of Photo-Optical Instrumentation Engineers，2006：622817.1-622817.10.

[30] AHMADIAN M，NAZARI Z J，NAKHAEE N，et al. Model based Design and SDR[C]//Proceedings of the 2005 The 2nd IEE/EURASIP Conference on DSP Enabled Radio(Ref. No. 2005/11086). London：IET，2005：8.

[31] MILLER S P，TRIBBLE A C，HEIMDAHL M P. Proving the Shalls[C]// International Symposium of Formal Methods Europe. Berlin：Springer Berlin Heidelberg，2003：75-93.

[32] 张新. 模型驱动的民机显示系统软件开发方法研究与应用[D]. 上海：上海交通大学，2017.

[33] BOZZANO M，VILLAFIORITA A，ÅKERLUND O,et al. ESACS：an Integrated Methodology for Design and Safety Analysis of Complex Systems[C]// Proceedings of ESREL. Leiden：Balkema Publisher，2003：237-245.

[34] AKERLUND O，BIEBER P，BOEDE E,et al. ISAAC，a Framework for Integrated Safety Analysis of Functional，Geometrical and Human Aspects [C]//Proceedings of Electronic Reciprocal Transfer System. Toulouse：Tagungsbeitrag，2006：145-162.

[35] EDMUND M C，GRUMBERG O，DORON A. Model Checking[M]. Cambridge：Massachusetts Institute of Technology Press，1999.

[36] Federal Aviation Administration. Advisory circular：20 – 115D：Airborne Software Development Assurance Using EUROCAE ED – 12（) and RTCA DO – 178（) [EB/OL].（2005-09-28）[2020-03-22]. https：//www. faa. gov/regulations _ policies/advisory _ circulars/index. cfm/go/document. information/documentID/ 1032046.

[37] 楚娜娜. 基于模型的故障模式与影响分析方法应用[D]. 北京：北京航空航天大学，2018.

[38] BEZERRA E A，LETTNIN D V. Synthesizable VHDL Design for FPGAs [M]. London：Springer，2014.

[39] 张威. Stateflow 逻辑系统建模[M]. 西安：西安电子科技大学出版社，2007.

[40] 王宜轩. 基于模型的 FHA 分析方法研究［D］. 北京：北京航空航天大学，2020.

[41] NEWMAN M E. The Structure and Function of Complex Networks[J]. SIAM Review，2003，45(2)：167-256.

[42] AMARAL L A N，SCALA A，BARTHELEMY M,et al. Classes of Small-world Networks[J]. Proceedings of the National Academy of Sciences，2000，

97(21): 11149-11152.

[43] 汪小帆，李翔，陈关荣. 复杂网络理论及其应用[M]. 北京：清华大学出版社，2006.

[44] 姜洪权，高建民，陈富民，等. 基于复杂网络理论的流程工业系统安全性分析[J]. 西安交通大学学报，2007，41(7)：806-810.

[45] 李果，高建民，高智勇. 基于小世界拓扑模型的复杂系统安全分析[J]. 机械工程学报，2008，44(5)：86-91.

[46] 王光武. Dijkstra 最短路径算法分析与改进[J]. 工业控制计算机，2011，24(10)：63-64.

[47] 唐洪涛. 最短路径算法的 C 程序实现[J]. 内江科技，2009，30(10)：108.

[48] 李果，高建民，高智勇，等. 基于小世界网络的复杂系统故障传播模型[J]. 西安交通大学学报，2007，41(3)：334-338.

第 6 章
基于功能失效路径的航空发动机
控制系统硬件的适航符合性方法

6.1 电子控制器硬件开发流程与审定流程综述

6.1.1 控制器硬件计划、设计和综合与验证过程

如前文所述,目前各国适航当局普遍要求适航证申请人遵循 DO-254 并提交硬件设备开发过程中的符合性证据。因此,有必要探索出一条符合 DO-254 设计指南的 EEC 开发流程。

自顶向下地概览整个开发过程,如图 6-1 所示,从 ARP 4754A《民用飞行器及系统开发指南》中定义的 V 形开发流程可以看出,飞行器的开发即是将需求进行逐

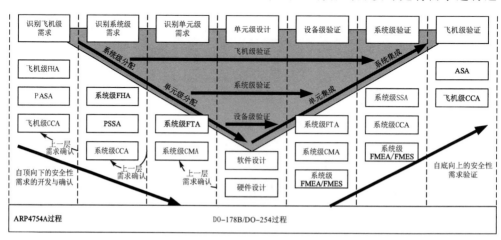

图 6-1 ARP 4754A 所定义的开发流程[1]

步分解与进一步识别后根据需求进行单元(一般也称为 LRU)开发,在开发工作完成后进行逐级综合与验证的过程。

伴随需求分解过程的是各种类型的安全性评估,包括 FHA、PASA/PSSA 和 CCA/CMA。FHA 的目的是识别各种故障情况及其危害性等级。FHA 的输出作为 PASA/PSSA 的输入,PASA/PSSA 是为了确定系统架构设计如何会导致 FHA 中识别的故障条件。PASA/PSSA 的目的是建立飞机/系统级的安全性指标(需求),以确保飞机/系统不会发生严重的安全性问题。在执行完成 PSSA 后,需要通过故障树分析(FTA),将安全性需求分解到 LRU 的硬件和软件。在每一次需求分解后,都要进行 CCA 或 CMA,以判断共因/共模故障是否会影响飞机/系统架构设计中关于各组成部分相互具有独立性的假设。

在设计过程结束后,需要进行安全性验证,进行 LRU 级的 FMEA/FMES,并在之后进行系统和飞机级的 SSA/ASA,以验证最初设定的安全性指标/需求在生产出的样件中是否达标。在验证过程中,也会进行共因/共模分析。

在 ARP 4754A 的开发流程中,所针对的对象是飞行器。它将飞机级的需求进行逐层分解,直至飞机的最小组成单元 LRU。若要对需求进行进一步的分解,就是 DO-254 和 DO-178B 的工作了。如图 6-2 所示,在 V 形图的底端是单元开发,单元的开发又可分为软件开发和硬件开发,和它们相对应的开发指南是 DO-178B 和

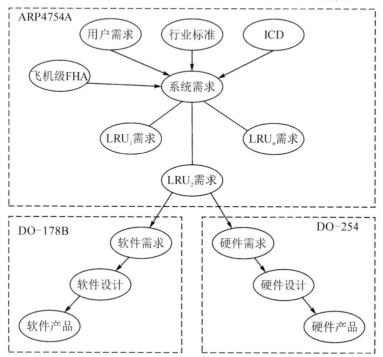

图 6-2　ARP 4754A、DO-178B 和 DO-254 之间的关系

DO-254。

从图6-2可以看出,ARP 4754A与DO-178B、DO-254是上下游关系。V形图的最底端就是EEC等机载航电设备软硬件开发的切入点。

在进行EEC单元硬件的具体开发前,需要进行详细周密的计划。计划过程用于明确设计开发的具体目标及活动,为硬件设计过程指明方向。计划过程所需进行的工作包括:确定硬件的DAL;详细定义硬件的各个开发环节,包括设计、验证等阶段的时间节点、具体内容、完成标准;考虑所设计的硬件中是否沿用先前的设计、是否采用了COTS元件以及开发硬件过程中所采用的工具是否需要进行鉴定等。

计划过程结束后,进入设计过程。从整个机载设备的开发流程来说,最开始的一个环节是需求的捕获。所须捕获的需求的来源可能是系统的需求,也可能是当局颁发的适航标准、与设计开发相关的指南、安全性/环境评估指南等,这些需求共同构成了硬件开发的设计约束。确定了硬件设计的需求后,便可正式开启硬件的设计工作,设计工作包括概念设计、详细设计、设计实现和产品转化,这几个过程在时间上大致遵循由先到后的顺序,如图6-3所示。在图6-3中,还可以看到一个反向的过程,即在硬件设计过程中,由于种种原因可能会产生设计迭代,这种迭代可能发生在硬件设计过程的各个阶段,每次迭代都可能追溯到上游的某个环节。比如,如果在硬件的详细设计过程中发现了问题,原因可能是在捕获需求的过程中出现了需求的遗漏,那么设计过程将会追溯到需求捕获阶段,将遗漏的需求进行重新确定后继续过渡至概念设计阶段,并检查是否需要对设计进行变更。

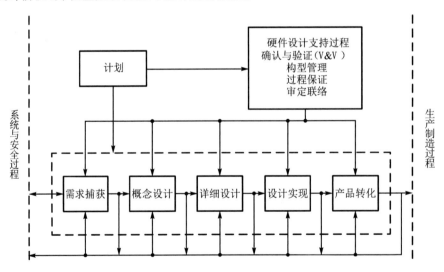

图6-3 EEC硬件开发周期各阶段的定义

在整个硬件开发周期里,还有一个与设计过程并行的支持过程,该过程同样需要由硬件的开发人员完成。支持过程包括:需求的确认和验证、构型管理、过程保证和审定联络。确认过程用于确认系统分配给硬件的需求以及在设计过程中所衍生出的设计需求的正确性和完整性；而验证过程则用于确保所设计的硬件能够满足所有的需求，包括系统分配的需求以及衍生的需求；构型管理过程用于保证硬件构型可以进行具有一致性的复制，即确保其在不同开发人员间具有相同的属性，并确保对构型的更改是受控的；过程保证用于确保硬件设计生命周期过程的目标已经实现，设计过程中的各项活动已经完成，与计划中所设定的目标和预期进行的工作、活动一致；审定联络过程旨在建立适航证申请人与适航当局之间的通信联系和相互了解，嵌入控制器硬件开发的整个周期中。

纵观 FAA 与 EASA 对于电子硬件的审查流程，可以发现其审查都是围绕着"DO-254 目标"这个关键字进行的，因此需要对 DO-254 中定义的硬件设计生命周期中的各个环节的目标进行细致化的分析解读，才能够正确完整地确定每个环节的输入、输出以及过渡条件。

（1）计划过程

计划过程的目的是控制 EEC 的开发。计划环节的目标主要如下：

① 定义硬件设计生命周期的过程；

② 确定标准；

③ 确定硬件的开发和验证环境。

定义硬件的生命周期过程即确定之后的需求捕获、概念设计、确认、验证环节的输入、输出（需要向局方提交的文档）、完成标准、重要的时间节点；同时设计方需要确定需求、设计、工具、验证等各项标准并提交审查；最后，设计方需要确定硬件的开发验证环境，这里主要指开发过程中所用到的硬件设计和验证工具，对于某些较新/不受信任的开发工具，申请人可能需要在提交计划前对工具进行鉴定，以证明其安全性。

计划过程主要的产出包括：合格审定计划、设计、需求确认、验证计划、与 EEC 硬件质量保证关的计划，以及硬件需求、设计、确认和验证、归档标准、工具鉴定评估及数据。图 6-4 给出了 EEC 合格审定计划的主要结构以及合格审定计划与其他计划之间的关系。

（2）需求捕获过程

需求获取过程识别和记录硬件需要满足的要求。EEC 的主要需求包括：由 FADEC 控制系统设计过程中分配 EEC 硬件实现的需求；由开发人员在后续过程（概念设计、详细设计等）中所提出的硬件结构（如功能模块的隔离需求、内置测试（BIT）需求、外部接口需求、环境需求、测试和维护性的结构考虑需求、功耗和物理特性要求）、工艺的选择、基本功能和可选功能、环境适应性或性能需求所产生/衍生出的需求，以及由对 FADEC 系统进行安全评估后所得到的安全要求。

应当注意，EEC 需求的定义应当尽可能详细且可验证。详细且可验证意味着应当尽可能将需求描述为不同状态（包括正常工作与非正常工作）下的器件引脚输入值与输出值。

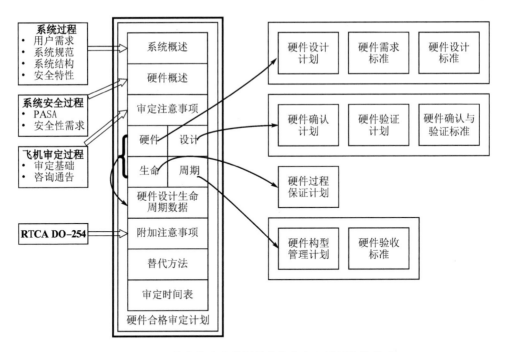

图 6 - 4   硬件合格审定计划的结构和各个计划间的关系

(3) 概念设计与详细设计过程

概念设计过程输出 EEC 硬件顶层的设计原理,开发人员通过对概念设计所涉及的原理进行评估,从而能够对最终设计出的产品能否满足需求进行大体判断。对于电子控制器,概念设计应当是各电路模块之间的关系网络图,如果 EEC 的设计中存在 FPGA 等可编程逻辑器件,则在概念设计中应当针对该类器件通过 HDL 或者原理图的方式描述其顶层设计,即该器件实现的功能和功能的实现方式。而详细设计则是根据电路的需求和概念设计确定所有部分的具体实现方式的过程。详细设计过程所产生的数据可能包括 EEC 各电路模块的原理图、硬件接口定义文档、所使用的器件数据、HDL 代码(如存在可编程逻辑器件)、测试方法和软硬件之间的接口数据。同时需要保证安全关键的部位具有可测试性,并排除硬件能够实现的且不在需求之内的功能对安全性的影响,从而消除潜在的安全隐患。最后需要在详细设计的过程中确定影响安全的安装和操作限制。

(4) 设计实现和生产转化过程

设计实现过程使用详细设计数据来生产用于硬件测试的控制器样件。在设计实现的过程中应当注意使用典型的制造过程和工艺进行样件生产,避免样件与批量生产的产品具有品质差异。而生产转化过程则需要检查制造数据、测试生产设备和其他资源,以确保其在生产中的可用性和适当性,如出现问题则应当迭代至前述环节。

(5) 需求的确认和验证过程

需求的确认过程用于确定控制器硬件衍生需求的正确和完整性。每一个衍生而来的需求都应当在具体的层级（系统级、硬件级等）上，通过审查（定性方式）、分析（定量方式）或测试进行确认，同时应解释使用的确认方式对该衍生需求的适用性。在审查、分析和测试结束后，需要确认结果的正确性，在期望值与实际结果产生偏差时，硬件开发人员需要进行解释。如果不能预先定义期望值，那么结果应当与系统分配给控制器的需求、尤其是安全性需求相匹配。

验证过程保证控制器硬件能够满足其需求。在验证过程中需要提供电子控制器满足需求的证据（通过提交对 EEC 内部电路的审查、分析或测试的结果）。并在控制器的需求、设计实现与验证流程和结果三者之间建立关系。验证过程是适航证申请人证明其所设计的控制器硬件符合提出需求的重要过程，因此需求/功能的验证需要具有一定的独立性，即由第三方团队参与，且 EEC 作为安全关键的航电设备，对其需求的验证覆盖率应做到 100%。

（6）构型管理过程

构型管理过程的目的在于使产品构型（Configuration，即产品的属性）具有能一致地复制、必要时能重新生成信息，以及在构型发生更改时受控的能力。该过程中需要通过相应的工具进行产品构型版本的控制，以确保产品构型能够正确且一致地被复制。同时，需要建立识别、跟踪并报告产品问题的机制，并且控制产品因出现问题后产生的变更修改过程。最终，以产品基线文件、问题报告等形式提交构型管理过程合规证据。

（7）过程保证过程

过程保证由独立的监督团队完成，用于确保 EEC 开发生命周期中的各项工作被正确执行并且目标得到满足、出现的问题得到处理。过程保证团队的具体工作主要包括：根据经过局方批准的计划对开发进行审查，并对发现的问题采取跟踪措施直至解决，以形成闭环；参与生命周期各个过程，完成情况审批；参与产品的质量检测，以保证制造出的控制器与设计数据相一致。

6.1.2　审查流程和审查要素

DO-254 是一个以过程为导向的指南，因此对 EEC 开发过程的审查会贯穿于控制器生命周期的整个过程，EEC 的适航性审查会在开发过程的早期开展，以降低系统、硬件和计划决策不满足 DO-254 目标的风险。

根据 FAA 和 EASA 的经验来看，一般在航电硬件开发的过程中会组织 4 次对适航证申请人（一般也是硬件开发商）的审查，分别是：

① 计划审查；

② 设计审查；

③ 需求的确认和验证审查；

④ 系统提交审定前的最终审查。

对于计划过程的审查，适航当局会根据如下标准判断是否介入对申请人的计划过程进行审查：

① 硬件计划已经根据申请人的公司内部标准进行了评审，并已将缺陷和问题解决；

② 硬件计划已经通过了过程保证团队的评估，并已将缺陷和问题解决；

③ 硬件计划已经完成并发布，且处于构型控制之下；

④ 已按照 DO-254 附录 A 表 A-1 中相应阶段的目标完成了硬件计划。

计划审查着重关注以下几个方面：

① 计划、标准是否满足 DO-254 相应章节所要求的包含的内容；

② 计划、标准、设计和验证环境的一致性；

③ 如何处理设计变更，包括所使用的工具、是否在计划中明确定义了需要遵循的流程；

④ 设计、验证工具是否完全确定；

⑤ 计划中定义的硬件项目与系统其他项目之间的数据流；

⑥ 附加注意事项中的先前开发硬件（PDH）的使用问题、产品服务履历和 COTS 器件问题；

⑦ DAL 的分配是否合理；

⑧ 设计流程的定义和描述是否足够详细；

⑨ 申请人与其设计分包商的沟通问题；

⑩ 过程保证团队的工作方式；

⑪ 需求确认和验证过程是否计划合理，包括需求验证的独立性能否得到保证、是否对验证方法和原理进行了介绍、是否已经充分定义了验证环境、如何选择并确定验证测试的案例；

⑫ 标准是否能够满足 DAL、普适性的内容是否与具体的计划存在冲突。

关于设计审查，适航当局工作人员会根据以下标准判定进行审查的时间，在完成了下述所有要求的内容后，便会组织开展设计审查：

① 完成了 EEC 的设计需求识别并且已文档化，硬件的需求能够追溯到系统的需求，需求清晰且无歧义、符合需求标准且是可以进行验证的需求；

② 内容完整的 EEC 概念设计数据（设计说明和图纸等）已经文档化，经过内部评审且纳入构型控制，该设计数据符合相关标准，并具有追溯性；

③ EEC 的结构已经确定，对其的内部评审和分析工作已经完成；

④ EEC 的详细设计数据已经文档化，并已经过内部评审，可以追溯到概念设计和需求；

⑤ EEC 的结构与详细设计数据完全相符，并完成了内部评审；

⑥ 确定了验收测试标准；

⑦ 已按照 DO-254 附录 A 表 A-1 中相应阶段的目标完成了全部硬件的生命周期数据。

设计审查的要素主要包含:

① 需求捕获过程的构型控制问题、衍生需求的可追溯性问题、需求的验证人员的独立性问题、需求的描述、需求是否满足标准、是否对先前开发的硬件的需求进行了分析、衍生需求是否反馈至相应环节等问题;

② 概念设计是否充分描述了硬件的结构和功能设计、概念设计数据与需求间的追溯性;

③ 详细设计数据的完整性(顶层图纸、装配图、接口控制图/文档、软硬件接口数据以及任何适用的结构缓解数据,如热备份、差异性实现、容错和测试功能)、详细设计数据与概念设计数据以及设计需求间的追溯性;

④ 是否使用标准化的生产过程制造了 EEC 样件;

⑤ 产品转化过程中一系列与制造环节对接的问题等。

对于需求的确认和验证审查,适航当局人员会在全部需求完成验证且数据文档化并已纳入构型控制之后开始介入。在该阶段的审查过程中,局方人员主要关注如下问题:

① 确认和验证过程中所采用的方法、进行的工作是否与计划之间存在偏差,偏差是否可以接受;

② 申请人对 EEC 在开发过程中的衍生需求的确认工作是否完备;

③ 测试案例是如何选取的,测试案例是否具有可追溯性,测试案例的选择中是否包含硬件在正常工作范围以外的输入以测试 EEC 的鲁棒性;

④ 评估申请人方的测试人员用于检查测试案例、流程和结果的检查单,检查检查单的分工是否明确,评估检查单发现并纠正设计错误的能力;

⑤ 没有通过的测试案例是否分析了原因,若有设计错误是否按照计划记录在问题报告中并按流程进行了更改,最后是否进行了重新测试;

⑥ 验证覆盖率问题,即是否完全对在捕获到的所有需求进行了验证;

⑦ 审查人员会当场抽取至少一个测试案例并要求申请人方的技术人员进行复现,观察其与记录结果的一致性,并进行到需求的可追溯性评估;

⑧ 开发过程中的问题报告是否按照计划记录了问题,其中记录的内容是否识别出所有与之相关的电路模块并已进行了更改;

⑨ 文档的归档、检索与发布流程是否能够使未经授权的人员不得对文档内容进行更改,是否将存储介质恶化与再生错误的风险降至最低,是否进行了容灾备份;

⑩ 工具鉴定数据的各项评估;

⑪ 对 EEC 的验证是否具有独立性,对其进行的功能失效路径分析和随后选取的附加保证方案是否可行。

而在最后一次审查中,局方人员会对之前存在的问题进行收尾,以确保当前的设计文档能够顺利通过系统甚至整机级的适航性审定。

|6.2 功能失效路径分析案例分析|

DO-254 指南要求开发者在进行开发前为控制器确定 DAL。从目前国内的经验来看,设计人员习惯于将整个 EEC 的 DAL 确定为 A 级,指南中也明确支持这种将单个设计保证等级应用于硬件整体的方法,但是将整个硬件的 DAL 都定为 A 级会导致极为复杂的验证工作,同时带来成本的增加。但 DO-254 也同样支持开发人员同在 PSSA 的过程中执行功能失效路径分析,对硬件的功能失效路径(FFP)进行分解,从而有针对性地对不同的 FFP 选定不同的设计保证等级和设计保证策略。

DO-254 指南将 FFPA 描述为一种自上而下的、结构化的迭代分析,通过逐层地分解、识别、确定实现功能的电路元素,并根据 FHA 等分析的结果确定电路元素故障/失效情况下的影响。指南中仅提供了 FFPA 的方法论及需要提交的数据,因此,本文提出了一种针对 EEC 的 FFPA 分析流程,给出了典型的 EEC 结构的分析结果,并在后续章节对结果进行了验证,以供参考。

首先对功能失效路径的层级进行介绍,FFP 分为系统级 FFP、硬件级 FFP、板级 FFP、功能元素级 FFP 以及元素级功能 FFP。各层 FFP 之间的关系如图 6-5 所示,图中从上至下依次是 LRU 级 FFP、板级 FFP、功能元素级 FFP 以及元素级功能的 FFP,以发动机主燃油控制功能的传感器信号调理子功能为例,功能失效路径可以是图 6-5 中的硬件级的 EEC,也可以是 AI_02 模拟信号输入调理板,或是 AI_02 板上某个具体传感器的调理电路(功能元素级),甚至精确到调理电路中的信号滤波/放大功能。具体的分解层级应当取决于实际需要,对于电子控制器的功能失效路径分析,一般将 FFP 分解至功能元素级进行分析,对于较为复杂的电子器件,如 CPU,可以在元素级功能层级对该器件进行进一步的 FFPA。

确定了 FFPA 的执行层级后,便可以按照图 6-6 所示的步骤进行 EEC 的 FFPA。

(1) 识别电子控制器功能及功能的设计保证等级

在此步骤中,需要自上而下地将 FADEC 系统的功能进行分配,并根据 FHA 的结果确定功能的设计保证等级(FDAL)。EEC 的功能包括:

① 对液压机械组件(HMU)进行控制。根据 FHA 结果,控制器的持续异常行为会导致灾难性的故障情况,而功能的被动丧失将使飞行员工作量增加,是严重的故障情况。其 FDAL 为 A 级。

② 对可调进口导叶角度(IGV)进行控制。根据 FHA 结果,控制器的持续异常行为会导致危害性的故障情况,功能的被动丧失将导致飞机的安全裕度显著降低,是严重的故障情况。其 FDAL 为 B 级。

③ 根据发动机状态进行警告或提醒。该功能的 FDAL 为 B 级。FHA 结果指

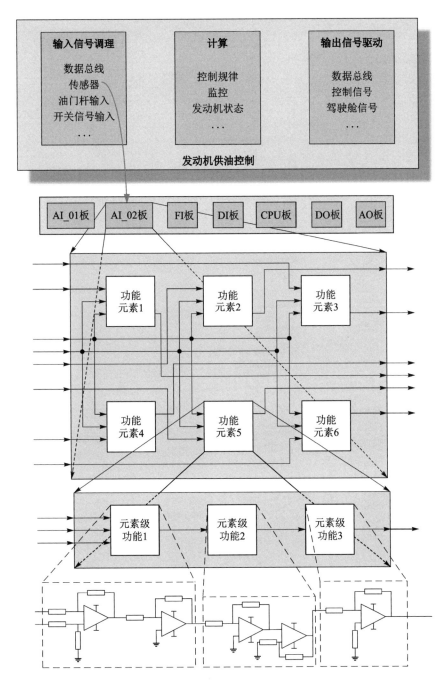

图 6-5　各层功能失效路径之间的关系示意图

出,在某些飞行条件下,为飞行员提供错误的警告或注意提醒会带来危害性的后果。
而由于安全裕度的显著降低,功能的被动损失将导致严重的故障情况。

④ 输出 EEC 自身的工作状态,并用于执行维护测试和隔离故障的地面维护接口功能。该功能被定义为 C 级。维护测试的错误"通过"将会导致控制系统安全裕度的显著降低,从而导致严重的故障情况。失去功能将不会对飞行安全产生影响(无影响的),但地面维护人员将无法执行维护任务以派遣飞机。

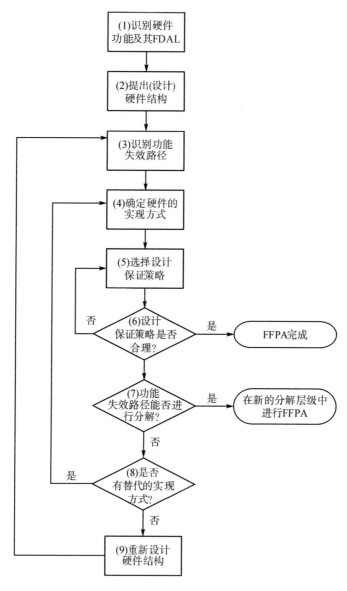

图 6-6　功能失效路径分析的执行步骤

(2) 提出(设计)硬件结构

此步骤提出(设计)硬件结构,并识别硬件功能之间的相互关系以及子功能。该步骤可能会伴随着硬件设计过程中的概念设计阶段,且会随着概念设计的迭代而迭代。

在这一步中,首先需要进行子功能的识别,以本研究案例中的需求为例,其 4 个主要功能主要包含以下子功能:

功能一:HMU 控制

① 读取来自 ARINC 总线解码器的空气数据、惯性数据和控制量给定值。

② 读取当前发动机传感器输出的各截面温度和压力数据。

③ 读取当前执行机构传感器的数据。

④ 基于输入的数据计算发动机供油量和执行机构的给定位置。

⑤ 使用离散的数字信号驱动执行机构中的电磁阀。

⑥ 使用连续的模拟电流信号驱动 HMU 中的燃油计量阀。

⑦ 在自动驾驶激活的状态下,使用连续的模拟电压信号驱动驾驶舱油门。

⑧ 提供必要的监控以保持对电磁阀和计量阀的高完整性控制信号输出,包括监测控制回路中的物理故障。

功能二:IGV 控制

① 读取来自 ARINC 总线解码器的空气数据、惯性数据和控制量给定值。

② 读取当前发动机传感器输出的各截面温度和压力数据。

③ 读取当前执行机构传感器的数据。

④ 基于输入的数据计算可调导叶角度和执行机构的给定位置。

⑤ 使用连续的模拟电流信号驱动导叶电机。

⑥ 提供必要的监控以保持对电机的高完整性控制信号的输出(包括监测控制回路中的物理故障)。

功能三:报警与提醒

① 从驾驶舱开关读取控制指令状态。

② 从 ARINC 总线读取其他航电设备的输出。

③ 计算警告和提醒状态。

④ 在驱动器主警告器中产生报警/提醒提示信息、指示灯和声音信号。

功能四:电子控制器维护接口

① 从驾驶舱开关和 ARINC 总线中读取其他航电设备输出的控制指令和飞机状态。

② 通过功能一和功能二强制输出执行机构的测试位置读取传感器的数据。

③ 根据传感器数据计算故障情况用于故障隔离。

④ 读取地面维护人员的输入。

图 6-7 是为满足本案例需求所提出的控制器内部的电路结构,属于较为典型的航空发动机电子控制器结构。来自驾驶舱的开关信号、发动机各截面传感器的模拟量和频率量信号输入,首先需要进行信号调理,随后经过 A/D、F/D 转换等环节统一

为计算模块所需的数字信号,计算模块中的软件算法会根据输入和软件逻辑计算得出实时的控制信号,并将其通过总线通信电路以及各种放大、激励电路输出给飞控计算机和接收各控制信号的执行机构。在图 6-7 中,每个电路功能模块的右下方标识了该模块与上述 4 个功能之间的联系。

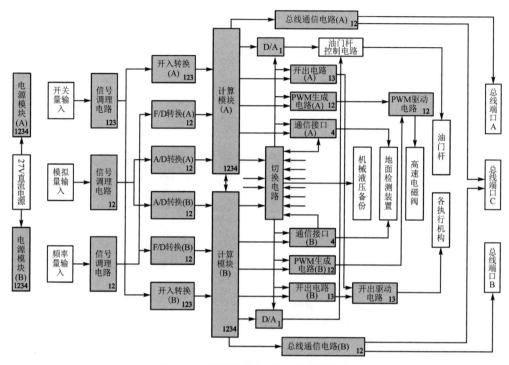

图 6-7 研究案例中 EEC 的电路结构

(3) 识别功能失效路径

在此步骤中,可根据前一步结果确定功能失效路径及其设计保证等级。需要注意的是,"功能失效路径"并不能理解为由能够使某一功能产生失效的板级/器件级电路的功能元素实现该功能的路径,而是一条自上而下的导致某一飞机级/系统级功能失效的树形分解路径,一般使用路径的底层节点描述该失效路径。表 6-1 列出了该型控制器功能元素级功能失效路径以及根据 FHA 结果所确定的设计保证等级。

表 6-1 某型 EEC 的功能失效路径及设计保证等级

功能失效路径(分配&衍生)	失效影响	异常影响	设计保证等级
ARINC 总线接收器	严重的	严重的	C
传感器模拟信号调理电路	严重的	危害性的	B
开关量信号调理电路	严重的	危害性的	C
频率信号调理电路	严重的	危害性的	B
信号切换与 BIT 电路	严重的	严重的	C

续表 6 - 1

功能失效路径(分配 & 衍生)	失效影响	异常影响	设计保证等级
A/D	严重的	危害性的	B
D/A	严重的	危害性的	B
开关量输出与驱动电路	严重的	危害性的	B
PWM 生成电路	严重的	危害性的	B
PWM 驱动电路	严重的	严重的	C
电源模块	严重的	严重的	C
内部电源线	轻微的	严重的	C
UART 模块	无影响的	严重的	C
计算模块	严重的	灾难性的	A

(4) 确定硬件的实现方式

随着开发过程的进行,在确定了设计保证等级后,会确定功能模块的实现方式,如表 6 - 2 所列。

表 6 - 2　EEC 功能模块的实现方式

功能失效路径(分配 & 衍生)	设计保证等级	实现方式
ARINC 总线接收器	C	COTS
传感器模拟信号调理电路	B	新设计的模拟电路
开关量信号调理电路	C	新设计的模拟电路
频率信号调理电路	B	新设计的模拟电路
信号切换与 BIT 电路	C	新设计的模拟电路
A/D	B	COTS
D/A	B	COTS
开关量输出与驱动电路	B	PDH
PWM 生成电路	B	新设计的模拟电路
PWM 驱动电路	C	新设计的模拟电路
电源模块	C	PDH
内部电源线	C	COTS
UART 模块	C	COTS
计算模块	A	COTS CPU

(5) 选择设计保证策略

根据 DO - 254 要求,A 级和 B 级硬件需要选取额外的设计保证策略,包括:采用结构缓解措施、使用服务履历证明可靠性以及使用高级验证方法进行验证。

表 6-3 中所确定的设计保证策略为随着设计迭代所确定的最终结果,由于在设计中加入了通道备份与硬件自检等结构缓解设计,部分功能失效路径的设计保证等级由 A、B 逐渐降低,因此未在最终的表格中列出。本案例中使用 TI C28x CPU 作为计算模块的实现,除采用双通道备份的结构缓解方式进行设计保证外,还使用高级验证方法中的安全特性分析法进行设计保证,以最大限度地提高置信度。若计算模块采用可编程逻辑器件实现,则一般选取元素分析法作为设计保证策略。

表 6-3 为 EEC 中的 A 级和 B 级电路模块确定的设计保证策略

功能失效路径(分配 & 衍生)	设计保证等级	设计保证策略
传感器模拟信号调理电路	B	结构缓解
频率信号调理电路	B	结构缓解
A/D	B	结构缓解、产品服务履历
D/A	B	结构缓解、产品服务履历
开关量输出与驱动电路	B	结构缓解、产品服务履历
PWM 生成电路	B	结构缓解
计算模块	A	结构缓解、安全特性分析

(6)和(7)为设计保证策略不足以证明器件及设计的安全性时的步骤

当所选取的设计保证等级无法证明可实现(如收集不到可靠的产品服务历史、无法获取足够的器件原始设计数据)时,应当尝试将功能失效路径进行进一步分解。如当进行安全特性分析时无法获得足够的 COTS CPU 设计数据,则应当在该 CPU 的功能元素层级进行功能失效路径的分解。若仍失败,则只能更换该部分的实现方式或调整硬件结构。

至此,对于发动机电子控制器的功能失效路径分析执行完成,在 PSSA 的剩余过程中,应对 EEC 中的安全关键结构执行表 6-3 中所确定的设计保证策略,下节同样以该型电子控制器为例,研究了航空电子硬件的设计保证方法。

6.3 电子控制器保证方法案例分析

根据设计指南的要求,DAL 为 A 级和 B 级的硬件应当采用附加的设计保证方法以确保硬件的安全性。下文以某型电子控制器为例,研究设计保证方法在硬件中的应用。

6.3.1 结构缓解与产品服务履历

1. 结构缓解

顾名思义,结构缓解是指在硬件中专门添加在某些结构上的特性,以减小硬件出现故障的概率或抑制硬件故障后的影响。对于 EEC,其具体的结构缓解方法包括差异化实现、备份、冗余、监控、隔离、分区和权限控制。

例如,在有些型号的发动机上,会使用机械液压控制装置对电子控制器进行备份,当电子控制器功能发生失效时使用机械控制装置能够对发动机进行最低限度的控制,这种方式称为差异化实现。备份是目前 EEC 中最常使用的结构缓解方法,如 CFM 公司最新款的 LEAP 系列发动机中,会将两个相同的 EEC 分别安装在机匣外侧的不同位置,以降低单 EEC 故障失效带来的影响。冗余的应用包括在设计电子控制器时为飞行包线留有一定冗余、在设计时对硬件的工作环境考虑一定冗余以及选取在性能上有一定冗余的电子元件等。监控、隔离和分区也是 EEC 中常用的结构缓解方法,早在 20 世纪六七十年代,国外的先进发动机就已经开始通过在 EEC 内部设置 BIT 模块的方式监测控制器内部各模块的工作状态,当 EEC 内部某条信号通道发生故障,无法胜任发动机的控制工作时,通过电路设计,监控模块能够将发动机的控制自动交给另一条工作正常的信号通道。现今国内外主流发动机 EEC 中所使用的故障检测和通道切换模块,具有更加丰富的功能,在监测内部电路和切换通道的基础上,还具有对电路故障进行隔离的功能,这样即使在两条通道内部电路或外部信号均发生故障的情况下,通过 BIT 内部电路和算法的设计,也有可能以降低性能的方式对发动机进行控制,从而进一步提升控制系统及飞机整体的安全性。分区是在控制器设计时对实现不同功能的电路进行模块化设计,并采取设计上和物理上的隔离,目的是确保 EEC 的某部分电路在发生故障时不会影响其他部分。

结构缓解策略的引入过程也会相应地产生一些衍生需求,要注意应对此部分衍生需求在设计的实现上进行验证。

2. 产品服务履历

产品的服务履历可以用于证明 PDH 和 COTS 器件的设计保证。产品服务履历中的关键数据一般是器件/LRU 的单位时间失效率。纵观国内外现有型号发动机,其 EEC 中所使用的控制计算核心部件一般使用的是 COTS 器件。COTS 器件的开发人员可能并不会使用严格的设计保证方法对 COTS 进行开发,即 EEC 中所使用的计算芯片可能未必是针对严苛的机载环境开发的,因此其一般不能自动符合控制器项目适用的相关适航规章,但是开发人员可以通过大量的对 COTS 器件的测试和分析获得相关功能的详细信息,器件在边界和失效条件下的运行方式,以及在 COTS 器件安装处设计元件、电路板、LRU 或系统级别的结构缓解措施。

6.3.2　元素分析

元素分析是针对 FPGA 这一类可编程逻辑器件的需求验证率的分析方法。元素分析需要配合功能失效路径分析进行,因为 FPGA 属于较为复杂的电路芯片,因此对于 FGPA 的 FFPA 可能需要分解至功能元素级别。

以图 6-8 为例,图中的功能元素 n 可能通过 FPGA 实现某个控制器功能,如发动机起动机的点火信号控制功能,该功能元素的输出 n 是发给点火开关的信号,要求其在 4 种状态下具有不同的输出(元素级功能),分别对应需求 1~4,右侧是该功能元素的 VHDL 代码。

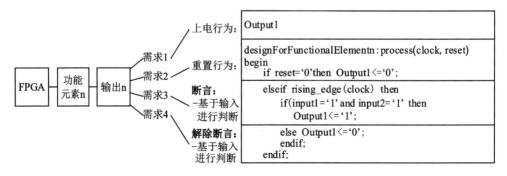

图 6-8　FPGA 的某个功能元素和元素级功能

元素分析实际上是针对可编程逻辑器件的功能失效路径分析的延续,通过在更低的层面上分解失效路径,以增加测试验证工作的全面性,从而保证此类可编程逻辑器件能够正确实现需求。

6.3.3　安全特性分析

潜在的设计错误只会在特定的输入条件下暴露,本着这样的思路,为了在验证测试中能够通过合理的输入从而暴露出所关注的有关安全的潜在设计错误,需要通过安全特性分析识别电路或元件的输入中有必要特别关注其安全性的子集,并且在测试案例中应包含与之等价的子集。通过分析验证测试的输出,可以评估电路或元件的选择与设计有无可能产生导致系统或硬件发生异常行为的不安全输出。

在 FFPA 中确定了要对研究对象——某型发动机电子控制器中的 COTS 芯片进行安全特性分析,以得出可能导致控制器出现安全问题的测试输入。如图 6-9 所示,TMS320F28035 型 MCU 芯片主要由多路 I/O、ADC、SRAM、Boot Loader、CPU 及时钟、OTP 烧录模块及闪存、代码加密模块(Code Security Module,CSM)、控制律加速器(Control Law Accelerator,CLA)组成。除 CSM 和 CLA 外,其他片上结构均属于常见的芯片外设,可以考虑采用产品服务履历等保证方法证明电路的安全性。而 CSM 模块常用于代码的烧录和读取,一般不会参与控制器的运行过程,虽然仍有必要对其安全性进行进一步确认,但本研究不以 CSM 模块作为对象。因此,选取 CLA 模块作为安全特性分析的具体对象。CLA 是一个独立于 CPU 的高性能 32 位浮点运算内核,主要用于进行高性能的乘法运算、控制某些重要外设,从而分担 CPU 的负载,减少内部中断次数。图 6-10 是控制律加速器内部结构示意图。

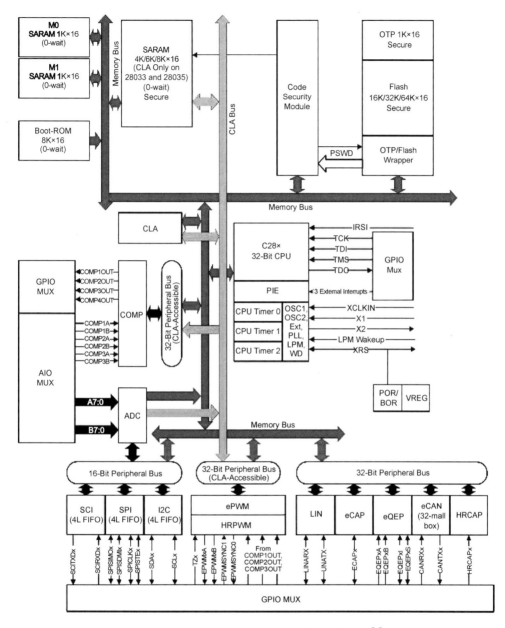

图 6 - 9 TMS320F28035 型 MCU 器件功能框图[2]

1. CLA 模块的功能分析

控制律加速器是一个具有独立总线和独立乘法器、与多路 I/O 相连的浮点运算内核,其作用是通过调用简单的外部 I/O,并进行与 CPU 并行快速运算,将控制信号及时输出。其主要的功能可以描述为:

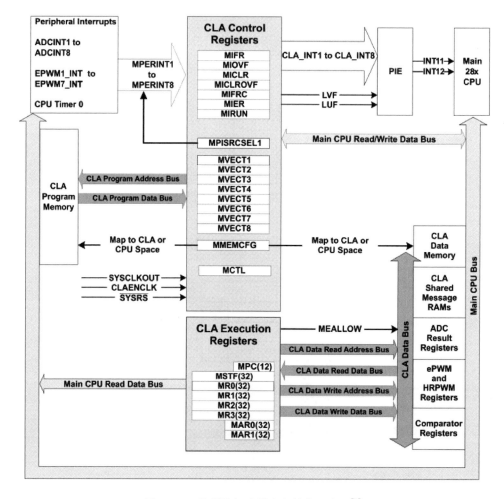

图 6 - 10   控制律加速器内部结构示意图[3]

① 从 CLA 总线或内存总线中读取数据；

② 控制律运算；

③ 将控制输出通过总线路由至相应模块。

如果在软件设计中调用 CLA 进行运算，由于涉及主燃油的流量控制，这三个功能都是安全敏感的，因此需要确定性地执行。CLA 必须确保在可预测的时间内将正确的数据发送到正确的位置。然而，可能会存在以下问题：

① 如果根据程序的内存需要修改 CLA Data Memory 的使用权，甚至如果使 CPU 和 CLA 共享 CLA Data Memory，从而导致了数据读写的过程中产生仲裁，仲裁是否会导致控制律的运算效率下降？

② CLA Program Memory 属于 CLA 独享的内存区域，如果控制算法体积过大，是否能保证正确的输出？

③ 当 CLA 需要将控制律运算结果发送至 CPU 时,如果 CPU 和 CLA 同时访问 CPU 消息内存,访问顺序是否为随机?

④ CPU 为定点运算内核,而 CLA 为浮点运算内核,其访问相同的 ADC 寄存器数据时,若不进行数据转换,是否结果不同?

2. 与 CLA 相关的功能输入空间、测试判别准则和观察方法

在确定了较为关注的 CLA 模块的安全性问题后,需要对其设计测试用例。测试用例的输入空间根据图 6 – 10 可确定为 ADC、Flash 和控制律代码字节数,输入空间用于为设计提供必要覆盖率的等价类。根据上文提出的 4 个问题,通过判断标准相应输出空间的测试应当如下:

① 若软件代码中存在 CLA Data Memory 的共享使用权,控制信号输出不应受到影响;

② 如果控制算法体积过大,控制信号的输出不应超出正常范围;

③ 应确保有一定的仲裁手段,确保 CPU 消息内存的访问顺序;

④ CPU 和 CLA 从 ADC 寄存器读取到的数据应当相同。

可以通过以下方法评价或观察对于 CLA 测试的结果:

① 通过程序指定 CLA Data Memory 的共享,对比统计 CLA 在和 CPU 共享和不共享内存情况下的运行耗时;

② 通过向 Flash 中刷写由汇编语言构建的大体积控制算法代码,测试不同输入下的控制信号输出;

③ 控制 CPU 和 CLA 同时访问 CPU 消息内存,观察 CPU 和 CLA 的访问仲裁结果;

向 ADC 输出同样大小的电流/电压信号,观察 CPU 和 CLA 所读取到的 ADC 寄存器数值是否相同。

6.4　电子控制器硬件在回路仿真平台

6.4.1　需求分析

为了保证上一节中所提出安全性分析方法的结果具有正确性,且能够对其他电子控制器的设计起到一定的参考作用,拟采取通过硬件在回路仿真实验的方式,进行 EEC 典型故障/失效的模拟,以对 FFPA 的结果进行验证。

在进行 HIL 实验之前,需要先进行实验平台的开发。控制器 HIL 仿真平台应该能够完成以下主要功能:

① 提供能够运行 MATLAB/Simulink 程序的工作环境,实现发动机数学模型

的实时运行;

② 根据发动机及传感器数学模型模拟转速、温度、压力、位移、开关量等各型传感器的电信号特性,并与 EEC 的输入接口匹配;

③ 与 EEC 的输出接口匹配,模拟电液伺服阀、电磁阀等各种执行机构的负载特性,并能将 EEC 控制信号传递给发动机数学模型;

④ 具有一定的程控故障注入能力。

EEC 的 I/O 接口如图 6-11 所示,其中 X1 接口为电源供电接口,X2 和 X3 接口为传感器的输入/输出接口。该型 EEC 为一针对单轴涡喷发动机设计的电控设备,其传感器 I/O 引脚定义见表 6-4。

图 6-11　某型发动机电子控制器的 I/O 面板

表 6-4　某型发动机电子控制器的航插引脚定义及量程、信号类型、信号制式

信号名称	量　程	信号类型	信号制式	引脚号
发动机进口总温	−55～80 ℃	AI	0～5 V(RTD)	X3_20、X3_21
发动机进口总压	0～0.5 MPa	AI	4～20 mA	X3_10、X3_12
压气机出口总压	0～1 MPa	AI	4～20 mA	X3_13、X3_15
涡轮出口总温 1	0～900 ℃	AI	0～5 V(TC)	X3_33、X3_34
涡轮出口总温 2	0～900 ℃	AI	0～5 V(TC)	X3_36、X3_37
HMU 燃油阀位置 TA	0～100%	AI	0～5 V(LVDT)	X3_52、X3_53
HMU 燃油阀位置 TB	0～100%	AI	0～5 V(LVDT)	X3_55、X3_53
燃油温度	−40～80 ℃	AI	0～5 V(RTD)	X3_25、X3_26
燃油压力	0～8 MPa	AI	4～20 mA	X3_16、X3_18
可调导叶角度 TA	0～36°	AI	0～5 V(LVDT)	X3_46、X3_47
可调导叶角度 TB	0～36°	AI	0～5 V(LVDT)	X3_48、X3_47
滑油温度	−40～150 ℃	AI	0～5 V(RTD)	X3_29、X3_30
滑油压力	0～1 MPa	AI	4～20 mA	X3_7、X3_9
整机振动	0～10 g	AI	0～5 V	X3_1、X3_3
EEC 温度	−55～100 ℃	AI	0～5 V	—
PLA	0～100%	AI	0～5 V	X3_4、X3_6
发动机转子转速 N_r	0～20 000 rpm	PI	0～2 000 Hz,0～5 V	X3_42、X3_43
起动指令信号	—	DI	27 V	X2_55
正常停车指令信号	—	DI	27 V	X2_52
紧急停车指令信号	—	DI	27 V	X2_50

续表 6 - 4

信号名称	量　程	信号类型	信号制式	引脚号
起动方式——正常起动	—	DI	27 V	X2_48
起动方式——假起动	—	DI	27 V	X2_47
起动方式——冷运转	—	DI	27 V	X2_46
振动超限报警信号	—	DI	27 V	X2_45
滑油高温金属屑报警信号	—	DI	27 V	X2_44
燃油系统报警信号	—	DI	27 V	X2_42
起动系统报警信号	—	DI	27 V	X2_41
地面检测信号		DI	27 V	X2_40
燃油计量阀位置信号	0～100%	AO	4～20 mA	X2_16、X2_18
叶片调节阀位置信号	0～36°	AO	4～20 mA	X2_20、X2_22
起动机运转信号	—	DO	27 V	X2_35
点火信号	—	DO	27 V	X2_34
燃油截止电磁阀信号	—	DO	27 V	X2_31
燃油回油电磁阀信号	—	DO	27 V	X2_29
放气阀信号	—	DO	27 V	X2_28
允许起动信号	—	DO	27 V	X2_25
起动中信号	—	DO	27 V	X2_11
运行中信号	—	DO	27 V	X2_8
报警信号	—	DO	27 V	X2_5
停机信号	—	DO	27 V	X2_14

　　为了匹配控制器的传感器输入,需要在 MATLAB 中建立单转子涡喷发动机的气动热力模型和执行机构模型,模型以燃油计量阀位置和发动机进口导叶角度为输入,发动机进口/压气机出口截面总压、发动机进口/涡轮出口截面总温、执行机构阀门位置为输出,为简化建模过程,发动机燃/滑油温度、压力、整机振动强度设为固定值。

　　还需要在上位机中设计仿真控制程序,程序需要实现如下需求:

　　① 接收驾驶员的油门杆角度输入,实时发送给控制器;

　　② 控制发动机模型的运行,并实时展示发动机状态,包括工作点在压气机特性图中的位置;

　　③ 与 EEC 通信,实时地从电子控制器中获取控制信号,进行通信协议的编/解码,更新发动机状态并发送;

　　④ 具有一定的仿真数据记录功能,能够记录发动机关键界面的传感器参数曲线;

⑤ 模拟发动机振动超限、滑油高温金属屑报警、燃油系统报警、启动系统报警、地面检测的情况。

6.4.2 仿真平台设计

目前应用最普遍的 HIL 平台架构由控制器、模型机、上位机和信号采集与处理设备四部分构成,如图 6 – 12 所示。由于单轴发动机的气动热力模型运算速度较快,因此为了实时性考虑将模型机和上位机合并,通过在上位机中的仿真控制程序执行仿真控制、展示以及和模型相关的全部功能。信号采集与处理装置则用于将模型计算机输出的数字信号转化为传感器输出的模拟信号和开关量信号,并将 EEC 输出的开关量信号或模拟信号转化为数字信号通过 USB 总线实时发送给模型机。图 6 – 13 所示为所开发的 HIL 仿真实验台实物。

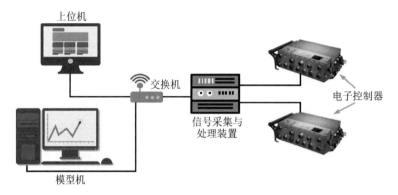

图 6 – 12 典型的 HIL 仿真平台结构

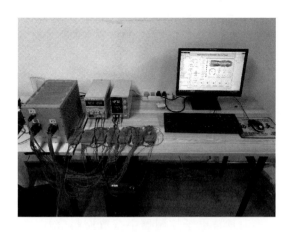

图 6 – 13 EEC HIL 仿真平台实物

1. 信号采集与处理装置

在确定信号采集处理装置时,最初拟采用通过工业以太网接口配合 MODUBS-TCP 或 ProfiNet 协议进行数据采集与传输,其特点是带宽大,接口通用性强,但经过传输速率对比测试后,发现使用以太网接口进行信息传输延迟比使用 USB 总线时高,经过对单位时间数据传输量的估计后,决定选用 USB 总线传输数据。

仿真平台中的信号采集与处理装置由 7 个如图 6-14(a)所示的 I/O 设备(型号略有不同)组成,它们分别负责模拟信号、数字信号的采集与输出,设备间通过 RS-485 接口统一连接到图 6-14(b)所示的通信模块中,将数据通过 USB 总线发送至上位机。通信协议为 MODBUS-RTU,数据传输比特率为 115 200 bps,数据精度为 12 bit。

(a) (b)

图 6-14　信号采集装置的 I/O 与通信设备

各路 I/O 模块由 27 V 稳压电源供电,通过 0.5 mm 纯铜信号线连接控制器的 YJ11X-2255TJ2 型航插连接器。

2. 上位机仿真控制软件

上位机软件基于 MATLAB 平台进行开发。其中,视图层使用 App Designer 进行开发。App Designer 是 Mathworks 公司在 MATLAB R2016a 版本中正式推出的用于替代 GUIDE 的图形界面构建工具,是 MATLAB 图形系统转向使用面向对象的设计思想后的一个里程碑式的产品,如图 6-15 所示。相比于 GUIDE,其最明显的特点是自动生成的代码均使用了面向对象的语法,并且可以通过拖拽的方法为用户界面添加与各种工业应用相关的控件。

图 6-16 所示为仿真控制软件的主界面,主界面中有通信控制面板、发动机模型选择面板、发动机控制输入面板、发动机状态展示与监控面板、数据记录面板以及故障模拟面板。

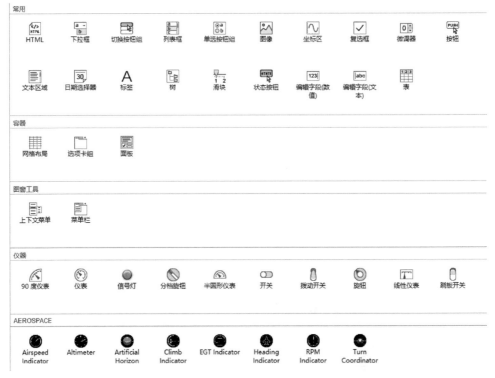

图 6-15　MATLAB App Designer 提供的界面控件

所开发的仿真控制软件基于面向对象的开发方法进行设计,在开发过程中按照前文所述的功能需求对软件模块进行了划分,下面将就各模块的设计进行介绍。

(1) 通信协议与通信控制

数据采集装置使用 MODBUS-RTU 协议与计算机进行通信,因此需要在仿真控制软件中间进行协议的编码与解码。图 6-17 所示就是典型的 MODBUS-RTU 协议的报文,内容共分为 4 个部分,分别表示信息的通信地址、对数据所进行的操作(读/写/多寄存器读/多寄存器写)、数据内容以及对数据的检验结果。

以报文 21 06 00 14 0F FF 8B 1E 为例,这串数字的意思为:把数据 0x0FFF(十进制 4095)写入(功能码 06)地址为 0x0021(十进制 33)的 0x0014(十进制 20)号寄存器中,报文的最后两位为由 21 06 00 14 0F FF 生成的 CRC 校验码。在 MATLAB 中,可以通过声明一个 MODBUS 对象并在 read 和 write 函数中传入该对象的地址、数据,完成对指定地址设备的寄存器的数据读写。在 MATLAB 中通过 MODBUS 协议读写串口的示例代码如下:

```
1  mObj = modbus('serialrtu', 'COM3', 'Timeout', 3);
2  value = 4095;
3  write(mObj, 'holdingregs', 20, value, 33);
4  value = read(mObj, 'holdingregs', 20, 1, 33, 'uint16');
```

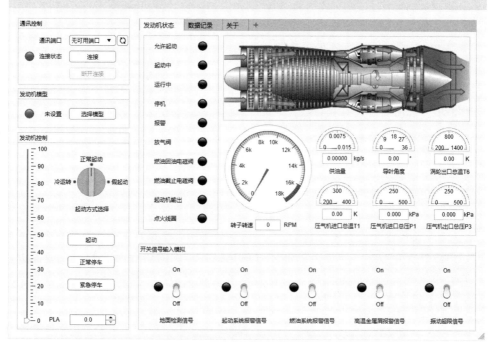

图 6-16　仿真控制软件主界面

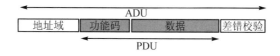

图 6-17　MODBUS-RTU 数据帧

在代码第 1 行中定义了一个硬件设备位于 COM3 串口,数据传输超时时间为 3 s 的 MODBUS 对象,在第 3 行中将数据 4095 写入了设备地址为 33 的 20 号保持寄存器中,而第 4 行是从同样的地址读取数据,数据格式为无符号 16 位整型。程序将对所有数采装置寄存器的读取和写入操作统一封装在了 fetchData 和 sendData 函数中,以便进行批量数据传输。

在用户打开仿真程序或者单击通信控制面板处的刷新按钮时,程序会调用 iden-tifySerialComs 函数,对当前计算机可用 COM 端口进行扫描,用户在通信控制面板选择数采模块所在端口并单击"连接"后,程序会在后台启动独立的通信线程,以一定的采样率(默认采样间隔 0.1 s)进行数据通信,直至用户单击"断开连接"按钮关闭仿真控制程序。

（2）发动机模型的建立

研究对象——某型航空发动机电子控制器是针对单转子涡轮喷气发动机设计的，因此，在设计 HIL 在回路仿真平台的过程中，构建了单轴涡喷发动机的数学模型。

首先设计了一单轴涡喷发动机模型及用户界面，如图 6-18 所示。用户需要输入以下数据，如图 6-19 所示。

① 进气道的总压恢复系数、设计点流量；

② 压气机的部件特性表、设计点压比、设计点压比函数和设计点效率；

③ 燃烧室的总压恢复系数、效率；

④ 涡轮的部件特性表、设计点膨胀比、设计点膨胀比函数和设计点效率；

⑤ 转子的转动惯量；

⑥ 高压涡轮冷却气流比例；

⑦ 设计点飞行高度（H）、速度（Ma）、供油量和转速。

在用户输入设计点数据后，模型会调用发动机的各个部件对象，进行设计点状态参数计算，并保存数据。发动机的部件对象是根据部件前后截面的气动热力方程建立的，其中压气机和涡轮部件的前后界面压力比需要通过部件特性进行插值。压气机部件对象根据气动热力方程求解出口参数的核心代码示例如下：

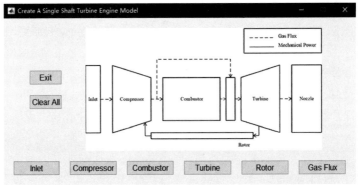

图 6-18　模型选择以及单转子涡喷发动机的构建界面

图 6-19　发动机部件参数输入界面

```
1    ％计算压气机出口压力
2    p_out = p_in * PR;
3
4    ％计算压气机出口温度
5    gts =(air.gamma - 1)/air.gamma;
6    mts = PR ^gts - 1;
7    t_out = t_in *(1 + mts/eta);
8
9    ％计算压气机耗功
10   W = air.cp * Wa *(t_out - t_in);
```

（3）发动机运行控制、状态展示及执行机构故障注入

发动机控制模块可实现油门杆角度输入、起动方式选择和起动停车控制等功能。油门杆角度数值将直接发送至数据采集模块后以 0～5 V 电压形式输送给控制器。发动机起动方式包括正常起动、假起动、冷运转，分别对应不同的发动机起动控制逻辑。在正常起动方式下，发动机供油规律如图 6-20 所示，起动按钮按下后，起动机开始工作。当发动机转速达到 2 300 rpm 后，对发动机进行点火，发动机转速超过 2 500 rpm 后，供油阀门打开，转速超过 2 800 rpm 或点火时间超过 10 s 后，点火装置自动断开。发动机转速超过 7 500 rpm 后，起动机断开。当转速超过 9 800 rpm 后，起动过程结束，发动机进入慢车工况。

如果选择冷起动模式起动发动机则不会为发动机点火与供油，起动机按照固定

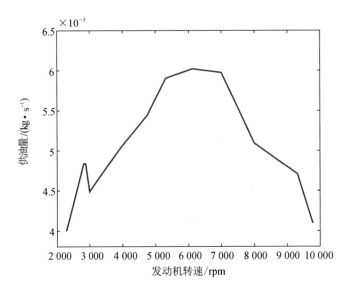

图 6 – 20　发动机正常起动供油规律

斜率增速到 3 000～3 400 rpm 并带转 5 min 后自动停车。假起动时,起动机会带动发动机转动,供油阀在 2 500 rpm 时打开,起动机按照固定斜率将发动机带转 60 s 或发动机转速到达 7 500 rpm 后自动停车。

状态展示面板主要用于显示控制器提示信号灯以及 HMU 各机构阀门的开闭情况,与数采装置的输出直接相连。其余仪表显示发动机当前工作状态,包括发动机转子转速、供油量、可调导叶角度、涡轮出口总温 T_6^*、进气道出口总温 T_1^*、进气道出口总压 p_1^* 与压气机出口总压 p_3^*。状态展示面板的更新工作由独立的线程负责,线程自程序启动后启动,默认的刷新频率为每秒 5 次。

执行机构故障注入(报警)面板内有 5 个开关,直接与控制器输入相连,用于观察执行机构在发动机运行前后及过程中出现故障时控制器的响应。

(4) 数据记录

数据记录面板能够以曲线的形式显示发动机工作状态,其通过 App Designer 的 UIAxes 控件实现,x 轴为连接建立的时间,范围固定为 20 s,当仿真进行超过 20 s 后,x 轴会变为 20～40 s,以此类推,当连接断开后会自动调整为仿真的总时长。曲线图能够显示的数据如图 6 – 21 所示,面板可以同时显示多条数据曲线。

数据记录面板同样支持压气机工作特性图的展示,如图 6 – 22 所示。特性图的横纵轴分别为压气机的换算流量和压比。特性图的上边界为压气机的喘振边界,与喘振边界相连的曲线为等转速工作线,图中色柱用于表示部件效率。

特性图是程序在模型选择完成后根据部件特性绘制的。黑点可以实时显示发动机当前工况在特性图中的位置,同时程序还支持记录 10 s 内工况的变化轨迹。

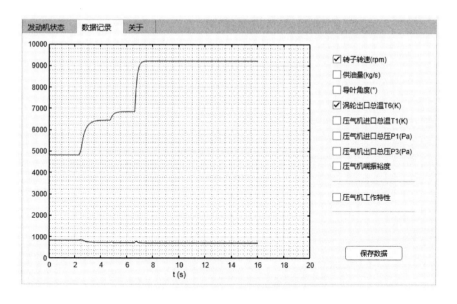

图 6 - 21　上位机软件的数据记录面板

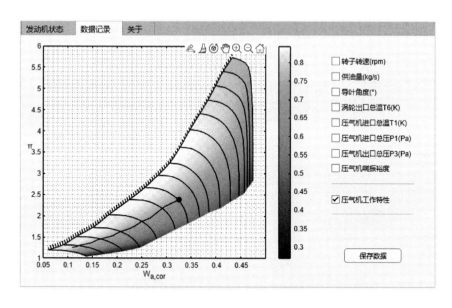

图 6 - 22　数据记录面板的特性图及当前工作点显示功能

　　当用户单击"保存数据"按钮后,数据会以 mat 文件格式保存至用户在仿真任务配置界面所指定的路径中。

6.4.3 电子控制器硬件在回路仿真测试

为了验证仿真平台的功能以及发动机模型的建立的准确性,本文对平台进行了整体测试。

测试过程中,在 0 时刻,单击了上位机软件中的"起动"按钮。约 15 s 后,发动机起动完成,随后将油门杆角度推至最大推力位置,约 30 s 后,将油门杆置回 0 位,待发动机转速调整至待机转速后单击"正常停车"按钮关闭发动机。

该过程中,上位机仿真控制软件采集到的信号如图 6 – 23 所示,发动机各截面参数、进口可调导叶角度、控制器信号输出均正常,仿真平台可以满足需求。

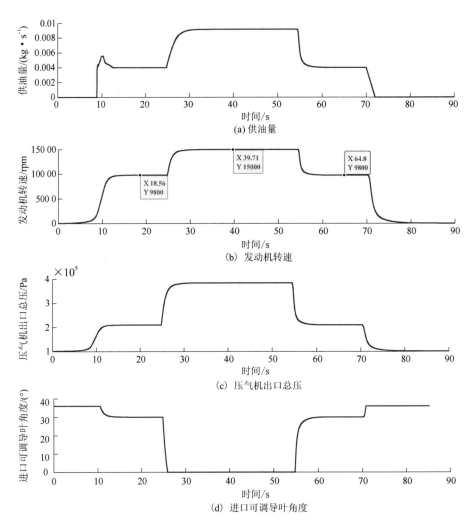

(a) 供油量

(b) 发动机转速

(c) 压气机出口总压

(d) 进口可调导叶角度

图 6 – 23 上位机软件测试结果数据图

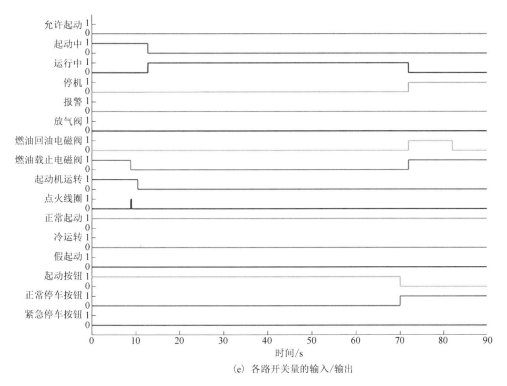

(e)　各路开关量的输入/输出

图 6 - 23　上位机软件测试结果数据图(续)

6.5　故障模式分析与故障注入

6.4 节重点介绍了电子控制器的适航开发流程、探究了电子控制器的设计保证方法,为了验证设计保证方法中的功能失效路径分析结果的正确性,在 6.4 节还设计了验证平台,本节将对实验验证工作和结果进行论述。

本节首先将对研究对象的硬件结构和软件算法进行具体介绍,随后分析 EEC 的典型故障模式,并介绍对故障进行仿真注入的方法和位置。最终,将对实验结果进行讨论,并分析故障模式对发动机安全性产生的影响。

6.5.1　电子控制器结构与实现

1. 硬件结构

在 6.2 节针对功能失效路径分析方法的研究中,已通过图 6 - 7 对研究对象的硬件电路功能模块进行了描述,在此进行补充说明。如图 6 - 7 所示,控制器由 A、B 两个通道的独立处理电路组成。每个通道包括电源模块、计算模块电路、开关量 I/O 电路、转速输入调理电路、传感器信号处理电路、模拟量输出驱动电路和总线通信电路。如图 6-24 所示,以上电路分别被设计在 6 块尺寸为 150 mm×140 mm 的接插 PCB 及一块母板上,母板尺寸为 170 mm×220 mm,接插电路板和母板用连接器连接。处理器选用 TI 公司的 TMS320F28035 型 MCU 芯片,使用 12 MHz 外部晶振,芯片内部工作频率为 60 MHz。

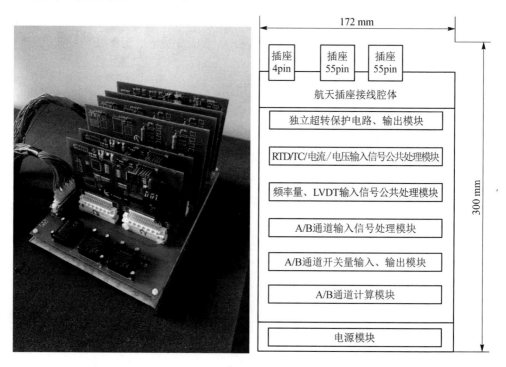

图 6-24　EEC 腔体内部结构

2. 软件算法

控制器的控制率运算由计算芯片完成,在正常运转状态下,发动机的给定燃油流量 $q_{m,f}$ 随参考输入量 n_r(PLA)而变化,即

$$q_{m,f} = f(n_r(\text{PLA})) \tag{6-1}$$

在加速状态下,$q_{m,f}$ 按照换算转速和燃烧室油气比的关系进行控制,燃烧室油气比通过 $q_{m,f}/p_3$ 近似反映。因此,发动机的加速控制规律为

$$\frac{q_{m,f}}{p_3} = f(n_{r,\text{cor}}) \tag{6-2}$$

同时,随着飞行条件的变化,为了对发动机结构及寿命进行保护,软件中添加了与发动机转速、燃烧室入口压力和排气温度相关的限制条件,即

$$n_r = n_{r,\max}, \qquad 当\ n_r \geqslant n_{r,\max}\ 时$$

$$T_6 = T_{6,\max}, \qquad 当\ T_6 \geqslant T_{6,\max}\ 时$$

$$p_3 = p_{3,\max}, \qquad 当\ p_3 \geqslant p_{3,\max}\ 时$$

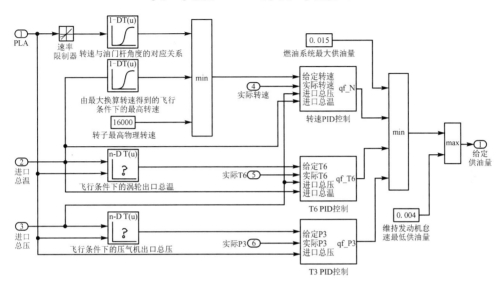

图 6 - 25　发动机燃油流量控制模式

为实现上述控制规律及限制要求,控制器软件按照图 6 - 25 所示的控制模式对燃油流量 $q_{m,f}$ 进行控制。油门操纵杆位置(PLA)信号输入 CPU 后首先需要经过一速率限制器逻辑,它的作用是限制 PLA 的变化速率,以防驾驶员过快推收油门引起的供油量剧烈变化从而导致发动机发生喘振等危险。经过速率限值器的 PLA 信号进入一插值逻辑,根据由试验整定的转子转速参考输入与 PLA 的关系确定该输入下对应的期望转速。发动机进口总温 T_2 可在一定程度上代表飞机的飞行条件,通过 T_2 可以得到该飞行条件下的发动机最大换算转速,使用低选选择器对 PLA 给定转速、最大换算转速和最大物理转速进行比较,得到该组输入下安全的期望发动机转速。由于 PID 控制器使用偏差量作为输入,故需要输入采集的低压转子转速 n_r 信号。PID 控制器输入的风扇进口总温 T_2 和总压 p_2 用于调节控制器中的时间常数 T_s 和增益系数 K_E,以保证发动机在各种飞行条件下都能有良好的动态和稳态性能。可以看到,在低压转子转速 PID 控制器下方还并联着涡轮出口总温、压气机出口总压两个 PID 控制器,两者分别对 T_6 和 p_3 进行保护。飞机在处于不同的飞行条件时,如果单独使用转子转速控制主燃油流量,难以保证涡轮进口总温 T_5 不超过限制,涡轮进口的温度超限将可能导致叶片寿命降低、断裂等严重后果。但由于航空发动机涡前总温普遍超过 1 700 K,现有传感器技术难以进行测量,因此一般通过控制涡轮出口温度 T_6 间接控制涡前总温。压气机出口作为整个发动机压力最高的位置,需要对此处压力进行保护以避免高压涡轮叶片产生损坏或涡轮超温。PID 控制

器以燃油流量 $q_{m,f}$ 作为输出,稳态控制、温度保护控制、压力保护控制配合,能够保证控制器输出的燃油流量处于安全范围,且在飞行包线内的任何情况下都有一控制器对燃油流量进行高性能、稳定、安全地控制。

　　PID 参数的整定在 EEC 的软件设计中起到至关重要的作用。PID 控制器的内部算法如图 6-26 所示,与传统的 PID 控制器不同,航空发动机飞行条件变化较大,因而需要其 PID 参数随发动机运行条件而调整[4]。发动机进口总温 T_2 可在一定程度上代表飞机的飞行条件,通过输入 T_2 并进行计算可以得到发动机的换算参数,将换算参数输入插值表便可以求得特定飞行条件下的 PID 参数。

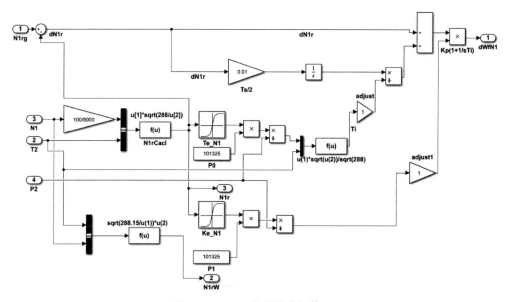

图 6-26　PID 控制器内部算法

6.5.2　控制器硬件典型故障模式分析

1. 故障分类

　　电子设备的故障或失效按照持续时间、影响面、故障点电位值和故障数量可分为许多类,下面介绍几种典型的故障模式分类。

(1) 永久性故障和暂时性故障[5-8]

　　首先,可以按照故障产生影响的时长对故障进行区分,将故障划分为持久性故障和暂时性故障。顾名思义,永久性故障一经发生就将持续存在,只能通过特定的维修保障措施才可排除。发生永久性故障的原因可能是电路原理和逻辑的设计错误,也可能是收到外部环境不间断干扰或器件发生老化等。另外,可通过器件出厂前的周密测试和严格的设计规范来降低永久性故障的发生概率。

　　暂时性故障是偶发的电路故障。其造成原因可能是器件缺陷,也可能是外部干扰(如电场/磁场干扰)。显然,暂时性故障是不需要人为干预而复原的,在控制器开发的过程中,可以通过添加屏蔽和去耦来减少此类故障的发生。但由于暂时性故障的出现具有不可预测性,故在电路设计时因缺少必要的屏蔽和去耦设计所带来的隐患和后果往往是较为严重的。

还可对暂时性故障进行细分。瞬时性属于只出现一次的暂时性故障,很难复现,其一般由辐射、供电波动引起。瞬时故障一般多发于半导体芯片中,是引起芯片失效的主要原因。而间歇性故障则是按照一定规律反复出现的暂时性故障,这种故障往往是由线路的接触问题、器件的缺陷或设计水平不达标所引起的。器件缺陷所引起的间歇性故障很容易变为永久性的故障。设备工作的温度、湿度、振动条件的变换也是引发电路间歇性故障的重要原因,因此间歇故障的发生概率很大程度上取决于设计时对物理保护和环境保护的考虑,一般在设计时通过增设电磁屏蔽、信号过滤、为电路增加冷却装置等方法来降低间歇性故障的出现几率。

有统计数据表明,永久性故障在各类工业用途的电子设备中出现的频率超过90%,而剩下不到10%的故障则为暂时性故障。因此,EEC 易产生的永久性故障须重点关注。

(2) 单点故障和多重故障[9, 10]

按照电路中同时出现的故障频次,电路中的故障可分为单点故障和多重故障。单点故障常见于运行中的较为成熟的电子设备,可能是由器件缺陷等原因所引起。而多重故障则常见于刚刚出厂的设备,其引起原因和故障位置可能极为复杂。实际经验表明,在大多数情况下,多重故障发生时的各个单点一般不相关,此时,多重故障就可视为单点故障的简单组合。根据设备在真实运行环境中的统计数据来看,其发生复杂的多重失效的概率很低,因此,此处将不会对 EEC 发生复杂的多重故障的情况进行仿真。

2. 计算模块故障模式分析

随着 SoC、VLSI 制造工艺的快速进步,芯片逐渐向着小型化、复杂化的方向发展,对上述电路的失效分析建模已经不能依赖于传统的方式。出于以上原因,人们开始采用功能建模法对此类电路进行故障建模与分析。功能建模法往往较少考虑芯片的具体结构,而是从芯片的功能角度入手,按照功能将芯片结构进行划分,随后分别对各基本功能电路进行故障模式的分析,从而实现对整个芯片故障的分析与建模。

通过参考国外的故障分析和建模方法,结合设计方提供的芯片技术文件,将 EEC 中的 TMS320F28035 单片机划分为指令译码、数据处理、数据传输、RAM、ROM、寄存器译码、I/O 接口 7 个功能模块,然后分别针对各个模块进行故障模式分析。

(1) 指令译码故障模式

CPU 的指令译码模块的故障模式是根据其微码模型构建的,具体如下[11]:

① 应执行 A 指令,实际执行了 B 指令;

② 指令丢失执行；

③ 应执行 A 指令,实际执行了 A 指令和 B 指令。

(2) 数据处理模块故障模式

ALU、中断处理硬件、程序计数器等模块通常会共同配合完成数据的处理,所以 CPU 中数据处理功能的故障类型比较复杂,较难进行概括。因此,需要依据模块具体实现的数据处理功能进行建模。以 EEC 中采用的 TMS320F28035 为例,其故障模式如下:

① ALU 的算术运算功能(包括对整型和浮点型数值的加、减、乘、除运算)发生故障,造成结果错误;

② ALU 的逻辑运算(与、或、非等)结果发生错误;

③ 布尔运算结果出错导致位操作结果与期望值不符;

④ 进位符、辅助进位符未能按期望值复位或置位。

(3) 数据传输功能的故障模式

数据传输故障指的是在计算芯片内各信号线发生的故障。在信号传输的过程中,可能发生如下故障:

① 信号线发生固定“0”或固定“1”故障;

② 信号线的耦合,造成某两条信号线所传输的值相互影响,这种情况通常是由于芯片内部短路或电容耦合所引发的。

(4) 内存模块故障模式[12-15]

图 6 - 27 是内存芯片的基本结构示意图,从芯片功能的实现逻辑可以发现,译码器电路、数据的读写电路以及 I/O 接口的故障与存储模块的故障之间具有等效性。存储模块的故障则是根据矩阵中位的故障情况建立的:

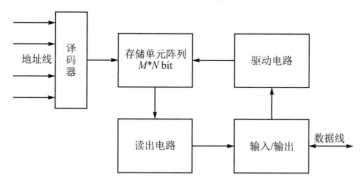

图 6 - 27   RAM 芯片的功能示意框图

① 位固定型故障:RAM 中某一位的值固定“0”或固定“1”,不随操作发生变化;

② 位跳变故障:当 RAM 中某一位的值需要根据输入发生变化(如从“0”到“1”或从“1”到“0”)时,该位数值无法按时完成跳变,跳变故障与固定型故障的不同之处在于,固定型故障的位值不会发生数据的改变,而位跳变故障的位值却有可能在组合故障的情况下产生翻转;

③ 位组合故障:RAM 中某些位逻辑值的变更会引发其他位的值发生变化;

④ 位开路故障:由器件内部缺陷导致 RAM 某些地址位的数据无法访问;

⑤ 译码故障:译码器故障导致的 ALU 访问了与期望地址不同的错误地址。

(5) 闪存模块故障模式

图 6-28 是只读存储器(ROM)的结构示意框图。ROM 闪存芯片是由一组不可编程的与门阵列和一组可编程的或门阵列共同组成的[16]。向闪存芯片的与门阵列输入 n 个地址信号后,与门阵列会产生 2^n 个乘积项 $W_0 \sim W_{2^n-1}$,或门阵列会对以上乘积项进行或操作得到 m 个输入函数 $F_0 \sim F_{m-1}$,即闪存芯片内部存储的信息。

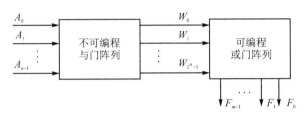

图 6-28　ROM 芯片的功能示意框图

相关文献[5,17,18]对闪存芯片的故障进行了系统研究并建模,得到了 ROM 芯片的典型故障模式:

① 不可编程与门阵列中的交叉点多余或丢失从而造成数据错乱;

② 可编程或门阵列中的交叉点多余或丢失从而造成数据错乱。

(6) 寄存器译码模块故障模式

寄存器是 CPU 能够访问到的速率最高的存储设备,它同样起到记录芯片运行状态的作用。在此用 $f_C(R_i)$ 译码模块对 R_i 寄存器执行译码工作,寄存器正常工作情况下其模型可以表示为 $f_C(R_i)=R_i$。而译码故障情况与 RAM 和 ROM 类似,可以表示为:

① $f_C(R_i)=R_j$,译码错误造成的错误寄存器访问;

② $f_C(R_i)=\psi$,地址访问失败;

③ $f_C(R_i)=R_i+R_j$,多寄存器访问。

(7) I/O 口片内驱动电路故障

I/O 口故障,即计算芯片的对外接口发生故障,从而导致 I/O 不能与外部设备进行数据传输。

3. 芯片外围电路故障模式分析

如图 6-7 所示,计算芯片是 EEC 的核心,其外围还辅有一些模拟/数字电路对传感器信号、机载总线数据、输出信号进行预/后处理。通过参考国内外相关研究成果,总结了芯片外围电路的故障模式,如表 6-5 所列[19-21]。

表 6-5   EEC 控制计算芯片外围电路的故障模式

外围电路(硬件功能失效路径)	故障模式
ARINC 总线接收器	TX 信号固定 1/0 TX 信号线开路 RX 信号固定 1/0 RX 信号线开路
传感器模拟信号调理电路	信号漂移 信号高频振荡 信号线开路 信号固定高位
开关量信号调理电路	信号固定 1/0
频率信号调理电路	信号漂移 信号高频振荡 信号线开路 信号固定高位
A/D	D 线固定 1/0 D 线固定开路 D 线相互耦合
D/A	D 线固定 1/0 D 线开路 D 线相互耦合
开关量输出与驱动电路	信号固定 1/0
PWM 生成电路	信号固定 1/0
PWM 驱动电路	电压漂移 信号固定 1/0
电源模块	电压固定为高/低 电压不稳定,有波动 瞬态欠压、脉冲干扰或掉电 电源纹波过大
内部电源线	短路/断路
UART 模块	TX 信号固定 1/0 TX 信号线固定开路 RX 信号固定 1/0 RX 信号线固定开路

6.5.3   故障的等效注入

为了有效地模拟以上提及的 EEC 硬件故障/失效模式,本书主要使用了 3 种故障注入方法,分别是基于后驱动技术的故障注入方法、基于电压求和原理的故障注入方法以及软件故障注入方法。前两种方法为故障的物理模拟方法,即通过对实际的控制器电路注入故障信号,来进行系统的整体 HIL 仿真。一般对于电路的固定 1/0 故障,采用实物模拟方法,而软件故障注入则适用于芯片级的复杂故障。

1. 故障注入技术

(1) 基于后驱动技术的故障注入方法

后驱动技术,即通过导线在电位输出元件的后端引脚瞬时注入或拉出电流,利用 TTL/CMOS 器件能够承受短时过载的特点,在不影响前端器件的情况下强制将后端的输出改变为实验人员所期望的值。该技术最早由美国 Schlumberger 公司的研究人员发明,主要用于数字电路元器件的测试。

如图 6 - 29 所示,通常情况下,电路节点 O 的电位是由器件 U1 的输出决定的,与 U2 和 U3 器件的输入端关联不大,因此,故障注入的位置一般选在器件的输出端引脚 Y。

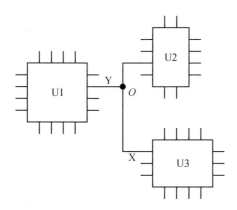

图 6 - 29　后驱动故障注入技术原理示意图

此外,在进行该技术进行故障注入时,应当注意瞬态电流的注入时间,否则将会导致器件引脚处聚积过多的热量,从而引发永久性的器件损伤。根据英国军标,在对 TTL 和 CMOS 电路进行引脚高低位故障注入时,一般情况下电流的持续时间不应超过 70 ms,电流值不应超过 200 mA。

(2) 基于电压求和原理的故障注入方法

一般会使用后驱动技术针对数字电路进行故障的注入,因为在数字电路中,信号以离散的"1"和"0"的形式进行传递,因此单引脚的故障相对简单,使用后驱动技术进行注入完全可以满足需求。但是模拟电路中的信号是时域连续的,且功能往往是由多级电路配合完成的,故障原因较为繁杂。前序小节的研究结果表明,各种故障最终进入计算芯片或输出设备前的结果往往是信号的振荡、偏离和固定,因此本节采用电压求和技术,对芯片的外围电路进行故障仿真,其原理如图 6 - 30 所示。

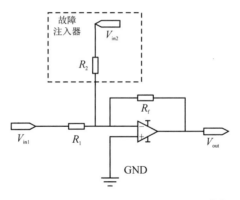

图 6 - 30 电压求和故障注入技术原理[20]

V_{in1} 和 V_{out} 是运算放大电路的输入和输出端,正常工作时,其关系为 $V_{out} = -V_{in1} \times R_f/R_1$。当将故障注入器针脚接至图 6 - 30 所示位置时,$V_{out} = -V_{in1} \times R_f/R_1 - V_{in2} \times R_f/R_2$,其中,$R_2$ 和 V_{in2} 分别为故障注入器中的电位器和电压。可见,通过调整 R_2 和 V_{in2} 可以控制 V_{out} 的输出值,从而实现 EEC 计算芯片的外围电路的故障仿真。使用以上方法,可以在保证设备安全的情况下在引脚处准确控制电路的输出,并对其失效情况进行模拟。

(3) 软件故障注入

软件故障注入法的优势在于成本较低,且一般不会导致设备的物理损伤。由于通过软件注入的故障是通过代码以一种相对固定的形式注入设备中的,因而这种方式比较适合对永久性失效进行模拟。图 6 - 31 是研究中所使用的对 EEC 中的芯片进行代码烧写的仿真器。

图 6 - 31 TI 芯片软件烧写仿真器

软件故障注入的方法主要分为两种:一种是在软件编译时将源代码或汇编代码修改为故障状态时的代码,从而模拟硬件的永久或暂时性故障。当硬件调用并执行故障代码段后,程序会产生错误的操作。另一种是在软件中注入故障,该方法称作运行时故障注入。Segall、Vrsalovic 和 Siewiorek 对运行时的软件故障注入进行了研究。运行时故障注入,即通过在程序中预先设定定时器或钩子从而使程序在运行期间自动地激发故障[22]。运行时故障注入可以分为以下两类:

① 超时激发[23]:在软件中设置定时器(timer),在期望时间内注入超时激发。这种方法适用于暂时性和间歇性硬件失效的仿真。

② 钩子(hook)激发[24]:该方法通过软件中植入的对故障函数的调用,激发故障状态。与超时激发机制的不同之处在于,使用钩子函数激发故障的方法是事件驱动的,通过声明事件可以更加方便地进行复杂条件下的 CPU 故障注入。

2. 故障注入位置

对于 UART 模块的各类故障模式,使用基于后驱动技术的故障注入方法在图 6 - 32 箭头所示位置布置探针进行故障注入。其余数字电路部分的故障注入原理也同 UART 模块相似,在其输出级与探针相接,在此不进行赘述。

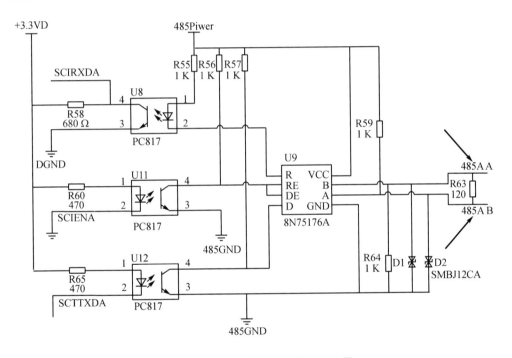

图 6 - 32　UART 模块的故障注入位置

模拟信号调理电路分为热电偶(TC)传感器调理电路、热电阻传感器(RTD)调理电路、线性变差电压(LVDT)传感器调理电路和普通的 5 V 电压信号调理电路,其故障注入位置如图 6 - 33 中的箭头所示。

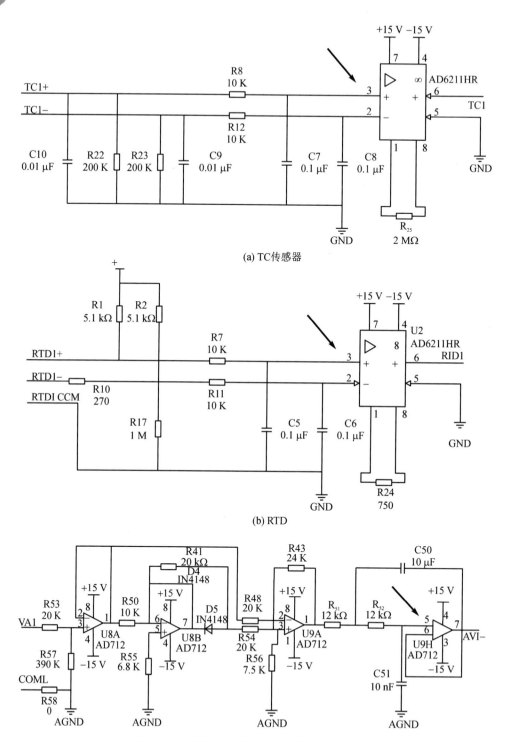

(a) TC传感器

(b) RTD

图 6-33　模拟信号调理电路的故障注入位置

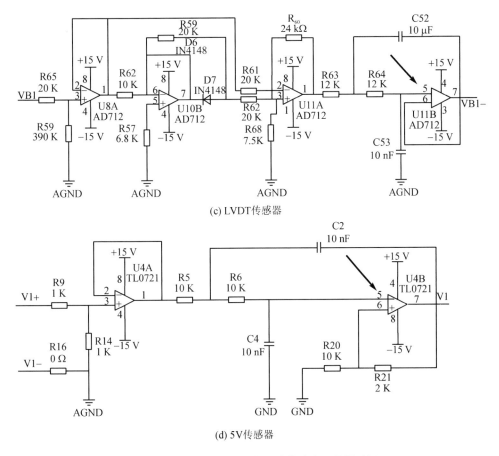

(c) LVDT传感器

(d) 5V传感器

图 6－33　模拟信号调理电路的故障注入位置(续)

开关量信号作为一种数字信号,故障可以在输出节点使用基于后驱动原理的方法进行注入。但在这里为了试验方便和安全可控,使用了电压求和故障注入装置进行故障注入,其注入节点如图 6－34 所示。

频率信号调理电路与 5 V 电压信号调理电路原理类似,其故障注入位置也相同。

对于计算芯片的 RAM、ROM、算数逻辑等故障,在此统一使用软件故障注入法进行故障模拟。可以通过修改源码中的寄存器映射地址,可以上节中讨论的寄存器译码的几种故障模式进行模拟,源代码 ADC 寄存器映射地址定义如下:

```
1   #define ADC_CH0  0x0000
2   #define ADC_CH1  0x0001
```

3. 其他实验输入条件

本文采用统一的飞行条件$(H=0,Ma=0)$及统一的油门杆输入信号,模拟发动机在起飞推力(0～20 s)、最大巡航推力(20～40 s)、慢车推力(40～60 s)和在各工况

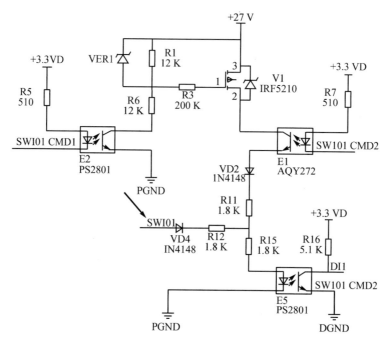

图 6 - 34　开关量信号调理电路的故障注入位置

间变化的情况,控制器各功能失效路径发生失效和异常的状态下发动机的输出如图 6 - 35 所示。

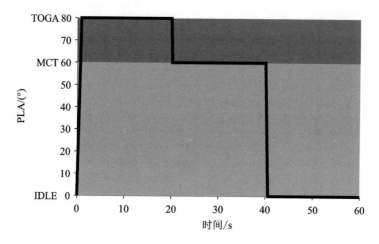

图 6 - 35　给定油门杆角度的变化规律

6.5.4　硬件在回路故障注入实验结果分析

从计算芯片的外围电路开始,依次对 EEC 的各功能失效路径进行了 HIL 故障注入实验,下文将对结果进行逐一分析。

1. 总线接收器故障

在将总线收发器的信号发送、接收引脚分别拉至高、低电平及接地电压后,双通道总线接收器均故障(模拟由于器件的设计错误所引发的共模故障的)的情况下,EEC 报警灯常亮,推测故障是由 CPU 在获取通过总线接收器传输的大气数据、飞行高度错误引起的。在停车状态下,单击"起动"按钮后发动机无法起动。在发动机运转状态下,报警灯点亮,但发动机仍可以正常工作,如图 6 - 36 所示。经过对控制器软件代码进行分析,EEC 内部的 BIT 逻辑在探测到总线接收器发生故障后自动进行容错,给定了一组默认的大气数据和飞行高度,使发动机能够相对正常地进行工作。但是,发动机在该情况下可能无法提供足够大的推力,从而造成安全裕度的下降,属于 ARP 4754A 中定义的严重的失效等级,与 FFPA 中为该失效路径所分配的 C 级 DAL 相符。

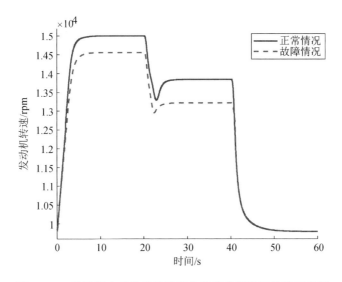

图 6 - 36　发动机在总线接收器发生故障的情况下的转速输出

2. 传感器模拟信号调理电路以及 A/D、D/A、PWM 生成和驱动电路故障

传感器的模拟量信号和频率量信号的调理电路占据了控制器电路中的大部分位置,发动机中不同位置、不同形式的 TC、RTD、LVDT、压力传感器信号会在控制器中进行滤波、整流、放大。

首先向涡轮出口总温传感器调理电路注入典型故障,其仿真结果如图 6 - 37 所示。在 EEC 的 CPU 芯片实际收到的 T_6 发生 -5% 漂移时,EEC 中的温度保护逻辑实际失去作用,涡轮前总温 T_5 会发生短暂超温(约 1 120 K),此时供油量由其他两个 PID 控制器配合高低选择逻辑确定。在 3.5 s 后故障情况的推力与正常情况的

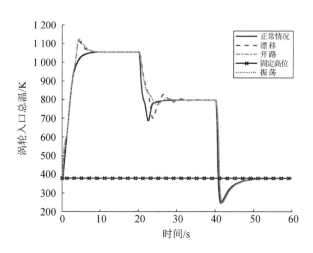

图 6-37　涡轮出口总温传感器调理电路发生故障的情况下发动机的输出

推力曲线出现不同,这是由于在正常情况下,温度保护 PID 控制器在 3.5 s 后从转速控制器处接管控制,而当正常情况下温度保护控制器不再使能时,转速 PID 控制器将继续对发动机进行控制。在温度保护逻辑失效的情况下,转速 PID 的比例系数比 T_6 保护 PID 的比例系数大,因此产生一定的超调,但是该情况下的调节时间也因此相应缩短至约 4.8 s,比正常情况下的约 6.1 s 快 1.3 s。从起飞推力状态到最大巡航推力状态的调节时间从正常情况的约 25 s 变为 25.9 s。T_6 信号开路的情况与前述情况相似,此时温度保护控制器会完全失效。而当 T_6 信号固定高位时,控制器会因为温度保护控制器的错误作用而始终将供油量输出压低到最低值,发动机会失去对驾驶员输入的响应。而当信号振荡时,报警灯同步亮起,EEC 检测到信号斜率过大,UART 检测接口读取到 T_6 信号通道故障消息。

随后,分别向压气机出口压力信号调理电路注入典型故障,仿真结果如图 6-38 所示。p_3 信号调理电路的故障影响与 T_6 信号调理电路的相似。p_3 信号的漂移有可能使发动机损失部分性能,因为错误的 p_3 可能导致压力保护器配合高低选择器输出更低的供油量。p_3 信号调理电路开路故障引发的后果是控制器失去压力保护逻辑,同温度保护控制器相似,控制器会短暂超压,但是会恢复稳态下的正常值。而 CPU 输入信号的固定高和振荡均会导致发动机持续慢车。

相比以上两种情况,发动机入口(进气道出口)总温 T_2 调理电路的各种故障则会带来更大的影响。T_2 信号用于表示飞行条件,其固定高位可能导致错误的换算参数,如图 6-39(a)所示。故障可能使温度和压力保护的逻辑同时失效,导致超转、超温、超压情况的持续发生,进而有可能致使发动机产生结构性损伤。如图 6-39(b)所示,在 T_2 信号调理电路开路的情况发生时,PID 控制器中的换算参数计算错误,插值出不合理的 K_E 和 T_s 参数,且导致了错误的转速、温度和压力的期望值,此时控制器的性能不佳,温度有较大幅度的超调,稳态温度的偏差也达+50 K。在减油门后

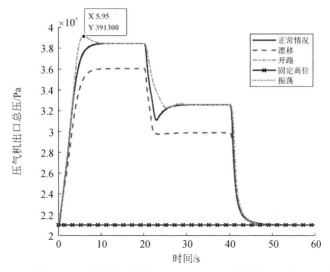

图 6-38　压气机出口总压传感器调理电路发生故障的情况下发动机的输出

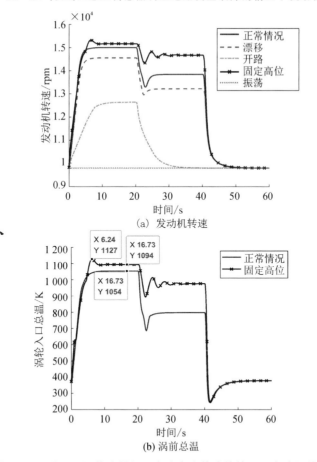

图 6-39　进口总温传感器调理电路发生故障的情况下发动机的输出

发动机的调节过程中,参数还出现了较大幅度的振荡。根据 CCAR 33 部相关条款的定义,此类情况属于危害性后果。总而言之,错误的 T_2 信号输入 CPU 会使算法对飞行状态产生错误的判断,轻则影响发动机性能,重则造成结构性损害。

如图 6-40 所示,在研究得到的试验结果中,转速传感器调理电路的故障并未对发动机的性能造成较为严重的影响,这是因为 EEC 中的转速控制器、温度/压力保护控制器均能够独立工作,且可通过高低选择逻辑确定合适的控制输出。但是有些文献中提供的控制器逻辑中仅会对温度、压力是否超标进行判断,仅通过一个转速 PID 控制器进行控制信号输出,此时转速传感器的故障会导致较为严重的后果,因此同样应该注意转速信号调理电路的设计。

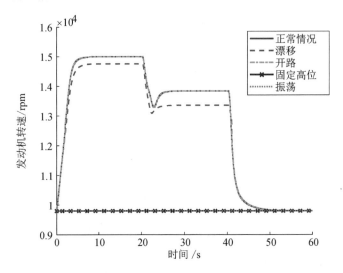

图 6-40 转速传感器调理电路发生故障的情况下发动机的输出

PLA 信号的 5 V 电压调理电路的故障同样会导致危害性后果,如图 6-41 所示,PLA 信号固定高位会导致发动机持续输出与期望方向相反的推力,CCAR 33 部将其规定为 7 种具有高风险的后果之一。而 HMU 燃油计量阀位置信号故障与 PLA 电压调理电路故障所产生的结果相似,因此在此不再赘述。

导叶角度反馈信号的故障可能导致压气机的喘振裕度发生一定的下降,图 6-42 所示为导叶角度反馈信号固定高位时发动机的喘振裕度,可以发现导叶信号的故障会使发动机的喘振裕度略有下降,造成其在特定条件下的安全冗余损失,可以将其归类为严重的影响。

A/D、D/A、PWM 生成和驱动电路模块的故障可以等效为传感器电路的单故障或多故障的组合,因此其影响也与传感器模拟信号调理电路相同,在此不再赘述。

3. 开关量信号输入/输出调理电路故障

对开关量信号输入/输出调理电路的单点故障进行仿真与测试相对容易,在此以

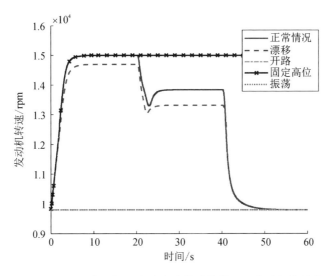

图 6-41　PLA 电压调理电路发生故障的情况下发动机的输出

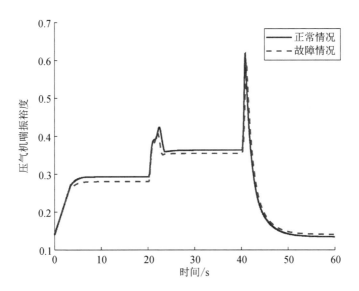

图 6-42　导叶角度反馈信号调理电路固定高位故障时压气机的喘振裕度

表格的形式展示结果(见表 6-6)。

表 6-6　开关量信号输入/输出调理电路单点失效的影响描述与失效等级分类

电路功能	输入/输出	失效影响描述	失效影响等级
起动指令信号	输入	固定"1":发动机不受控起动至慢车,运转正常,但是可以通过发送停车指令关闭; 固定"0":发动机无法正常起动	严重的

电路功能	输入/输出	失效影响描述	失效影响等级
正常停车指令信号	输入	固定"1":发动机在运转状态中异常关车; 固定"0":发动机无法根据飞行员指令正常关车,但可以通过发送紧急停车指令关车	严重的
紧急停车指令信号	输入	固定"1":发动机在运转状态中异常紧急关车; 固定"0":发动机无法根据飞行员指令紧急停车,但可以通过发送正常停车指令关车,但此故障情况会降低安全裕度	严重的
起动方式——正常起动	输入	固定"1":起动方式旋钮处于正常起动位置时,发动机无异常表现;旋钮处于其他位置时,报警灯亮。 固定"0":起动方式旋钮处于正常起动位置时,报警灯亮;旋钮处于其他位置时,发动机无异常表现	轻微的
起动方式——假起动	输入	固定"1":起动方式旋钮处于假起动位置时,发动机无异常表现;旋钮处于其他位置时,报警灯亮。 固定"0":起动方式旋钮处于假起动位置时,报警灯亮;旋钮处于其他位置时,发动机无异常表现	轻微的
起动方式——冷运转	输入	固定"1":起动方式旋钮处于冷运转位置时,发动机无异常表现;旋钮处于其他位置时,报警灯亮。 固定"0":起动方式旋钮处于冷运转位置时,报警灯亮;旋钮处于其他位置时,发动机无异常表现	轻微的
振动超限报警信号	输入	固定"1":发动机报警灯亮,无法正常起动;发动机运行过程中出现该故障,报警灯亮,发动机转速会自动降低至慢车转速。 固定"0":控制器无法接收振动超限的报警,安全裕度降低	严重的
滑油高温金属屑报警信号	输入	固定"1":发动机报警灯亮,无法正常起动;发动机运行过程中出现该故障,报警灯亮,但保持正常运行。 固定"0":控制器无法接收滑油中含有高温金属屑的报警,安全裕度降低	严重的
燃油系统报警信号	输入	固定"1":发动机报警灯亮,无法正常起动;发动机运行过程中出现该故障,报警灯亮,但保持正常运行。 固定"0":控制器无法接收燃油系统的报警,安全裕度降低	严重的
起动系统报警信号	输入	固定"1":发动机报警灯亮,无法正常起动;发动机运行过程中出现该故障,报警灯亮,但保持正常运行。 固定"0":控制器无法接收起动机的报警	轻微的

续表 6 - 6

电路功能	输入/输出	失效影响描述	失效影响等级
地面检测信号	输入	固定"1"：发动机无法正常起动；发动机运行过程中出现该故障，报警灯亮，但保持正常运行。 固定"0"：控制器无法接收地面检测设备接入的信息，安全裕度在一定程度上有所降低	轻微的
起动机运转信号	输出	固定"1"：停车状态下会使起动机起动，使发动机不受控运转；发动机运转状态下发生故障可能使起动机错误与高速旋转的发动机连接，造成起动机甚至发动机的物理损伤。 固定"0"：控制器无法控制起动机运转，造成发动机无法起动	危害性的
点火信号	输出	固定"1"：激活高能点火装置，其长时间通电可能造成设备损坏； 固定"0"：控制器无法控制点火装置点火，发动机无法正常起动	轻微的
燃油截止电磁阀信号	输出	固定"1"：燃油截止电磁阀关闭，发动机无法正常启动；运转过程中造成发动机熄火。 固定"0"：无法截止燃油，安全裕度降低	严重的
燃油回油电磁阀信号	输出	固定"1"：燃油回油电磁阀开启，造成燃油压力损失； 固定"0"：燃油回油电磁阀关闭，有可能造成燃油压力过高	轻微的
放气阀信号	输出	固定"1"：放气电磁阀开启，造成燃油压力损失； 固定"0"：放气阀无法打开，有可能造成燃油压力过高	轻微的
允许起动信号	输出	固定"1"：飞行员有可能收到错误的允许起动指令从而无法对发动机故障状态进行正确判断； 固定"0"：允许起动信号熄灭，从而影响飞行员判断	轻微的
起动中信号	输出	固定"1"：飞行员有可能收到错误的起动中信号从而无法对发动机状态进行正确判断； 固定"0"：起动中信号无法点亮，从而影响飞行员判断	轻微的
运行中信号	输出	固定"1"：飞行员有可能收到错误的运行中信号从而无法对发动机状态进行正确判断； 固定"0"：运行中信号无法点亮，从而影响飞行员判断	轻微的
报警信号	输出	固定"1"：飞行员有可能收到错误的报警信号从而无法对发动机状态进行正确判断； 固定"0"：报警信号无法点亮，可能错误地导致飞行员关闭发动机	严重的
停机信号	输出	固定"1"：飞行员有可能收到错误的停机信号从而无法对发动机状态进行正确判断； 固定"0"：停机信号无法点亮，从而影响飞行员判断	轻微的

4. 计算芯片故障

在一般的航电设备中，计算模块属于核心电路，其设计保证等级与整个设备的设计保证等级一致。EEC 需要进行 A 级保证。之前曾提到，FFPA 是为了更加详细地确定各功能失效路径各自的设计保证等级，从而降低部分模块的开发成本。但是由于计算芯片的关键程度及复杂性，以及出于对 COTS 元件的考虑，没有必要进一步分解芯片内部的功能失效路径。所以，在此仅通过几个使用软件方式注入的故障来说明其安全关键性及为其分配的 A 级 DAL 的合理性。

试验首先模拟了周期性的寄存器译码错误，使用 R_i 表示发动机进口总温 T_2 的寄存器地址，R_j 和 R_k 分别表示与 R_i 寄存器相邻的两个 T_m（滑油温度）和 T_6（涡轮出口总温）寄存器的地址。正常情况下，寄存器译码的结果为 $f_C(R_i)=R_i$，现在在软件中使用随机数生成器生成随机的 $(R_i、R_j$ 和 $R_k)$ 寄存器地址，即 $f_C(R_i)=$ random(R_i,R_j,R_k)，模拟寄存器错误译码的情况。因此，CPU 中的控制循环每调用一次 PID 控制器，都会随机访问一个寄存器地址。如图 6-43(a)所示，控制器输出的供油量控制信号产生了一定幅度的振荡，且发动机的转速无法达到正常状态的期望值（存在约 5% 左右的偏差）。EEC 输出的主燃油控制信号频繁振荡会影响燃油系统的寿命，也会导致发动机转速的不稳定，甚至可能引发发动机喘振，如图 6-43(b)所示。根据 CCAR 33 部与控制系统相关部分失效等级的定义，该种情况属于严重的发动机失效后果。

RAM 和 ROM 的故障与寄存器译码功能的故障实际上属于等效故障，对于 RAM 和 ROM 故障，采用在软件的变量指针中加入随机量的方法模拟内存地址访问错误的故障。在多数情况下，EEC 没有输出，据分析应为内存地址错误所导致的软件运行时异常。在随机的内存地址访问故障实验研究结果中，存在一例发动机转速不受控的结果，即控制器输出未受油门杆角度控制而自动升高，如图 6-43 所示。程序日志表明，该结果中的燃油阀反馈角度信号值访问了错误的内存地址，读取到的结果为固定 0 值，从而导致共有输出不受控的危害性结果。

本章根据中国民用航空局颁布的相关审定标准、咨询通告以及 DO-254 指南，结合我国自主研发的与 CJ-1000A 型航空发动机配套的电子控制器面临严格的适航审定与取证问题的背景，研究了适用于发动机电子控制器硬件的开发过程与取证流程，给出了一系列针对控制器硬件的安全性分析方法的具体执行方案与典型结果，并就结果进行了验证。

根据各国民航监管机构的航电硬件审查指南及其要求遵循的设计指南，以典型的 EEC 硬件为研究对象，分析得到了局方针对电子控制器硬件的两个关键审查要素，即控制器需求的定义和基于需求的验证。指导开发人员应将整个控制器开发的重心转移到计划与需求的捕获中，在引脚层面充分定义 EEC 的功能需求（燃油控制、报警、故障诊断等）、性能需求、环境要求、安全性要求（正常工作范围、鲁棒性）、安装

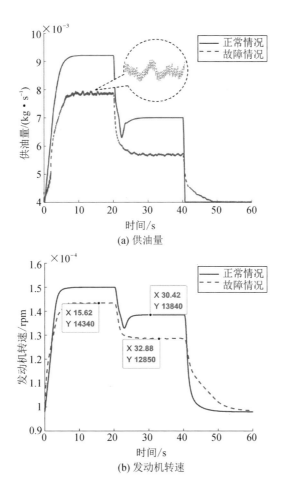

(a) 供油量

(b) 发动机转速

图 6 - 43　CPU 寄存器译码时 EEC 输出的供油量信号以及发动机的实时转速

要求、可测试和维护性需求,在完成设计后针对安全关键(DAL 为 A 和 B)的结构进行全面的基于需求的验证,并建立需求和验证结果之间的联系。之后提出了伴随着控制器设计过程而迭代的、能够在不同的硬件层级(硬件级、板级、器件级、功能元素级)执行的功能失效路径分析法的实现策略和根据典型的发动机电子控制器设计得到的分析结果。

为了验证分析结果,开发了一套硬件在回路故障注入仿真平台。平台支持对控制器实物与计算机中的发动机模型进行闭环仿真,通过模拟信号采集与转换模块采集控制器实物的控制信号,并将计算机中的发动机模型得到的各截面实时数据输出至控制器。基于 MATLAB 平台建立了与控制器相匹配的单轴涡轮喷气发动机模型,开发了仿真控制软件并进行了测试,证明其可以满足实时故障注入仿真的需求。

本章建立了典型的发动机电子控制器模拟和数字电路的行为级故障模式,随后根据前人研究所总结的电路故障注入方法,确定了硬件故障注入的位置并进行了闭

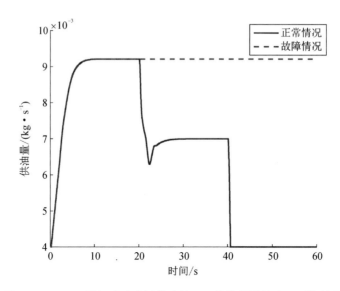

图 6-44 RAM 随机地址访问故障情况下的控制器输出不受控结果

环实验。实验结果表明,控制器中的传感器模拟信号调理电路(主要包括进气道出口总温信号、排气温度信号、燃烧室入口总压信号、转速信号等)、开关量信号输出电路(主要是起动机运转输出信号)、A/DC、D/AC 和 CPU 属于安全关键的硬件结构,验证了对研究对象进行功能失效路径分析得到的结果。

综上所述,本章就与发动机电子控制器开发流程中关于需求、验证和安全性相关的问题,分别提出了具体的实现方式。针对典型的控制器结构,设计了实物闭环仿真平台进行分析结果的验证。但研究中所开展的工作仍有部分不足,今后若有条件,可通过完成某一发动机控制器典型功能的计划、需求定义、设计、验证、构型管理、过程保证的全流程,用案例对研究结论进行验证。仿真平台方面,发动机模型须通过并行化优化提升计算的实时性。

参考文献

[1] SAE. ARP 4754A Guidelines for Development of Civil Aircraft and Systems [S]. Warrendale, PA: SAE, 2010:

[2] TI. TMS320x2803x, Piccolo Technical Reference Manual[M]. Dallas: Texas Instrument, 2009.

[3] TI. TMS320x2803x Piccolo Control Law Accelerator(CLA) Reference Guide [M]. Dallas: Texas Instrument, 2010.

[4] 樊思齐. 航空发动机控制[M]. 西安:西北工业大学出版社,2008.

[5] 杨士元. 数字系统的故障诊断与可靠性设计[M]. 北京：清华大学出版社，2000.

[6] 田仲，石君友. 系统测试性设计分析与验证[M]. 北京：北京航空航天大学出版社，2003.

[7] 顾德均，夏镇华，徐采桔. 航空电子装备修理理论与技术[M]. 北京：国防工业出版社，2000.

[8] 丁谨. 可靠性与可测试性分析设计[M]. 北京：北京邮电大学出版社，1996.

[9] 胡谋. 计算机容错技术及其展望[J]. 电子技术，1992,(08)：6-9.

[10] 陈廷槐. 数字系统的测试与容错[M]. 南京：东南大学出版社，1990.

[11] THATTE S M，ABRAHAM J A. Test Generation for Microprocessors[J]. IEEE Transactions on Computers，1980,(6)：429-441.

[12] DEKKER R，BEENKER F，THIJSSEN L. Fault Modeling and Test Algorithm Development for Static Random Access Memories；Proceedings of the International Test Conference 1988 Proceeding@ m_New Frontiers in Testing，F，1988[C]. IEEE.

[13] DEKKER R，BEENKER F，THIJSSEN L. A Realistic Fault Model and Test Algorithms for Static Random Access Memories[J]. IEEE Transactions on Computer-aided Design of Integrated Circuits and Systems，1990，9（6）：567-572.

[14] BARRETT C，SMITH R. Failure Modes and Reliability of Dynamic RAMs；Proceedings of the 1976 International Electron Devices Meeting，F，1976[C]. IEEE.

[15] OBERLE H-D，MAUE M，MUHMENTHALER P. Enhanced Fault Modeling for Dram Test and Analysis；Proceedings of the Digest of Papers 1991 VLSI Test Symposium′Chip-to-system Test Concerns for the 90′s，F，1991[C]. IEEE.

[16] 沈嗣昌，蒋璇，藏春华. 数字系统设计[M]. 北京：航空工业出版社，1996.

[17] SMITH J E. Detection of Faults in Programmable Logic Arrays[J]. 1979.

[18] OSTAPKO D L. Fault Analysis and Test Generation for Programmable Logic Arrays(PLA′s)[J]. IEEE Transactions on Computers，1979,(9)：617-627.

[19] 曾天翔. 电子设备测试性及诊断技术[M]. 北京：航空工业出版社，1996.

[20] 卞春江. 航空发动机电子控制器 BIT 设计及验证技术研究[D]. 南京：南京航空航天大学，2005.

[21] 李璇君. 航空发动机数字控制器与航空电子综合系统 BIT 技术研究[D]. 南京：南京航空航天大学，2001.

[22] SEGALL Z，VRSALOVIC D，SIEWIOREK D，et al. Fiat-fault Injection

based Automated Testing Environment; Proceedings of the Twenty-fifth International Symposium on Fault-tolerant Computing, 1995, Highlights from Twenty-Five Years, F, 1995[C]. IEEE.

[23] HAN S, SHIN K G, ROSENBERG H A. Doctor: an Integrated Software fault Injection Environment for Distributed Real-time Systems; Proceedings of the Proceedings of 1995 IEEE International Computer Performance and Dependability Symposium, F, 1995[C]. IEEE.

[24] TSAI T, FTAPE I R. A Fault Injection Tool to Measure Fault Tolerance[J]. IEEE Computer, 1997, 30: 75-82.